우크라이나전 3년째

# 전쟁 저널리즘

무엇을 보고 들었으며 어떻게 볼 것인가, 그 현주소

우크라이나전 3년째

# 전쟁 저널리즘

**초판 1쇄 인쇄** 2024년 10월 24일
**초판 1쇄 발행** 2024년 10월 31일
**지은이** 이진희

**펴낸이** 김양수
**편집디자인** 안은숙
**교정** 연유나

**펴낸곳** 도서출판 맑은샘
**출판등록** 제2012-000035
**주소** 경기도 고양시 일산서구 중앙로 1456(주엽동) 서현프라자 604호
**전화** 031) 906-5006
**팩스** 031) 906-5079
**홈페이지** www.booksam.kr
**블로그** http://blog.naver.com/okbook1234
**이메일** okbook1234@naver.com

ISBN 979-11-5778-670-1 (03390)



* 이 도서의 판매 수익금 일부를 한국심장재단에 기부합니다.

# 전쟁 저널리즘

우크라이나전 3년째

무엇을 보고 들었으며
어떻게 볼 것인가,
그 현주소

이진희 지음

맑은샘

## | 일러두기 |

– 우크라이나 전쟁은 아직 진행 중이다. 저술 시점은 2024년 8월말, 전쟁 발발 2년 6개월을 기준으로 했다.

– 본문 내용 중 [ ] 안은 필자가 덧붙인 해설이다.

– 기본적으로 주요 언론사의 표기법을 원용한다. 영어, 러시아어, 우크라이나어 등이 혼재되는 데다 언론 매체에 처음 나오거나 안 나온 이름이나 지명, 조직 및 단체명, 무기 명칭 등도 적지 않아, 글 전체 맥락과 참고한 자료를 바탕으로 적절하게 혼용해 쓴다.

예) 우크라이나 수도는 키예프(키이우), 키예프, 키이우
우크라이나 대통령실 고문은 알렉세이 아리스토비치, 올렉시 아리스토비치
우크라이나 민족주의 성향의 부대는 아조프(아조우)연대, 아조프연대, 아조우연대
우크라이나 화폐 단위는 흐리브냐UAH, 흐리우냐, 그리브냐(Гривна)
우크라이나전 참전 외국인 부대는 국제여단, 국제의용군
우크라이나 의회는 최고라다(의회), 최고라다, 의회
구소련 공화국은 그루지야(조지아), 그루지야, 조지아
또 튀르키예(터키), 터키로 섞어 쓰는 등 혼용한다.

– 러시아와 우크라이나인 이름은 성과 부칭, 이름으로 구성된다. 글의 흐름에 따라 성, 성+이름, 성+직함을 적절하게 선택해 쓴다.

예) 볼로디미르 젤렌스키 대통령, 젤렌스키 대통령, 발레리 잘루즈니 우크라이나군 총참모장, 잘루즈니 총참모장 등

– 명칭과 영어(러시아) 약어는 같이 쓰거나 따로 쓴다.

예) 우크라이나군 정보총국(GUR), 우크라이나 보안국(SBU), 소셜 미디어(SNS), 소셜 네트워크(SNS), 다연장로켓발사시스템(HIMARS·하이마스), 1인 시점 드론(FPV 드론), 에어 폭탄(활공 폭탄, авиационная бомба) 등

– 해외 언론은 국가명+매체명+영어약자를 쓰는 것을 원칙으로 하되, 필요에 따라 줄여 쓴다.

예) 미국 일간지 뉴욕 타임스(NYT), NYT로
우크라이나 매체 스트라나.ua, 스트라나.ua로
러시아 온라인 매체 rbc, rbc로
독일 일간지 빌트, 빌트로
프랑스 뉴스 통신사 AFP, AFP로 쓴다.

– 특별한 용어는 원어 번역을 중심으로 하되, 가능한 한 이해가 쉽도록 바꿔 쓰기도 한다.

예) 군사 동원 및 징집 사무실(군사위원회, 우리 식으로는 병무청), 군사위원회, 징병사무실 등으로
예비역 동원령, 군 동원령, 동원령으로
동원소환명령, 동원소환장, 소환장으로
러시아 군사(용병)기업(PMC), 용병기업, 용병그룹으로
러시아(우크라이나)군 총참모장(우리식으로는 합참의장격), 군 총참모장, 총사령관 등으로
러시아 특수 군사작전(우크라이나 전쟁), 우크라이나 전쟁 등으로 글의 흐름에 맞춰 혼용한다.

| 지은이의 말 |

# 전쟁 발발 3년째, 우리는 제대로 보고 있는가

역사는 승자의 기록이다. 이미 3년 차에 접어든 러시아-우크라이나 전쟁에서 누가 승자가 되고, 역사를 써 나갈지 아직 모른다. 한쪽을 과도하게 편들지 않는다면, 러시아가 원하는 방향으로 역사가 기록될 확률이 높다고 본다.

개전 첫 해부터 주변 사람들로부터 '전쟁이 어떻게 될 것 같으냐'는 질문을 가끔 받았다. 러시아가 특수 군사작전(우크라이나 전쟁) 개시 한 달여 만에 우크라이나의 수도 키예프(키이우)에서 포위망을 풀고 군대를 물릴 때, 점령한 북부 하르코프주(州)와 남부 헤르손주에서 철군할 때, 러시아 군사(용병) 기업 '바그너 그룹'이 군사반란을 일으킬 때, 질문자의 얼굴 표정에는 '러시아가 지는 거지?'라고 확인하고픈 의도가 묻어났다.

"러시아가 지지는 않겠지"라는 필자의 답변에 '뭘 제대로 모르는 사람'으로 보는 듯한 느낌도 살짝 비쳤다. 전쟁이 2년 6개월여가 지난 지금, '우크라이나가 지는 거 아닌가'라고 생각하는 사람은 많아진 것 같다. 왜? 우리가 보고 듣는 언론들이 이전과는 좀 다른 흐름을 전달하고 있기 때문이다.

러시아군의 전력이 갑자기 강해진 것일까? 아니다. 지난 2년 몇개월 동안 공격권은 대체로 러시아에 있었다. 우크라이나군은 선방(善防)하는 정도였다. 방어에 치중하다 가끔 반격을 가하곤 했지만, 전쟁의 흐름을 바꾸기에는 역부족이었다. 이기는 것과 선방하는 것은 엄연히 다를 텐데, 선방을 부각시켜 여러 번 강조하다 보니 은연중에 '이길 수도 있다'는 메시지를 심어준 것은 아닐까 싶다.

소련 시절을 포함해 러시아를 좀 알고 있다는 사람은 우크라이나가 모든 면에서 러시아에게 상대가 안 된다고 생각한다. 인구와 영토, 군사력, 경제력, 기술 잠재력은 물론이고 정신력에서도, 두 나라는 객관적으로 큰 차이가 난다고 여긴다. 우크라이나에 군사적·재정적·인도적 지원을 해온 나토(NATO)나 유럽연합(EU)이 우크라이나전에 지상군을 투입하지 않는 이상, 시간이 갈수록 그 격차는 조금씩 더 드러나게 돼 있다. 좀 더 거칠게 말하면, 유럽 대륙에 제3차 세계대전이나 핵전쟁이 일어나면 모를까, 그게 아니라면 우크라이나는 절대로 러시아를 이길 수가 없다.

사람들은 왜 한때나마 '우크라이나가 이길 수 있다'고 믿었을까? 언론 탓이라고 본다. 서방 외신을 주로 인용한 우리 언론은 '우크라이나가 전쟁에서 반드시 이겨야 하는' 국제법상 정의의 편에 섰다. 충분히 공감이 간다. 다만, 객관적이고 공정해야 할 언론의 길(저널리즘)과의 조화, 현실 인정이 조금 아쉬웠다. 또 매일 실시간으로 전황을 전하는 언론으로서는 '눈앞에서 일어난 화끈하고 입맛에 맞는(?) 뉴스'를 취사선택할 수밖에 없다. 그러나 나무와 함께 숲을 보는 넓은 시야도 우크라이나 전쟁 보도에서는 더 필요했다는 생각이다.

전쟁은 상대가 있는 게임이다. 어느 한쪽을 일방적으로 편드는 시각으로는 객관적인 판세 분석에 한계가 있다. 우리 언론은 서방 외신에 거의 의존하다 보니, 우크라이나편이었다는 점을 부인하기는 어렵다. 자칫하면 '외눈박이'식 보도가 되기 십상이다. 다른 쪽 눈인 러시아 언론과 우크라이나 독립언론에 대한 인용이나 참고가 상대적으로 부족했다. 이같은 아쉬움을 푸는 차원에서 '전쟁 저널리즘'을 연구·분석의 테마로 선택했다. '잘 싸우던 우크라이나가 이제는 밀리는구나' 하는 막연한 생각을 하기까지, 그 흐름의 이면에 있는 팩트(진실)를 하나하나 짚어가는 것이 이 시대에 맞는 진정한 '전쟁 저널리즘'이라고 여겼다. 이것은 곧 우크라이나 전쟁에 대한 정본(正本)을 만드는 데 도움이 될 자료를 남기는 일이다. 이 책 출판의 주요 취지다.

과거의 오류를 비판적으로 수정해 나가는 게 역사의 발전이라고 믿는다. 이러한 태도야말로 페이크(가짜)와 팩트가 뒤섞인 인공지능(AI) 시대에 우리와 우리 사회를 지킬 수 있다. 특히 정도를 걷는 언론의 역할이 크다.

러-우크라 전쟁에서 많은 사람들이 놓치는 게 하나 있다. 강대국에 치인 우리의 역사를 떠올리게 하는 우크라이나의 과거에 매몰되다 보니 소련(러시아)에 희생된 숫자에 묻힌 역사적 진실이다.

스탈린의 농업 집단화 정책으로 인한 대기근(골로도미르, Голодомор)의 희생자 수가 무려 630만 명에 이른다는 우크라이나 민족주의자들의 주장은, 과거 나치 협력자이자 홀로코스트의 공범자인 그들의 과거를 슬며시 지워 버렸다. 2023년 9월 젤렌스키 대통령의 캐나다 하원 연설시, 반러 독립투쟁 애국자로 기립박수를 받은 98세의 우크라이나계 캐나다인 야로슬라브 훈카 노인이 나중에 나치 협력자로 확인된 게 대표적이다. 우크라이나 특유의 '희생자의식 민족주의'는 전쟁을 계기로 더욱 부각됐고, 서방 언론은 러시아가 밝히는 역사적 진실을 외면한 느낌이다. 폴란드가 우크라이나 민족주의 세력 UPA(Украинская повстанческая армия, 우크라이나 반군)가 1943년 저지른 볼린 대학살 사건을 최근 문제삼고 나온 것은 의미심장하다. 폴란드 정부가 그냥 덮고 넘어갈 분위기는 아니다.

전쟁은 또 할리우드 영화와 다르다. 제2차 세계대전을 다룬 할리우드 전쟁 영화는 정의(미군)가 늘 승리한다. 아무리 큰 어려움에 빠지더라도 막판에 지원군이 나타나면서 '해피엔딩'으로 끝난다. 하지만, 실전에선 그렇지 않다. 우크라이나군이 아무리 정의라고 해도, 상당한 지원군이 투입되지 않으면 단편적인 전투에서 이기고 전쟁에서 지는 결과로 끝날 수 있다.

이 책은 지금까지 우크라이나 전쟁을 보도한 국내 언론을 부정하거나 비판하기 위해 쓴 것은 아니다. 앞서 지적한 대로 어제와 오늘을 돌아보고 더 나은 '전쟁 저널리즘'을 준비하자는 취지다. 오해가 없기를 바란다.

무엇보다도 이 책을 발간할 수 있도록 물심양면으로 지원해 준 방일영문화재단에 고마움을 전한다. "할아버지 또 공부해?"라며 멀찌감치 비켜준 두 외손자와 외손녀, 아내와 두 딸, 사위들에게도 특별히 감사하는 마음이다.

2024년 10월

이 책은 방일영문화재단의 지원을 받아 저술·출판되었습니다.

| 차 례 |

## Chapter 3 2년 만에 드러나는 진실들



## Chapter 4 전쟁 저널리즘을 위한 제언

Chapter 1

# 거꾸로 읽는 우크라이나 전쟁

전쟁은 참혹하다. 아무리 좋은 전쟁도 나쁜 평화보다 못하다. 그러나 역사적으로 나쁜 평화가 가끔 더 큰 전화(戰禍)를 불러오기도 했다. 대표적으로 나치 독일의 히틀러가 1938년 3월 오스트리아를 병합한 뒤 체코슬로바키아의 독일인 거주지인 주데테란트를 욕심낼 때, 영국 등 4개국(독일, 프랑스, 이탈리아)이 궁여지책으로 찾아낸 평화협정, 즉 뮌헨 협정이 거론된다. 제1차 세계대전 이후, 또다시 대규모 전쟁 발발의 위기를 느낀 네빌 체임벌린 영국 총리(재임 1937~1940년)가 히틀러를 만나 그의 요구를 들어주고, 유럽 대륙에서 지켜낸 1년간의 '나쁜' 평화다.

체임벌린 총리는 그해 9월 30일 "유럽 대륙의 평화를 지켜냈다"는 말로 뮌헨 협정을 한껏 포장했다. 하지만 히틀러는 그로부터 6개월 뒤, 알토란 같은 주데테란트 지역을 독일에 양보했던 약체 체코슬로바키아를 집어삼키고, 1년 뒤(1939년 9월)에는 폴란드 국경을 넘어서면서 제2차 세계대전이 시작된다. 나쁜 평화가 더 큰 전화를 불러온 것으로 역사가들은 해석한다.

# 전쟁이냐? 나쁜 평화냐?

역사에는 가정이 없지만, 체임벌린 총리가 히틀러에 맞서 전쟁 불사를 각오하고 임전무퇴(臨戰無退)를 선언했다면, 역사가 달라졌을까? 히틀러가 겁을 먹고 순순히 물러섰을까? 아닐 것이다.

히틀러는 당시 레벤스라움(Lebensraum: 한 국가·민족의 생존에 필요한 공간적 영역)에 향한 욕망에 가득 차 있었다. 또 제1차 세계대전 패전국의 수모를 혹독하게 겪은 독일인들의 민족 감정에 불을 지피면서 권력의 정상에 선 터라 영토 확장, 즉 폴란드 침공의 유혹에서 벗어날 수 없었던 심리 상태라고 보는 게 맞다.

그로부터 80여 년의 세월이 흐른 2022년 2월 24일, 우크라이나 국경을 전격적으로 넘어선 러시아군 탱크는 폴란드 국경을 짓밟은 나치 독일군과 다를까? 군사적 행동과 그 결과로만 보면 하등 다를 게 없다.

하지만, 그 흐름은 달랐다. 주변국 침공의 의지가 자의적이었느냐 타의적이었느냐 혹은 능동적이었느냐 피동적이었느냐의 차이다. 필자를 비롯해 볼로디미르 젤렌스키 우크라이나 대통령까지도 '러시아가 조만간 침공할 것'이라는 미국 측 경고를 믿지 않았다. 결과적으로는 우크라이나를 둘러싼 국제정세에 대한 오판이었다. 아니, 조 바이든 미 대통령이 처음부터 체임벌린식 나쁜 평화마저도 일체 염두에 두지 않고 있었다는 사실을 간과했기 때문일 것이다.

왜 그랬을까?

수십만 명의 생명을 앗아가고, 수많은 군사장비와 사회 인프라가 파괴된 지난 2년 6개월간의 전쟁 결과를 보면 그 이유를 짐작할 수 있다. 데이비드 캐머런 영국 외무장관은 2024년 1월 18일 다보스에서 열린 다보스 포럼 우크라이나 조찬에서 "미국은 단 한 명의 미국인도 잃지 않고, 러시아 무기의 50%를 파괴하는 데, 겨우 국방예산의 10%를 썼다"고 주장했다.[1] 미국 측에 "존경한다"고 비꼬기도 했다. 중국 송나라 시대의 이이제이(以夷制夷) 전략이 떠오르는 대목이다.

미국에서도 이를 솔직히 인정한 정치인이 있다. 린지 그레이엄(Lindsey Graham) 미 공화당 상원의원이다. 키예프(키이우)를 직접 찾아가 젤렌스키 대통령을 만나기도 했던 그는 2023년 말 미국의 우크라이나 추가 군사지원안이 하원에서 발목이 잡히자 "우크라이나에서 전쟁을 벌이는 것은 미국에게 좋은 투자"라며 조속한 처리를 촉구했다. "우크라이나는 18개월 만에 빼앗긴 영토의 절반을 되찾았고, 미국인은 단 한 명도 죽지 않았다. 나토(NATO)는 (핀란드, 스웨덴 가입으로) 확장됐고, 러시아 경제는 붕괴되고 군대는 파괴됐다"는 논리를 폈다. 솔직하고 명쾌한 전쟁론이다.

미 국방부의 시각은 다를까? 우크라이나 추가 지원안이 하원에 막

1 우크라이나 온라인 매체 스트라나.ua, 2024년 1월 18일

혀 있던 2023년 11월~2024년 4월 우크라이나 군사지원을 '현명한 투자'라고 부르며, "미국에서도 (양질의) 일자리를 창출한다"고 언론 플레이를 펼친 국방부였다.

그렇다면, 그 결과는?

당연하게도 미국은 최근 5년(2019~2023년)간 글로벌 무기 판매량의 40% 이상을 독점한 것으로 나타났다. 이전 5년보다 17%나 증가했다. 미국과 경쟁하던 러시아는 2022년 우크라이나와의 전쟁으로 무기 수출이 급감했다.[2]

스웨덴 싱크탱크인 스톡홀름국제평화연구소(SIPRI)가 발표한 〈2023년 국제 무기 이전 동향〉 보고서를 보면, 글로벌 무기 시장을 뒤흔든 것은 우크라이나 전쟁이었다. 우크라이나에 무기를 지원하고 역내 방공망을 강화해 온 유럽은 무기 수입량이 이전 5년(2014~2018년)에 비해 1.94배 늘었다. 전쟁 이전 글로벌 무기 수입 점유율이 0.5%도 안 됐던 우크라이나는 최근 5년 사이 점유율 4.9%를 차지하면서 세계 3위 수입국으로 올라섰다.

유럽의 이 같은 무기 수요를 흡수한 국가는 단연 미국이었다. '미국에 좋은 투자'라는 그레이엄 의원의 주장 그대로였다. 최근 5년간 유럽의 무기 수입량 중 미국이 차지하는 비중은 55%로, 이전 5년간 점유율인 35%에서 무려 20%포인트나 늘어났다. 미국 《월스트리트저널(WSJ)》은 "국제적 갈등의 확산으로 각국의 무기 수요가 커지는 가운데, 군수산업은 미국이 동맹국(나토)과 파트너십을 강화하는 주요 수단이 됐다"고 설명할 정도다.

---

2 미국 《월스트리트저널(WSJ)》, 2024년 3월 11일

반면, 러시아 무기 수출 점유율은 지난 5년(21%)에 비해 10%포인트가 준 11%까지 주저앉았다. 세계 수출 2위 타이틀도 나토 회원국인 프랑스(11%, 공동 2위)에 일부 내줬다.

지난 2년 6개월간의 정세 변화에 비춰보면, 러시아의 특수 군사작전(우크라이나 전쟁)이 시작되기 전, 2021년 말에 열린 미국과 러시아의 안보 협상은 어쩌면 미국의 '계획된 쇼'라는 느낌도 없지 않다. 미국이 협상 과정에서 오히려 러시아의 억눌린 감정을 돋군 측면도 일부 감지된다.

미국 백악관의 분위기가 실제로 그랬다.

미국의 주요 언론에 따르면, 워싱턴은 이미 2021년 11월 푸틴 대통령이 우크라이나에 대한 공격을 준비하고 있다고 확신했다. 또 나토의 동진(東進) 중단, 즉 우크라이나의 나토 가입 거부를 보장하라는 푸틴 대통령의 최후통첩을 거부하면, 어떤 결과가 날지 잘 알고 있었다. 비록 나쁜 평화가 될지라도 푸틴 대통령의 행동을 멈춰 세울 의지가 전혀 없었다는 판단이다.

11월 미국 대선에서 도널드 트럼프 공화당 후보의 러닝메이트(부통령 후보)인 J. D. 밴스 상원의원은 2024년 4월 상원 연설에서 "히틀러를 달래려는 체임벌린 영국 총리의 정책을 반복할 수 없다는 말을 자주 듣는다"면서 "그러나 우크라이나 상황에서는 제2차 세계대전이 아니라 제1차 세계대전의 교훈이 더 중요하다"고 강조했다. 오스트리아 황태자 페르디난트 대공의 암살과 같은 사건에 흥분해 신중하게 행동하지 않으면, 세계대전에 휘말리게 된다는 주장이다. 유럽은 당시 독일-오스트리아-이탈리아의 3국 동맹과 영국-프랑스-러시아 3국 협상이 대치하고 있었는데, 암살 사건에 두 세력이 참지 못하고 충돌한 게 제

1차 세계대전이다.

밴스 의원은 또 "우리는 (대량살상무기 제조를 이유로) 2003년 이라크를 공격하기 직전과 같이 '전쟁(을 해야 한다는) 선전전'에 빠져 있다"며 "우크라이나 지원 반대는 곧 푸틴(대통령)을 지지하는 것이며, 미국은 옳고 민주주의는 훌륭하지만, 이라크와 푸틴은 나쁘다고 하는데, 외교정책을 이렇게 해서는 안 된다"고 바이든 행정부를 직격했다. 나아가 자신의 이라크전 참전 경험을 내세우며 "선전전에 휩쓸려 해병대를 지원해 이라크로 갔다. 그러나 그곳에서 몇 주 만에 속았다는 것을 깨달았다"고 주장했다.[3]

전쟁 발발 전, 워싱턴은 우크라이나의 패배와 러시아의 우크라이나 완전 점령을 배제하지는 않았다. 그러나 이 옵션조차도 미국에 치명적인 위험으로 간주되지 않았다. 그 대가, 즉 유럽이 미국 주도의 나토를 통해 결집력을 높이고, 강력한 제재 조치를 통해 러시아 경제에 타격을 가하는 게 결과적으로 미국에 더 나은 선택이라고 판단했을 수도 있다. 실제로, 나토가 발트해를 중심으로 유럽에서 대규모 군사훈련을 실시한 2024년 1월 29일, 토니 블링컨 미 국무장관은 이렇게 말했다.

"푸틴(대통령)의 우크라이나 침공은 전략적 실패로 드러났다. 그가 막고자 했던 상황은 이제 현실화되고 있다. 그는 나토를 약화시키고 싶어 했으나 군사동맹은 더욱 커졌고, 우린 그 어느 때보다 강해졌다."

3 우크라이나 온라인 매체 스트라나.ua, 2024년 7월 20일

북유럽의 중립국으로 남아있던 핀란드와 스웨덴이 나토에 적극적으로 손을 내민 상황을 강조한 발언이었다. 두 나라가 나토에 가입하면서, 소련 시절 발트 함대의 본거지였던 발트해는 '나토의 호수'로 변했다. 미국이 전 세계에서 개입한 숱한 주요 분쟁과는 달리, 피 한 방울 흘리지 않고, 미국이 우크라이나 전쟁에서 얻어낸 지정학적, 군사적 이득이었다.

이 같은 맥락에서 러시아가 설사 우크라이나 전쟁에서 승리하더라도, 미국은 푸틴 대통령이 원하는 새로운 유럽 지역의 안보 시스템을 인정하지 않을 것 같다. 2024년 들어 부쩍 늘어난 러시아의 나토 침공설이 보여주듯이, 미국은 러시아의 군사적 위협에 맞서야 한다는 명분을 앞세워 유럽 내 나토의 군사동맹 체제를 더욱 굳건히 다질 가능성이 높다. 유일한 변수는 트럼프 후보가 다시 화이트하우스(백악관)에 입성할 경우다.

거꾸로 막대한 피해를 감수하면서 우크라이나 전쟁에서 이긴 러시아에는 '상처뿐인 승리'가 될 수도 있다. 전쟁으로 완전히 파괴된 우크라이나의 국가 기반 시설을 재건하고, 적대적인 우크라이나인들을 달래려면 독일의 동서독 통일 비용 못지않은 예산 출혈이 불가피하다. 러시아의 경제 발전을 오랫동안 담보해야 할 만큼 큰 재정 부담을 안게 될 것이다.

이런 사실을 푸틴 대통령을 정점으로 한 러시아 지도부는 몰랐을까? 기습작전으로 가능한 한 단시간에 우크라이나의 항복을 받아내는 작전을 짜고 시작했겠지만, 세상일이 어디 그렇게 마음먹은 대로 되는 것인가? 플랜B도 염두에 두었을 것이다. 장기전에 상처뿐인 영광까지.

눈앞에 놓인 여러 가지 위험 요소를 보면서도 푸틴 대통령이 군사 행동의 무리수를 둔 것은, 미국과 나토의 영향력이 턱 밑까지 바짝 조여오는 현실을 마냥 묵인할 수만은 없다는 판단에서였을 터. 우크라이나는 1991년 12월 소련이라는 거대한 제국을 무너뜨린 러시아의 굳건한 파트너이자, 떨어질 수 없는 세 형제(러시아, 우크라이나, 벨라루스) 중의 하나였다.

역사적으로도 대항해시대(大航海時代, 포르투갈어 Era dos Grandes Navegações, 15~17세기)에서 프랑스의 나폴레옹 집권기를 거쳐 1·2차 세계대전에 이르기까지, 우크라이나는 지정학적 역학관계에서 다소 부침을 겪기는 했지만, 그 정신세계는 러시아와 형제국이었다. 나토가 '우크라이나를 넘본다(나토 가입)'는 것은, 러시아에게 '오른팔마저 내놔라'라는 도발이나 억지와 다를 바 없다고 느꼈을 법하다. 미국과 나토가 소련 붕괴 직후, 러시아에게 나토의 동진(東進)을 시작하지도, 러시아 문제에도 간섭하지 않겠다고 철석같이 약속했기 때문이다.

이 사실을 러시아 측이 주장할 때만 해도, 반신반의하는 전문가들이 많았다. 하지만 미국의 국가안보기록보관소(American National Security Archive)에 보관된 비밀 문건들이 세월이 지나 하나씩 공개되면서 분명한 사실로 확인되고 있으니, 미국 측도 러시아의 일방적인 주장으로 내치기에는 뒷골이 좀 당길 것이다.

우선, 2024년 4월에 비밀 해제된 미국의 문건에 따르면 만프레드 베르너 당시 사무총장이 이끄는 나토 지도부는 1992년 2월 25일 모스크바에서 루슬란 하스불라토프 러시아 최고회의 의장(의회 의장)과 만나 "나토는 소련의 내정(러시아와 CIS 관계)에 간섭하지 않을 것"이라고 약속했다. 베르너 총장은 "우리는 러시아뿐만 아니라 CIS 소속 다른 주권 국가들의 내정에 간섭하지 않을 것"이라며 "우리는 러시아 등 모든 옛소련 공화국과 가장 우호적인 관계를 구축하고 싶다"고 말했다. "그것이 모두에게 공동 이익이 되고, 장기간의 안정을 보장할 수 있다"고 했다.

이에 하스불라토프 의장은 "핵 문제를 비롯해 옛소련의 여러 지역에서 직면할 수 있는 모든 위협을 제거하기 위해 러시아는 나토 측과 협력할 준비가 되어 있다"며 "러시아는 옛소련의 많은 문제를 물려받았지만, 이제 갓 민주주의를 시작한 러시아가 평화로운 외교정책을 추구하는 데 걸림돌이 되지는 않을 것"이라고 맞장구를 쳤다.

1988년부터 1994년까지 나토를 이끈 '베르너 사무총장 시대'는 독일 통일과 냉전 종식이라는 시대 전환을 의미했다. 또 공식적으로 나토에 합류한 동유럽 국가도 없었다. 그는 약속을 지켰다. 하스불라토프 의장은 러시아 대통령으로 선출된 보리스 옐친에 이어 1991년 10월 러시아 최고회의 의장직에 올랐고, 몇 달 뒤 소련 해체를 명시한 러시아와 우크라이나, 벨라루스 3국의 벨로베즈스카야 협정의 최고회의 비준을 앞장서 이끌어 냈다. 그러나 이듬해(1992년) 옐친 대통령의 시장경제 체제 도입과 민영화, 화폐 개혁 등 과격한 개혁 조치에 반대하는 보수세력의 핵심 인물로 나서 1994년 옐친 대통령의 헌법 개정에 반기를 들었다가, 그해 10월 러시아군의 최고회의 의사당 폭격 사건으로 실각했다.[4]

우크라이나가 핵무기를 포기한 부다페스트 양해각서의 체결을 추진

4 러시아 매체 rbc 2024년 4월 5일

하던 당시, 미국과 러시아, 미국과 우크라이나 관계를 보여주는 미국의 외교 문건은 2024년 1월 말 공개됐다. 30년 전인 1994년 1월에 이뤄진 클린턴 미국-옐친 러시아 대통령, 클린턴 미국-크라프추크 우크라이나 대통령 간의 대화 문서는, 클린턴 대통령이 러-우크라 양국에 부다페스트 양해각서 체결을 설득하던 시절의 내밀한 이야기를 담고 있다.

이 문서에 따르면, 클린턴 대통령은 1994년 1월 12일 키예프(키이우)에서 레오니드 크라프추크 우크라이나 대통령을 만난 뒤 이튿날(13일) 모스크바에서 옐친 대통령과 자리를 함께했다.

우크라이나 매체 스트라나.ua는 2024년 1월 26일 비밀 해제된 미국 문건을 인용, 크라프추크 대통령은 1994년 1월 12일 키예프 보리스필

▲ 클린턴 미 대통령의 러시아 국가두마 연설 모습. 출처: 위키피디아(러시아어판, Duma.gov.ru)

공항에서 클린턴 미국 대통령을 만나 "핵 구축(驅逐)에 반대하는 (우크라이나) 민족주의자들을 비난했다"고 보도했다. 그는 클린턴 대통령에게 "핵무기 (이전 및 폐기) 문제로 나(대통령)에게 반기를 드는 민족주의자들도 있다"며 "그들에게 세를 넓힐 기회를 주어서는 안 된다. 그들은 경솔하게 행동할 준비가 되어 있고 상황을 악화시킬 수 있다"고 우려했다. 또 공항에서 빵과 소금으로 클린턴 대통령을 맞이한 우크라이나 소녀들을 소개하면서 "빵과 소금, 어린 소녀로 손님을 맞이하는 것이 우리의 전통"이라며 "우크라이나 여성은 아름답기로 유명하다"고 자랑하기도 했다.

클린턴 대통령과 옐친 대통령은 1994년 1월 13일[혹은 14일, 모스크바와 워싱턴 시차] 모스크바 외곽 노보-오가료보(ново-огарёво) 다차[2000년부터 대통령 관저로 사용]에서 만찬 회동했다. 이 자리에서 옐친 대통령은 클린턴 대통령에게 "러시아가 나토에 가입하는 (바르샤바조약기구 회원국 중) 첫 번째 국가가 되어야 하고, 동유럽과 중부유럽의 국가들이 그 뒤를 따라야 한다"고 주장했다. 러시아가 가입하지 않는 한, 동유럽도 나토에 가입할 수 없다는 메시지를 전하고 싶었던 것으로 해석된다.

옐친 대통령은 또 세계 안보를 보장하고 개선하는 데 도움이 되도록 미국과 러시아, 유럽 간에 일종의 '카르텔(국가연합)'을 제안했으나, 클린턴 대통령의 반응은 "매우 조심스러웠다"고 비밀문서는 전했다. 클린턴 대통령은 러시아인의 전통과 위대함을 치켜세웠을 뿐 (옐친이 제안한) 안보 카르텔이나 러시아의 나토 회원 자격에 대해서는 일체 언급하지 않았다는 것이다.

이 문건에는 또 옐친 대통령이 '체코가 만약이 아닌, 구체적으로 언제 동맹에 가입할 것'이라는 클린턴 대통령의 '프라하 발언에 충격을 받았다'고 쓴, 만찬 전날 (미국에게) 전달한 러시아 외무장관의 편지 내용도 들어 있다.

그러나 클린턴 대통령은 러시아의 특수 군사작전(우크라이나 전쟁) 개시 직후인 2022년 4월 《더 아틀랜틱(The Atlantic)》에 쓴 칼럼에서 "옐친 대통령과 그의 후임자인 푸틴 대통령에게 러시아가 나토에 가입할 것을 제안했다"며 "우리는 그동안 러시아의 가입을 위해 나토의 문을 열어 두었다"고 주장했다. 30년 전 비밀 문건에 기록된 내용과는 다른 톤의 주장이다. 기억 착오일까? 의도적인 자기변명 혹은 합리화일까?

미국이 '나토를 확장하지 않겠다'는 공식적인 약속은 동서독의 통일 기운이 무르익던 1990년에 처음 나온 것으로 알려져 있다. 1990년 2월 9일 제임스 베이커 미 국무장관은 모스크바에서 고르바초프 소련 대통령에게 "우리가 나토 일원인 (통일) 독일에 미군을 배치하더라도, 나토 관할권(jurisdiction)은 동쪽으로 1인치도 확장하지 않겠다"며 "조지 부시 미 대통령이나 나는 일방적인 이익을 취할 생각이 없다"고 말했다.

이에 고르바초프 대통령은 "나토 확대는 수용할 수 없다는 점을 언급할 필요조차 없다"고 했고, 베이커 장관은 "우리도 동의한다"고 화답했다. 나중에 고르바초프 대통령은 베이커 장관으로부터 이 '1인치 약속'을 세 번이나 들었다고 했다.

이 대화록은 2017년 12월 미 조지 워싱턴 대학이 미 국가기록문서보관소에서 찾아낸 비밀 문건 중 하나다. 이 대학의 분석에 따르면 미국은 물론 영국과 독일, 프랑스 지도자들은 당시 (독일 통일에 따른) 소련의 안보 불안을 불식시키기 위해 비슷한 발언들을 쏟아냈다. 소련이 해체된(1991년 12월) 뒤에도, 존 메이저 영국 총리는 "우리는 나토의 확장을 거론하지 않는다"고 말했다.[5]

나토의 동진을 비난하는 러시아의 주장을 받아들여야 한다는 목소리가, 비록 작지만 유럽 내에서도 꾸준히 나오는 이유가 바로 이러한 문서들의 존재 때문이다. 러시아 국영 리아 노보스티 통신에 따르면 모스크바는 그동안 유럽에서 군사 블록(나토)의 군대가 증강되는 것에 대해 반복적으로 우려를 표명했으며, 러시아는 누구에게도 위협을 가하지 않지만, 자국의 이익을 위협하는 잠재적인 활동을 무시하지 않을 것이라고 경고했다.

푸틴 대통령도 군사작전 개시 전 나토 측에 "나토가 (베이커 미 국무장관이 고르바초프 대통령에게 한) 1990년의 약속을 깼으니, (동유럽의 나토 가입 전인) 1997년 경계선으로 되돌리고, 동유럽과 옛소련권(발트 3국)에서 병력 및 군사 인프라를 철수할 것"을 요구했다. 그는 또 기회가 있을 때마다 "나토는 발트해 연안 국가들을 점령했고(나토에 가입시켰고), 동유럽 전체를 먹었다"며 "무엇을 위해 그렇게 했느냐?"고 물었나. 나아가 "냉전 종식 이후, 유럽 안보 문제에 관해 모두(러시아와 나토)가 받아들일 수 있는 다양한 아이디어와 제안이 있었다(그러나 나토가 거부했다)"고 주장했다.

옐친 대통령은 동유럽의 나토 가입 논의가 본격화한 1997년, 클린턴 미 대통령에게 '러시아는 우크라이나의 나토 가입을 원하지 않는다'고

---

5 《조선일보》, 2022년 1월 11일

통고한 것으로 알려져 있다. 거의 처음으로 나토 측에 안보상 레드라인을 경고한 셈인데, 1999년 나토에 가입한 체코와 폴란드, 헝가리와는 달리, 우크라이나는 '러시아와 형제의 끈을 끊어서는 안 된다'는 확고한 신념에서 나온 것으로 해석된다. 러시아의 이 같은 입장은 그 이후에도 전혀 변하지 않았다.

물론, 기밀 해제된 문서에 대한 해석은 서로 다를 수 있다. 베이커 장관의 '1인치 약속'이 대표적이다. 1990년이라면 소련 붕괴 전으로, 당시 고르바초프 대통령에게 한 그의 약속, 즉 동쪽은 동독(東獨)을 가리킨다는 것이다. 나토가 '동독으로 들어가지(나토군 주둔) 않겠다'는 약속이라는 주장인데, 그렇다면 통일독일은 서독(西獨)이 가입한 나토 회원국도, 동독이 가입한 바르샤바조약기구[나토에 맞선 소련 중심의 동유럽 군사 동맹체] 회원국도 아닌, 중립국으로 간다는 뜻인가? 앞뒤가 안 맞는 말장난이다. 아니라면 상황이 변했으니, 논리를 바꿀 수밖에 없다는 강변(強辯)에 불과하다.

옌스 스톨텐베르그 나토 사무총장[2024년 10월 1일 퇴임]의 우크라이나 전쟁 전후 주장이 오히려 솔직하다.

"나토의 헌장에 따르면 모든 유럽 국가가 회원이 될 수 있다. 나토를 확장하지 않겠다는 약속을 할 수가 없다."

나토 군사 부문을 책임지는 군사위원회 위원장 롭 바우어 제독은 더 강경하다. 그는 2024년 1월 중순 "나토는 향후 20년 동안 대규모 동원을 시작해 러시아와의 전쟁을 준비할 것"을 촉구했다. 푸틴 대통령이 아무리 나토와 전쟁하지 않을 것이라고 주장해도, 그는 믿지 않는 반러 원칙주의자다. 안보에 관한 한 '만사(萬事) 불여(不如)튼튼'이라는 주장을 부인하지는 않지만, 러시아가 나토 회원국을 공격한다는 주장은 현실성이 많이 떨어진다는 인상을 지울 수가 없다. 그건 푸틴을 히틀러와 거의 동급으로 본다는 이야기다. 솔직히 히틀러가 지금 다시 살아난다고 한들, 나토라는 강력한 군사동맹 체제가 구축된 유럽의 현 지도에서 나토 회원국인 체코나 폴란드를 쉽게 쳐들어갈 수 있겠는가?

하긴, 제2차 세계대전 전 이탈리아에는 무솔리니가, 동북아에는 일본이 영토 확장의 야심을 갖고 있었듯이 중국이 대만을, 북한이 한국을 노리고, 이란이 중동의 패권을 차지하기 위한 불장난을 벌인다면, 러시아가 나토 회원국인 옛소련의 발트 3국을 점령하지 말라는 법도 없다. 그야말로 제3차 세계대전의 시작이다.

이를 막기 위한 전략적 선택으로 나토에는 대러 강경책이 나을까? 유화책이 나을까? 이솝 우화에서는 위험을 제거하기 위해(옷을 벗기기 위해) '압박'보다는 '따뜻한 햇볕'이 낫다고 했다. 러시아에 대한 강경 기조를 늦추지 않는 미국의 다음 수순은, 러시아가 발트해 진출을 위해 연안 3개의 소국, 즉 발트 3국(라트비아, 리투아니아, 에스토니아)을 복속시키는 전쟁을 벌이도록 유도하는 게 될지도 모른다. 그럴 경우, 나토협정(제5조)에 의해 나토군은 자동으로 러시아와의 전쟁에 개입하게 된다. 푸틴 대통령은 어쩔 수 없이 '히틀러의 길'로 찾아 들어가는 셈인데, 러시아의 붕괴는 시간이 걸릴 뿐 필연적이다. 미국의 대러시아 매파(강경파)에게는 나쁘지 않은 수순이다. 미국의 1극 체제가 무너지고 급격히 다극화하는 세계 질서의 흐름을 한동안 차단하는 효과를 일단 기대할 수 있다.

나아가 러시아의 패전으로 연방이 몇 개의 나라로 쪼개진다면, 미국은 러시아를 빼고 중국과 1 대 1 대결에 집중할 수 있다. 지정학적으로 훨씬 유리한 위치에 선다. 단 하나 우려되는 것은, 푸틴은 히틀러와 달리 '핵무기 카드'를 쥐고 있다는 점이다. 발트해 충돌이 '유럽 대륙의 전쟁'이라고 안심할 처지가 아닌 셈이다. 러시아 대륙간탄도미사일은, 또 극초음속미사일은 언제든지 미국의 핵심 도시를 때릴 수 있다. 세계를 공멸(共滅)로 몰아넣는 '핵 공포'가 지구촌을 휩쓰는 시나리오이기도 하다. 푸틴 대통령이 바보가 아닌 다음에야, 이런 시나리오를 모를 리가 없다. 그가 늘 나토와의 관계에서 강조하는 내용은 객관적이고 이성적이다. 요약하면 이런 식이다.

"모스크바는 나토 회원국[발트 3국]에 대한 영토 주장을 하지 않으며, 나토와 전쟁을 시작하지도 않을 것이다. 그들과의 관계를 망치고 싶은 마음은 추호도 없다. 오히려 우리는 관계 증진에 더 관심이 있다. -중략- 그럼, 누구에게 문제가 있느냐? 누구와도 아니다. 우리는 서로 경쟁하고 있다. 그렇다고 싸운다는 생각은 하고 있지 않기 때문에, 인위적으로 문제를 일으키는 쪽은 그들(나토)이다. 그게 전부다."

많은 사람들이 인정하기 힘들겠지만, 미국은 우크라이나 전쟁을 통해 유럽의 에너지 지형을 완전히 바꾸는 등 군사적, 지정학적 외에 경제적으로도 실리를 챙겼다. 지리적으로 가까운 러시아와 관계 개선을 통해 석유와 가스 등 에너지 자원의 안정적 공급 루트를 확보해 온 독일 등 유럽 대륙이 바다 건너 미국에서 어렵게 에너지를 싣고 와야 하는 웃기는 상황에 빠진 것이다. 유럽 입장에서 보면, 가격이 싼 공급처를 무시하고 비싼 상품을 억지로 사야 하는, 그야말로 시장경제에 역행한 계산서를 손에 쥔 억울한 측면이 있다.

실제로 유럽에서 미국의 석유 점유율은 계속 높아지고 있다.

미 블룸버그 통신은 2024년 3월 31일 자체 집계 결과를 바탕으로 유럽의 미국산 석유 수입량이 3월 하루 평균 220만 배럴로 사상 최대치를 기록할 것으로 추정했다. 하루 평균 수입량도 전쟁 전인 2021년 110만 배럴에서 2023년 180만 배럴로 크게 늘어났다. 특히 프랑스와 스페인 등은 2배 가까이 증가했다.

인도 등 아시아와 오세아니아의 미국산 수입량도 크게 늘었다. 미국이 주도한 러시아 석유 가격 상한제와 러시아 기업에 대한 직접 제재, 세컨더리(2차) 제재(제3국에 대한 제재) 등 대러 봉쇄 정책의 강도를 지속적으로 높여온 게 주된 이유다. 전쟁 발발 이후, 러시아산 석유를 큰 폭으로 할인받아 대거 수입했던 인도 정유업체들도 2024년 2월 미국의 제재를 받은 러시아 국영 선사 소브컴플로트(PJSC)의 유조선 화물을 거부하기도 했다.

석유수출국기구(OPEC)와 러시아 등 비(非)OPEC 주요 산유국 협의체인 OPEC+는 원유 가격의 안정을 위해 자발적 감산 조치를 코로나(COVID 19) 사태 이후 계속 시행했는데, 미국은 생산 증가 → 수출 확대라는 어부지리를 챙기는 형국이다. 로이터 통신은 2024년 상반기 OPEC의 세계 석유 시장 점유율이 27% 아래로 떨어질 것으로 내다봤다. 미국이 그 지분을 챙겨가고 있다.[6]

---

6 《서울경제》, 2024년 4월 1일

# 폭풍 전야, 뒷걸음질 친 미-러 새 안보협상

2021년 가을부터 슬금슬금 제기되기 시작한 '러시아의 우크라이나 침공설'은 미국과 러시아 정상 간의 두 차례 접촉(12월 7일 미-러 화상회담, 30일 전화통화)에도 뚜렷한 해결점을 찾아내지 못한 채 해를 넘겼다.

다행히 이듬해 1월 10일부터 미국과 러시아, 나토와 러시아 간에 실무급 안보협상이 열렸다. 전문가들은 협상 자체를 극단적인 '치킨 게임'으로 여겼다. 두려움을 먼저 느끼는 측이 패하는, 아주 비인간적인 게임이다.

미-러 안보협상은 2022년 1월 10일 스위스 제네바에서 열렸다. 러시아 협상 대표단을 이끄는 세르게이 랴브코프 외무차관은 전날 제네바에 있는 미 군축회의 상임 대표의 관저를 찾았다. 상견례를 겸한 만찬과 사전 협상이 2시간여 진행됐다.

랴브코프 차관은 관저를 나오면서 러시아 언론에 "아주 질린다(몹시 어렵다). 복잡하다. 그러나 실무적이었다"면서 "내일 (회담에서) 시간을 헛되이 낭비하지는 않을 것"이라고 다짐했다. 협상에 임하는 미국 측의 태도에 우선 질리고, 풀어야 할 문제는 복잡하지만, 실무적으로 해

나갈 수밖에 없다는 뜻으로 러시아 언론은 해석했다.

그의 상대는 2023년 6월 사임한 웬디 셔먼 미 국무부 부장관이었다. 랴브코프 차관과 셔먼 부장관은 이튿날 회담장에서 전 세계 언론의 카메라 앞에 잠깐 섰을 뿐, 그 흔한 악수조차 하지 않았다. 전날 사전 접촉의 불편한 감정이 남은 듯했다.

두 사람은 우크라이나의 위기 해소와 러시아의 안전보장을 위한 협상을 무려 8시간 가까이 진행했으나 '서로 할 말만 하고' 헤어졌다는 평가가 나왔다. 악수조차 나누지 않았던 두 사람의 냉랭한 표정은 두고두고 뒷말을 낳았다.

마라톤 회의가 끝난 뒤 미-러 양측은 각각 따로 가진 언론 브리핑에서 협상 테이블에서 자신들이 주장한 내용을 중심으로 결과를 설명했다. 랴브코프 차관은 '몹시 어렵고 복잡하다'는 현실적인 속내도 내비쳤다. 그는 협상 테이블에서도, 언론 브리핑에서도 "러시아는 우크라이나를 침공할 의사가 없다"고 거듭 강조했다. '증거를 대라'는 미국 측을 향해 그는 아놀드 슈왈제네거가 주연한 영화 〈레드 히트〉(1988년작) 속의 대화를 인용하기도 했다. 슈왈제네거가 영화 속에서 "증거가 뭐냐?"고 자꾸 묻는데, 미국 측 태도가 바로 그 장면을 떠올리게 한다는 것이다.

랴브코프 차관은 "셔먼 부장관이 우리(러시아)에게 '미국과의 관계를 더 이상 악화(우크라이나 국경의 긴장 고조)시키지 않을 것이라는 증거를 보여달라'고 요구했다"며 "우리(러시아)가 미국 측에 그동안 (무슨 일이 있을 때마다) 수없이 많은 질문을 하고 증거를 요청했는데, 그때마다 미국 측은 '잘 알고 있으면서 무슨 증거가 필요하느냐'고 답변하거나 침묵했다. 마찬가지로 이제는 우리도 (증거를 보여주고 하는) 그럴 필요가 없다"고 설명했다.

러시아가 미국 측에 요구한 것은 국가안보에 대한 확실한 보장책이었다. 그는 "우크라이나와 그루지야(조지아) 등 옛소련 국가들이 나토에 가입하지 않는다는 보장이 절대적으로 필요하다"며 "지난 2008년 루마니아의 수도 부쿠레슈티에서 열린 나토 정상회의에서 채택된, 우크라이나와 그루지야의 나토 가입 문을 열어준 결의안이 '절대로 나토 회원국이 되지 않을 것'으로, 그 내용을 바꿔야 한다"고 강조했다.

당시, 부쿠레슈티 나토 정상회의에서는 프랑스와 독일 등이 반대 입장을 굽히지 않으면서, 미국이 주도한 우크라이나와 그루지야의 나토 가입은 좌절됐다. 그러나 나토 측은 "러시아의 반대에도 불구하고, 우크라이나와 그루지야의 나토 가입을 계속 추진한다"는 결의안을 채택했다.

랴브코프 차관은 또 협상에서 "러시아 접경 지역으로 나토의 공격용 무기를 배치하지 않는다는 법적 보장을 받는 것이 왜 중요한지, 또 나토가 1997년 이후 가입한 회원국들의 영토를 물질적으로 장악하는(무기를 배치하는) 것을 포기해야 한다고 러시아가 왜 주장하는지 설명했다"고 소개했다.

그는 이틀 뒤인 12일 벨기에 브뤼셀에서 나토·러시아위원회(NRC) 협상을, 13일에는 오스트리아 빈에서 유럽안보협력기구(OSCE) 협상에 나섰다. 그리고 14일, 세르게이 라브로프 러시아 외무장관의 정례 연초 기자회견이 열렸다. 당연히 미-러, 나토-러 안보협상에 관한 질문이 쏟아졌다. 라브로프 장관의 답변은 명쾌했다.

"우리(러시아)는 미국과 나토로부터 러시아의 안전보장 제안에 대한 답을 문서로 기다리고 있으며, 서방의 강력한 대러 제재 등 어떠한 사태 전개에도 대응할 준비를 하고 있다. 우리의 인내는 이제 한계에 다다랐다. 우리의 제안이 거부당하면, 나는 전체 상황을 종합 분석, 평가한 뒤 (푸틴) 대통령에게 보고하고, 대통령이 국가안보 이익을 고려해 최종 결정을 내릴 것이다."

러시아가 미국 등 서방 측에 서면으로 답변을 요구한 것은, '우크라이나와 그루지야가 나토에 가입하지 않고 나토가 러시아 접경 국가들에 공격 무기를 배치하지 않는다'는 내용의 법적 구속력이 있는 문서였다. 러시아는 이를 관철하기 위해 우크라이나 접경 지역에 군사력을 집중시키는 방법으로 안보 위기를 조성하고, 서방 측을 협상 테이블로 끌어내는 데 성공한 셈이다.

하지만, 러시아는 '나쁜 평화'를 일체 염두에 두지 않은 바이든 미 행정부의 다음 수를 읽지 못하는 우(愚)를 범했다. 미국은 러시아 측 요구에 응할 의사가 전혀 없었기 때문이다. 미-러 간의 '치킨 게임'은 파국으로 치닫기 시작했다.

다만, 그렇게 빨리 파국을 맞으리라고 전망한 전문가들은 거의 없었다. 미-러, 나토-러 간의 안보협상이 롤러코스터를 타면서도 계속 지루하게 이어질 수밖에 없을 것으로 봤다. 무엇보다도 사안 자체가 협상 한두 번에 풀릴 만큼 단순하지 않았다. 북한 핵문제만 해도 거의 30년 가까이 끌고 있는데, 옛소련의 해체 이후 형성된 유럽의 새 국제질서를 바꾸려는 미-러, 나토-러 간의 몸싸움, 머리싸움이 그리 쉽게 끝나지 않을 게 분명했다.

설사, 어느 시점에 무력 충돌로 간다고 하더라도, 이라크의 후세인 정권이나 리비아의 가다피 정권과의 군사 대결에서 보듯, 아주 작은 충돌들과 지루한 협상을 거쳐야만 어느 쪽이든 전쟁을 하는 국제적 명분을 확보할 수 있었다. 러시아 측도 그 명분을 확보하지 못한 상태에서는 우크라이나를 공격하기 어렵다고 많은 전문가들은 전망했다.

안타깝게도, 이 대목에서는 전문가들이 '러시아의 수'를 완전히 잘못 읽은 것으로 드러났다. 미-러 안보협상이 끝나고, 상대의 요구에 따라 문서가 서로 오가고 검토하는 시간 등을 제외하면, 곧바로 전쟁이 터지고 말았다. 미국이 2022년 1월 26일 러시아에 문서로 답변을 보냈다고 발표했으니, 군사작전 개시 2월 24일까지 채 한 달도 걸리지 않았다.

'협상이 왜 진득하게 계속되지 않았을까?'를 따지고, '러시아와 미국, 러시아와 나토 중 누가 더 협상 결렬에 책임이 큰지'를 헤아려 보는 것은 더 이상 의미가 없다. 러시아군이 우크라이나 국경을 넘는 순간, 푸틴 대통령은 나치독일의 히틀러나, 1990년 8월 쿠웨이트의 국경을 넘은 이라크의 후세인 대통령과 '1도' 다르지 않은, 서방 진영에는 공공의 적이 됐다. 유엔 헌장을 위반해 불법적으로 침략 전쟁을 일으킨 전범으로 낙인찍혔다. 지금까지 우리가 알고 있는 그대로다.

하지만, 이게 어느 누구도 반박하지 못하는 진실일까?

수십 년간 분쟁 지역에서 평화 정착에 앞장선 유엔 전문가도 이에 전적으로 동의하지 않았다. 유엔에서 분쟁 문제를 담당하고 2005~2012년에는 이라크와 시에라리온에서 유엔 평화 유지 담당 사무차장으로 일한 독일 외교관 미하엘 폰 데어 슐렌부르크(Michael von der Schulenburg)가 대표적이다.

슐렌부르크 차장은 2024년 5월 11일 스위스 주간지 《웰투체(Swiss Weltwoche)》와의 인터뷰에서 우크라이나 전쟁을 국제법을 위반한 러시아의 침략 전쟁이라는 주장에 대해 "반쪽짜리 진실에 불과하다"고 반박했다.

그는 "우리가 '불법적인' 침략 전쟁을 이야기할 때, 그것은 유엔 헌장을 위반했다는 의미"라며 "러시아가 우크라이나를 침공할 때, 모든 국가(회원국)는 정치적 목표를 달성하기 위해 군사력을 사용하지 않기로 약속한 유엔 헌장을 위반했기 때문에 불법"이라고 전제를 깔았다. 그러나 그는 "유엔 헌장의 핵심은 모든 국가가 전쟁을 방지하기 위해 협상과 기타 평화적인 수단을 통해 분쟁을 해결하기로 노력하는 데 있고, 우크라이나의 경우 서방이 이를 거부했다"며 서방의 책임론을 제기했다. '전쟁이 일어날 수 있다'는 경고가 미국의 영향력 있는 정치인과 외교관들 사이에서 나왔으나, 나토는 러시아의 거듭된 안보 우려와 협상 요청을 싹 무시했다는 것이다. 굳이 의미를 부여하면, 러시아가 설정한 레드 라인을 나토 측은 아예 거들떠보지도 않았다는 뜻이다.

오랜 시간 분쟁 현장을 지켜본 경험에서 우러나온 그의 주장은 초등학교 시절, 선생님이 싸움박질을 한 두 학생에게 공평하게 책임을 물었던 것과 닮았고, '손바닥도 마주쳐야 소리가 난다'는 상식에 반하지 않는다.

더 나아가는 그의 논리는 '러시아 편견'(루소포비아)에 사로잡힌 이들을 놀라게 만든다.

"보다 더 중요한 측면이 있다. 전쟁이 발발하면, 모든 유엔 회원국들은 협상, 중재 등을 통해 평화적인 종결을 위해 모든 노력을 다해야 한다는 의무가 유엔 헌장에 규정돼 있다. 우크라이나와 러시아는 전쟁 발발 불과 며칠 만에 협상을 통한 평화적 해결책을 모색하기 시작했다. 유엔 헌장의 의무를 지킨 셈이다. 그리고 놀랍게도 전쟁 발발 한 달 만(2022년 3월)에 휴전뿐만 아니라 포괄적인 평화 정착의 해법을 찾았다. 하지만 결과는 어떻게 됐나?"

그의 주장은 '러-우크라 협상 결렬 부분'(자세한 내용은 '미련이 남는 평화협상' 43쪽 참조)에서 더 자세히 살펴보기로 하고, 러시아가 전격적으로 군사작전을 펼친 근본적인 이유부터 먼저 짚어보자.

전문가들은 대체로 러시아의 안보 논리에서 우크라이나 전쟁의 원인을 찾고 있지만, 러시아 출신의 귀화인 박노자 노르웨이 오슬로 대학 교수는 조금 달랐다. 반러 지식인으로 꼽히는 박 교수는 자신의 신작 저서 《전쟁 이후의 세계 - 다원 패권 시대, 한국의 선택》(한겨레출판, 2024)에서 전쟁의 원인을 나토의 동진(東進)이라는 외부적 요인보다는 러시아 내부로 눈을 돌렸다.

그의 주장은 러시아 권력을 장악한 소위 '실로비키'[KGB 등 정보기관과 군부 출신 강경파 인맥]가 만든 정치·사회적 분위기에서 출발한다. 정치적 의사 표현이나 언론의 자유가 제한되고 국가 중심의, 애국심 위주의 여론이 장기간 조성되면서 '강대국 러시아'를 향한 푸틴 대통령의 의지가 러시아 사회 전체를 뒤덮고 있었다는 것이다.

그는 책에서 '(푸틴 정부의) 개발 모델은, 굳이 비교하자면 박정희 정권의 베트남 전쟁 개입과 1970년대 한국에서 추진된 병영국가화 및 방위산업 발전에의 중점과 닮은, 국가 주도 개발 전략'(위의 책 P.139)이라고 평가하고, '한국전쟁의 종전을 원치 않았던 스탈린처럼 푸틴도 협상을 질질 끌면서 그에게 득이 되는 전쟁 행위를 계속할 가능성이 있다'(위의 책 P.140)고 전망했다.

또 '(우크라이나의) 네오나치 섬멸 따위의 이유가 아니라 자본이 연성 권력의 측면이 약한 러시아 지배자들이 가장 쉽게 구사할 수 있는 정치 수단이며, 그 수단을 활용함으로써 러시아 국가와 자본은 이윤도 챙길 수 있기 때문'(위의 책 P.144)이라고 봤다.

그는 군수산업의 비중이 큰 러시아에서는 '많은 노동자가 2007년부터 현재까지 푸틴 정권에 의해 여섯 배나 증가한 군부 예산의 증액을 쌍수를 들어 환영했고(P.45), 제조업에 종사하는 공장 노동자들이 국가의 무기 구입 예산을 늘리고 있는 현 정권이나, 그것보다 더 강하게 서방과 대립해 보다 많은 무기를 사들일 것으로 보이는 연방 공산당에 투표하는 추세'(위의 책 P.25)라고 지적하기도 했다.

푸틴 체제의 성장 전략이 박정희식 '개발독재'라는 것은 이미 익히 알려진 사실이다. 박정희 대통령 시절, '반공' 이념과 '잘 살아보세'라는 경제개발 구호가 국가 운영의 두 축을 이뤘다면, 푸틴 체제에서는 '반서방'(나토의 안보 위협 저지) 이념과 '강대국 재현'(옛소련으로의 회귀)이 국민을 결집시키는 두 기둥 역할을 하고 있다. 이 같은 정치 사회적 목표가 없었다면, 러시아의 특수 군사작전도 시작되지 않았다는 게 박 교수의 주장인 셈이다.[7]

---

7 오마이뉴스, 2024년 4월 28일 서평 참조

## 푸틴 대통령의 특수 군사작전 개시

푸틴 대통령은 우크라이나에 대한 '특수 군사작전'이란 용어로 전쟁을 시작했다. 그러나 전황은 푸틴 대통령의 당초 계획대로 흘러가지 않았다. 두 가지 주요 문제에 직면했기 때문이다. 1년 5개월 전(2020년 9월 말)에 터진 아제르바이잔-아르메니아 전쟁에서 그 조짐을 드러낸 소위 '현대전'에 대한 준비가 미흡했고, 우크라이나군의 저항을 깨뜨리기에는 동원한 병력 수가 부족했다.

우크라이나 전쟁에서 나타난 현대전의 특징은, 한마디로 제2차 세계대전 이후 부쩍 진화한 방어전략과 드론(무인 군사장비)을 대거 동원하는 전자전이다.

제1차 세계대전에는 기관총이 방어작전의 핵심이었다. 참호 속에 숨어 기관총을 쏘아대는 방어군 앞에서 "돌격 앞으로"를 외치며 달려 나간 공격 부대 병력은 추풍의 낙엽처럼 쓰러졌다. 포 공격으로 기관총 진지를 먼저 파괴하려 했으나 명중률이 크게 떨어지는 바람에 별로 보탬이 되지 못했다.

제2차 세계대전에서는 무적의 탱크가 방어군의 기관총 진지를 짓밟고 지나갔고, 보병들이 그 뒤를 따랐다. 불과 20여 년 전 진지 중심의 방어 전략은 탱크의 출현으로 완전히 깨졌다. 이후 더욱 강력해진 탱크는 한국전쟁, 베트남전쟁, 중동전쟁, 아프가니스탄전쟁 등 모든 전장에서 승리를 담보하는 '진군의 나팔 소리'처럼 들렸다.

그러나 '탱크 전성시대가 지나갔다'는 평가는 의외로 빨리 다가왔다. 2020년 옛소련의 오랜 앙숙(怏宿)인 아르메니아와 아제르바이잔이 맞붙은 나고르노 카라바흐 전쟁이 전환점이었다. 아제르바이잔 측의 선공에 아르메니아는 탱크를 앞세워 반격에 나섰다. 하지만 아제르바이잔군이 운용하는 튀르키예(터키)제 바이락타르(Bayraktar) TB2 무장 드론에 속수무책으로 나가떨어졌다. 어느 사이에 날아온 드론이 탱크를 부수고, 지원 포대를 파괴했다.

드론은 방어전에서도 제1차 세계대전의 기관총에 버금가는 성과를 올렸다. 정찰 드론을 이용하면, 적의 대규모 공격 대열을 몇 시간, 심지어는 몇 분 안에 발견하고, 타격을 가할 수 있었다. 탱크를 앞세운 공격 부대는 정찰 드론에 의한 포병 공격에, 매복한 휴대용 대전차 미사일(ATGM)의 표적 공격에, 또 방어군이 미리 깔아놓은 지뢰밭에서 헤매다가, 나가떨어지기 일쑤였다. 탱크의 화력과 기동력으로는 더 이상 상대 진지를 짓밟고 지나갈 수 없다는 게 확연히 드러났다.

2020년 나고르노 카라바흐 전쟁은 현대전의 흐름을 미리 읽고 준비한 아제르바이잔군의 일방적인 승리로 끝났다. 이 전쟁은 2000년대 중동전쟁과 아프가니스탄전쟁에서 무수히 봐왔던 지상전 양상과는 완전히 차원이 달랐다. 그때까지 지상전에서 핵심 전력으로 꼽힌 기갑부대[탱크와 장갑차량 등]가 상대에게 노출되는 순간, 사실상 무용지물이 되는 시대가 닥쳐온 것이다.

밀집 대형으로 단시간에 우크라이나 영토로 밀고 내려온 러시아 기갑부대의 운명도 아르메니아군과 비슷했다. 전열을 정비한 우크라이나군의 현대적인 방어작전에 치이고 막혔다. 우크라이나 국경을 넘어 순식간에 수도 키예프를 포위한 러시아 탱크들도, 딱 거기까지였다.

서방 언론은 전쟁 발발 직후, 전문가들을 동원해 "러시아군이 며칠 또는 몇 주 안에 키예프를 점령하고, 우크라이나의 나토 가입을 추진해 온 서방은 큰 타격을 입을 것"으로 내다봤다. 이는 방어전의 진화, 현대전의 특징을 무시한 어리석은(?) 예측으로 판명 났다. 젤렌스키 우크라이나 대통령이 일부 서방국가들의 망명 권유를 뿌리치고, 특유의 전투복 차림으로 항전에 앞장선 것도 방어전에서 무시할 수 없는 전략적 자산이었다.

우크라이나 측의 빠른 항복을 예상한 것은, 러시아군에게는 실책 중의 실책이었다. 우크라이나군의 저항으로 전선이 길어지고, 곳곳에서 '드론 방어망'에 탱크 행렬이 막히면서 러시아에게는 추가로 전선에 투입할 예비 병력도 부족했다. 1천㎞에 이르는 긴 전선을 유지하고, 빼앗은 땅을 지키기에는 개전 당시 투입한 20만 명 안팎의 병력으로는 역부족이었다.

사태의 심각성을 인지한 러시아 정치·군사 지도부는 우크라이나와 평화협상을 시작하는 한편, 전선을 좁힐 수 있는 방안을 찾기 시작했다.

## 미련이 남는 평화협상

기회는 의외로 쉽게 찾아왔다. 1차, 2차 협상에 이어 3차 평화협상이 개전 한 달여 만인 2022년 3월 29일 터키의 이스탄불에서 열렸다. 이 회담을 중재한 에르도안 터키 대통령은 협상 며칠 전(3월 25일) "러시아와 우크라이나가 협상 쟁점 6개 중 중 4개는 합의에 근접한 것으로 보인다"고 전했다. 4개는 우크라이나의 나토 가입 철회, 우크라이나의 비무장화, 우크라이나에 대한 국제적 안보 보장, 우크라이나 내 러시아어 허용이다. 나머지 쟁점은 돈바스(도네츠크주와 루간스크주)의 독립과 2014년 러시아에 합병된 크림반도 반환 문제였다.

그날 협상노 예상보다 일찍 끝났다. 러시아 측의 블라디미르 메딘스키 단장(푸틴 대통령 보좌관)은 밝은 표정으로 기자들에게 "우크라이나가 크림반도를 군사적으로 재탈환하려는 노력을 포기하고, 독립을 선포한 도네츠크인민공화국(DPR)과 루간스크인민공화국(LPR)을 국제적 안전보장 대상 지역에서 제외하기로 했다"고 설명했다. 또 "크림반도의 지위에 대해서는 향후 15년간 협의하자고 우크라이나 측이 제안해 왔다"고 덧붙였다. 국제적 안전보장 대상에서 두 지역(DPR과 LPR)을 제외한다는 것은, 돈바스의 현실(독립)을 인정한다는 뜻으로 해석됐다.

그렇게 쟁점으로 남은 문제들도 해결되는 듯했다. 우크라이나 측 다비드 아라하미아 단장(우크라이나 집권여당 '인민의 종' 대표)도 "크림반도와 오르들로[돈바스 지역 내 러시아계 통치 지역, 즉 독립 선포 지역]는 서로 다른 문제"라면서 "이번 제안은 우크라이나의 새로운 미래를 건설하기 위한 방식"이라고 설명했다.

합의에 근접한 만큼, 협상 분위기가 전반적으로 좋았다고 한다. 러시아 측은 향후 평화협상의 진전을 위해 두 가지 양보안을 제시했다고 공개했다. 정치적으로는 푸틴 대통령과 젤렌스키 대통령 간의 정상회담을 양국 외무장관의 '평화조약(협정)' 가조인과 동시에 갖고, 군사적으로는 수도 키예프와 북부 체르니고프(체르니히우)에 대한 군사작전을 크게 줄이기로 했다.

러시아군 지도부도 이스탄불 협상을 전후해 1단계 군사작전 완료를 선언하면서 "러시아군은 키예프에서 철수하고, 앞으로는 돈바스 중심으로 군사작전을 펼칠 것"이라고 공식 선언했다. 러시아군은 키예프 외곽에서 철수할 명분을 1단계 군사작전의 완료로 내세웠지만, 실제로는 러시아군의 패퇴로 평가됐다.

이스탄불 가(假)합의가 폐기된 이유에 대해 알려진 것은, 그로부터 1년 8개월여가 지난 2023년 11월 24일이다.

아라하미아 단장이 현지 여성 언론인 모세이추크와 가진 대담에서 "우크라이나가 (러시아 요구 조건인) 중립국 지위에 동의했다면, 전쟁은 2022년 봄에 끝났을 수도 있다"고 처음으로 털어놨다. 그는 "러시아의 목표는 우리(우크라이나)가 중립국 지위를 받아들이도록 압력을 가하는 것이었다"며 "러시아와 국경을 접한 핀란드가 과거[1939~1940년 겨울전쟁]에 그랬던 것처럼, 우리도 중립 노선을 받아들인다면, 러시아는 전쟁을 끝낼 준비가 되어 있었다"고 말했다. "우리가 나토(NATO)에 가입하지 않는 것, 그게 가장 중요했다"고도 했다.

우크라이나가 합의에 응하지 않는 이유에 대해서는 "헌법 개정이 필요하고, 러시아를 신뢰하기 어려웠기 때문"이라고 그는 대답했다. 또 그즈음(2022년 4월) 보리스 존슨 영국 총리가 키예프에 와 '러시아와 어떤 합의도, 서명도 하지 말고, 그냥 싸우자'고 했다고 주장했다.

그의 이 같은 진술은 슈뢰더 전 독일 총리와 푸틴 대통령이 "우크라이나의 합의 번복 뒤에는 서방 측의 압력이 있었다"는 주장과 일맥상통한다. 두 사람은 "우크라이나가 중립국 지위(NATO 가입 거부)를 수용하는 조건으로, 러시아는 2022년 2월 24일 이후 점령한 모든 영토에서 철군할 준비가 되어 있었다"고 말했다.

슈뢰더 전 총리는 "러시아는 (독일이 양도한) 이탈리아 사우스 티롤의 전례에 따라, 돈바스 지역 전체를 우크라이나에 반환할 준비가 되어 있었다"면서 "이는 우크라이나가 사실상 전투 없이 (크림반도를 제외한) 거의 모든 영토를 해방하는 것과 다를 바 없다"고 설명했다.

아라하미아 단장, 슈뢰더 전 총리의 발언을 전한 우크라이나 온라인 매체 스트라나.ua는 "그랬다면 2022년 4월 이후 사망한 수천, 수만 명의 군인·민간인은 아직 살아있을 것이며, 2023년 6월 반격 작전을 통해 해방하고자 했던 러시아의 점령지역들도 단 한 명의 인명 손실도 없이 돌려받았을 것"이라고 안타까워했다. 이를 거부한 데 대한 '반대급부'는 우크라이나의 나토 가입인데, 아직도 요원한 상태다.

2022년 4월 초, 평화협상의 흐름은 완전히 뒤집어졌다. 젤렌스키 대통령이 키예프 외곽의 '부차 학살 사건'을 비난하며, 러시아와의 협상을 중단하고 1991년 국경까지의 영토 탈환을 향후 군사작전의 목표로 선언하면서다. 그해 10월에는 푸틴 대통령의 재임 중에는 러시아와 협상을 금지한다고 공포(公布)했다.

미국과 서방으로서는 러시아가 끝없이 우크라이나와 전쟁을 벌여 가진 것을 더 털어먹도록 하는 데 성공했다. 아라하미아 대표의 발언을 믿는다면, 영국이 미국의 이익을 위해 앞장섰다고 말할 수도 있다.

앞서 러시아의 '반쪽짜리 침략 전쟁' 책임론을 제기한 폰 데어 슐렌부르크 전 유엔 사무차장은 이스탄불 평화협상을 국제분쟁사에서 보기 드문 외교적 성과로 평가했다. 그는 "이스탄불에서 합의된 러-우크라 평화협정 초안은 모두 10개 조항으로, 놀라운 합의문서였다"며 "이 문서에서 우크라이나는 공식적으로 단 한 뼘(평방미터)의 땅도 포기하지 않았다"고 지적했다. "크림반도의 지위를 15년 이내에 평화적으로 해결하기로 했을 뿐"이라고 했다.

이 합의의 핵심은 우크라이나가 중립을 지키고, 다른 국가(나토)의 군사 기지 건설을 불허하는 대신, 러시아는 군대를 철수하고, 우크라이나의 영토 보전[territorial integrity: 유엔 헌장 2조 4항에 규정된 것으로 통상 정치적 독립(political independence)과 함께 요구된다]을 보장하기로 한 것이라고 슐렌부르크 차장은 주장했다. 러시아는 또 우크라이나의 EU 가입을 지원하겠다고 약속했으니, 우크라이나는 협상에서 얻어낼 것은 다 얻어낸 것이라는 게 그의 평가다.

"서방은 이 협상을 탐탁하게 여기지 않았다. 이스탄불 평화협상 개최 일주일 전, 브뤼셀에서 나토 특별 정상회담이 열렸다. 바이든 미 대통령도 참석했다. 나토는 러시아가 우크라이나 전역에서 철수할 때까지 러시아와의 협상을 지지하지 않기로 결정했다." – 슐렌부르크 전 유엔 사무차장

그는 "나토가 정상회담에서 러시아가 군사적 패배를 인정하고, 우크라이나의 나토 가입을 허용할 것을 요구한 것 외에는 아무것도 없다"고 해석했다.

나토의 결정에도 아랑곳하지 않고, 젤렌스키 대통령은 러시아와 평화협상을 벌여 (슐렌부르크 전 차장이 주장하는) 나름의 성과를 얻어냈다. 이에 대러 강경파인 존슨 영국 총리가 2022년 4월 9일 급히 키예프를 찾아가 젤렌스키 대통령에게 '우크라이나가 러시아와 평화조약을 체결하면, 서방의 모든 지원을 잃게 될 것'이라고 반협박(?)했다. 젤렌스키 대통령에게는 선택의 여지가 없었다. 우크라이나 전쟁의 조기 종식 가능성은 그렇게 사라졌다.[8]

이스탄불 평화협상에 대한 '비밀의 문'이 열리자 협상 뒷이야기는 계속 쏟아져 나왔다. 참신한 내용 중 하나가 미국의 외교안보 전문지 《포린 어페어스(Foreign Affairs/FA)》의 특종(?)이다. FA는 아라하미아 '인민의 종' 대표의 고백이 나온 지 5개월 후(2024년 4월 16일), "우크라이나가 이스탄불 협정 초안을 걷어찬 것은, 미국과 영국의 부정적인 입장 때문"이라고 전했다.

FA에 따르면 협정 초안에는 '우크라이나가 무력 공격을 받으면, 러시아는 물론 미국과 영국, 프랑스 등이 참전해 우크라이나의 안보를

8 스위스 주간지 《웰트체》, 2024년 5월 11일

보장한다'는 문구가 들어 있다고 한다. 문제는 미국 등이 이를(안보 보장) 거부했다는 것이다. 우크라이나를 둘러싼 러-우크라-미국(등 서방) 3자의 복잡한 이해관계가 충돌하는 대목인데, 단시간에 이를 절충하기가 쉽지 않았다는 반증이다.

2년여가 더 지난 2024년 6월, 미국은 우크라이나와 10년짜리 안보협정을 체결했다. 발트 연안 국가들과 영국, 독일, 프랑스 등 유럽 국가들이 우크라이나와 맺은 일련의 안보협정과 유사한 것으로, 군사지원이 핵심이다. 그러나 자동 군사 개입과 같은 (군사동맹) 조항은 없다.

이스탄불 협상은 우크라이나에 대한 다자(多者) 안보 보장을 전제로, '유럽 전체의 미래 안보 지도'를 바탕으로 이뤄져야 할 획기적인 합의를, 러-우크라 양측이 단독으로 이끌어 냈으니, 시작부터 실패할 운명이었다는 생각이다. 러시아는 물론, 서방의 일부 전문가들까지 우크라이나 평화협상은 러-우크라가 아니라, 러시아와 미국 사이에 이뤄져야 한다는 주장이 나오는 것과 같은 맥락에서다. 전쟁 발발 및 진행 상황이 많이 다르기는 했지만, 한국전쟁의 휴전협상이 북한과 유엔군 사이에서 이뤄지고, 타결된 것과 근본적으로 큰 차이는 없다고 할 수 있다.[9]

FA가 지적한 더 큰 문제는 키예프 측이 합의문에서 미국과 러시아 양측에 안보 보장을 요구하면서도, 당사자인 미국의 동의를 미리 받아내지 못했다는 사실이다. 아니, 미국이 우크라이나의 요청을 거부했을 수도 있다. 슐렌부르크 전 차장이 앞서 지적한 대로, 미국은 이 같은

9 스트라나.ua, 2024년 4월 16일

합의 가능성에 불만을 품고, 이스탄불 평화협상 개최 일주일 전, 브뤼셀에서 나토 특별 정상회담을 열었을 수도 있다.

합의 초안은 우크라이나가 침공을 당할 경우, '비행금지 구역 설정과 무기 공급 및 군대 파견 등 나토 회원국들의 공동 방위'를 규정한 나토 제5조보다 훨씬 더 명확하게 미국 등의 직접 참전을 규정하고 있다. 그러면서도, 당사국과 사전 협의 혹은 사전 동의를 얻지 않았다니, 이해하기 어렵다. 사실일까? 아니라면, 우크라이나의 전황이 그만큼 급박했던 게 아닐까 싶다. 당시 러시아군은 키예프 외곽에서 도심 진입을 노리고 있었다.

존슨 영국 총리의 방문 2주일 후, 토니 블링컨 미 국무장관과 로이드 오스틴 미 국방장관이 전격적으로 키예프를 방문해 우크라이나에 대한 군사지원 확대를 조율했다. 우크라이나는 블링컨-오스틴 장관의 약속을 믿었고, 서방이 약속한 무기를 제공한다면 러시아를 물리칠 수 있을 것으로 확신했다.

FA는 또 "부차 학살사건으로 러-우크라 협상의 문이 닫힌 것으로 알려졌지만, 사실은 그렇지 않다"며 "최종 합의 초안은 4월 15일에 나왔다"고 주장했다. 그때까지도 양측간에 실무 협상이 계속됐다는 것이다. 부차 사건이 알려진 것은 그 전인 4월 초다.

협상이 실패한 또 다른 이유로 FA는 '마차(馬車)론'을 꺼냈다. 전쟁을 끝내는 행위를 '말'이라고 한다면 종전 후 새로운 유럽 안보 질서는 '수레' 격인데, 협상자들은 수레를 너무 앞세웠다는 것이다. 지금 당장 필요한 것은 분쟁 완화 및 관리[휴전과 인도주의적 통로 구축, 포로교환, 군대 철수 등]인데, 이는 건너뛰고 이해관계가 다층적이고 복잡한 지역 안보 문제에 매달렸다는 게 FA의 실패 분석이다.

푸틴 대통령은 키예프가 2022년 봄 존슨 영국 총리의 조언을 듣지 않았다면 그때 전쟁이 끝났을 것으로 믿고 있다. 그는 터커 칼슨 미 폭스뉴스 전 앵커와의 인터뷰[2024년 2월 6일, 인터뷰 내용 공개는 9일]에서 "키예프와 체르니고프 지역에서 러시아군이 철수한 직후, 우크라이나가 이스탄불 합의를 포기하고 (협정 초안을) 역사의 쓰레기통에 던졌다"면서 "존슨 씨는 지금 어디에 있나요? 전쟁은 계속되는데…"라고 유감을 표시했다.

하지만, 존슨 전 총리는 자신 때문에 이스탄불 협정이 파기됐다는 주장에 대해 "완전한 넌센스이고, 러시아 선전에 지나지 않는다"고 반박했다. 그는 트럼프 전 대통령이 공화당 대선 후보로 확정된 뒤 데일리 메일 기고(2024년 7월 20일)에서 자신의 책임론을 부인하면서 우크라이나 측에 '러시아군의 1991년 국경으로 철수 요구를 취소하고, 러시아계 주민들의 권리를 보장하는 것'을 골자로 한 새 협상안을 제안했다.[10]

10 스트라나.ua, 2024년 7월 20일

# 이스탄불 평화협정 파기의 불편한 진실

우리가 알고 있는, 이스탄불 평화협정 파기의 드러난 이유 중 하나인 '부차 학살 사건'(이하 부차 사건)은 어디까지 진실일까?

부차는 서울로 얘기하면 북쪽 파주시 정도로 보면 된다. 상대(러시아군)가 서울을 점령하기 위해 파주까지 내려왔다가 한 달 만에 철수했다고 생각하면 이해가 빠르다.

부차는 러시아군의 폭격으로 많이 부서졌다. 민간인 피해도 컸다. 러시아가 이걸 부정하는 건 아니다. 러시아군이 철수한 뒤, 며칠 만에 길거리에 나타난 이상한(?) 주검들을 문제 삼는다. 그것도 손이 뒤로 묶인 상태에서 죽어 있고, 길거리에 시신이 즐비하게 널브러져 있는 사진(영상)은 사실이 아니라고, 자신들이 한 짓이 아니라고 주장하는 것이다.

러시아군의 철수 후, 부차에 진입한 우크라이나군은 '러시아군의 민간인 학살 현장'이라며 사진(영상)들을 공개했다. 그 순간, 국제사회가 분노했다. 우크라이나는 이런 참상을 막기 위해서라도 서방 측의 무기 지원이 필요하다고 강조했고, 서방 측도 본격적으로 이에 응하기 시작했다.

우크라이나 주장을 일방적으로 전달한 서방 외신에 대한 러시아 측의 반박 논리는 현재까지 거의 먹히지 않고 있다. 하지만 나름대로 논리를 갖췄다. 안드레이 켈린 주영국 러시아 대사가 그해 5월 29일 영국 BBC 방송의 〈선데이 모닝〉에 출연해서 편 해명은 대략 이렇다.

러시아군이 부차를 떠난 날은 3월 30일이었다. 이튿날(31일) 우크라이나 통제 하의 부차 시장이 부서진 시가지를 배경으로 시민들에게 보내는 영상을 찍었다. "러시아군은 더 이상 보이지 않고, 평온을 되찾은 상태"라면서 "안심하고 돌아오라"고 말했다. 그의 영상에는 길거리에 널브러진 시신은 하나도 보이지 않았다. 그런데, 갑자기 사흘 뒤에 길거리에 시신이 즐비한 영상이 나왔다.

부차 사건이 불거지는 과정에서도 뭔가 미심쩍은 면이 있다. 우크라이나 대통령실의 미하일 포돌랴크 고문이 소셜 네트워크(SNS)에 올린 글을 서방 외신이 받아쓰면서, 소위 '사건화'됐다. 포돌랴크 고문이 올린, 손이 등 뒤로 묶인 채 죽어 있는 사람들의 사진이 바로 부차 사건을 상징하는 이미지가 됐다. 하필이면 대러시아 프로파간다(선전전)에 앞장선 포돌랴크 고문일까? 부차 시민의 안전을 책임지는 시장도 아니고, 자극적인 것을 찾기 좋아하는 현지 블로거들도 아니고, 우크라이나 군인들도 아니고, 그 사람이었을까?

주요 외신들이 이를 대대적으로 보도하면서, 부차 사건은 러시아군의 만행을 대표하는 전쟁범죄로 굳어진 상태다.

러시아 측도 부차 사건의 영상에서 허점들을 찾아내는 등 즉각 반박에 나섰다. SNS 텔레그램에는 '페이크(가짜)뉴스 반박'이라는 계정이 있는데, 네티즌들이 찾아낸 이 영상의 허점들이 많이 올라왔다.

몇 가지만 보면, '주검의 거리'를 찍은 카메라 장착 자동차의 사이드 미러에서 이상한 장면들이 포착됐다. 앞선 사이드 미러에 비친 것은 분명히 거리에 누워 있던 주검인데, 자동차가 그 지점을 지나간 뒤 사이드 미러에 비친 것은 그 시신이 일어나 앉는 모습이다. 또 다른 영상에는 우크라이나군이 시신을 줄에 묶어 이리저리 자리를 옮기는 것도 보인다.

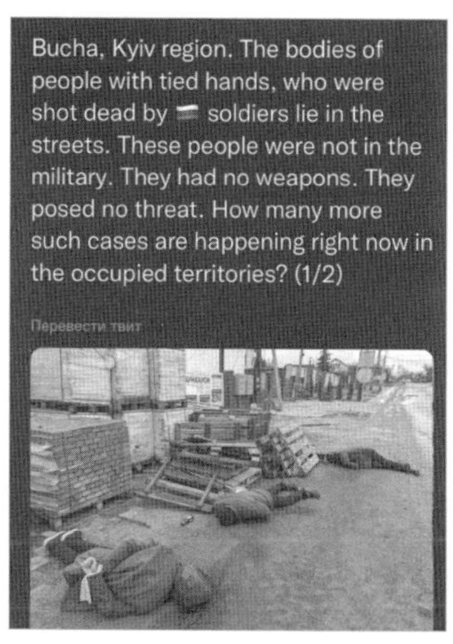

▲ 포돌랴크 고문이 SNS에 올린 부차 사건 게시물 캡처

나중에 미 뉴욕 타임스(NYT) 등 서방 외신들은 조작된 사진이 아니라고 반박했다.(자세한 내용은 '뒤틀린 러시아군 고위급 인사 보도' 251쪽 참조)

의아한 것은 부차 사건에 대한 우리나라의 태도 변화(?)다. 그것도 국방 수장인 신원식 국방장관(현 국가안보실장)의 2024년 3월 18일 외신 기자 간담회(회견) 발언이다. 평소 러시아의 우크라이나 공격에 강경 발언을 토해내던 신 장관은 이날 "(우크라이나 전쟁에서) 부차 학살은 아직 사실로 명백히 드러나지 않았다" "내가 우크라이나를 전면 지원해야 한다는 발언은 오역이다" "우크라이나에 우리가 직접 살상무기를 지원한 적은 없고, 이런 정책은 유효하다" 등 대러시아 유화 발언을 쏟아냈다.

신 장관의 발언 뒤에는 더욱 꼬여가는 한러 관계의 여러 불편한 정황이 숨어 있었겠지만, '부차 학살이 아직 사실로 명백히 드러나지 않았다'는 발언은, 그 자체만으로도 우리의 기존 인식을 깰 정도로 파격적이다. 더욱이 부차는 윤석열 대통령이 2023년 7월 우크라이나 방문길에 직접 찾아간 곳이다. 당시 대통령실은 "부차 학살이 러시아군이 저지른 잔혹 행위의 상징"이라고 보충 설명했다. 신 장관의 발언은 윤 대통령의 부차 방문을 머쓱하게 만든 것이다.[11]

악마의 편집과 같은 오해를 피하기 위해, 언론에 보도된 신 장관의 간담회 발언을 찾아보니, 부차 사건 관련 발언은 정확히 이렇다.

"(부차 학살은) 아직 명백하게 사실인 것으로 완전히 드러나지 않았기 때문에 제가 평가하는 것은 적절치 않지만, 불법 침략을 하는 것, 민간시설에 계속 폭격을 하는 것에 대해서는 대한민국 정부가 그런 행위에 대해서 규탄한다."[12]

누구나 다 알고 있듯이, 우크라이나를 포함해 미국과 서방의 숱한 군사 개입 뒤에는 막강한 영향력을 지닌 다국적 방산업체들이 있다. 세계 어디서든 늘 전쟁이 일어나야 좋아하는 '검은 자본가'들이다. 우크라이나 전쟁은 미국인이 희생되지 않는 대리전(?)이니, 미국 방산업체들로서는 더욱 살맛이 나는 무기 장터다.

---

11 《한겨레》, 2024년 5월 13일

12 연합뉴스, 2024년 3월 19일

키예프 외곽 지역에서 철수한 러시아군은, 평화협상 파기와 함께 하르코프(하르키우)와 도네츠크, 루간스크주(州)에서 공세를 재개했다. 특히 최대 격전지 도네츠크주 마리우폴의 포위 작전은 더욱 거세졌다.

서방이 약속한 대우크라이나 군사지원도 4월 중순부터 본격화했다. 미국의 다연장로켓시스템 하이마스(Hymars)는 6월 들어 전선에 등장했다. 전쟁의 판을 바꿀 것으로 평가된 독일의 레오파드 전차(탱크)의 우크라이나 이전도 가시권에 들어왔다.

## 우크라이나군의 제1차 반격

우크라이나의 정세 판단이 아주 정확한 것으로 드러난 때가 있었다. 2022년 가을이다. 전선이 늘어지면서, 병력 부족을 절감한 러시아군은 돈바스 지역을 제외한 하르코프와 헤르손 등 나머지 지역에서 철군을 고민하거나 실행에 옮겼다. 우크라이나 측으로서는 가만히 앉아서 그냥 주워 먹는 승리였고, 러시아군의 전략적 패배였다.

서방 외신에서는 우크라이나 승전 소식이 계속 실렸다. 그때 그레이엄 미 상원의원은 "그것 봐, 우크라이나에 대한 지원은 좋은 투자"라고 강조했다.

하지만 스트라나.ua 등 현지 매체는 기회가 있을 때마다 "우크라이나가 2022년 가을 격렬한 전투를 통해 점령된 땅을 러시아군으로부터 수복한 게 아니라, 적이 작전상 후퇴한 덕분에 얻은 것"이라는 분석을 빼놓지 않았다. 그러면서 제2차 세계대전 당시, 독일군과 싸우지 않고 모스크바 등지에서 후퇴한 뒤 전열을 정비해 반격을 가하고, 결과적으로 승리한 소련군의 비화를 곁들이기도 했다. 2024년 들어 전황이 급격하게 러시아군에게 유리한 쪽으로 기운 걸 보면, 결과적으로는 그 분석(러시아군의 작전상 후퇴)이 맞았다는 생각도 하게 된다.

비슷한 주장이 국내 일부 전문가에게서 나오기도 했다. 《우크라이나 전쟁과 신세계질서》(사계절, 2023)라는 책을 쓴 이해영 한신대 교수(국제관계학부)는 2023년 2월 10일 채널 예스에 실린 인터뷰 〈우크라이나 전쟁에 관한 일곱 가지 질문〉에서 '우크라이나군의 승리, 러시아군의 패배'에 대해 이렇게 평가했다.

"한창 서방에서 우크라이나가 이기고 있다는 보도가 나오기 시작한 게 2022년 9월 말 이후입니다. 그러다 연말과 2023년 초가 되자 다시 전쟁의 내러티브가 바뀌었지요. 2022년 9월에 어떤 일이 있었나요? 하르코프를 점령하고 있던 러시아군이 후퇴하고, 드네프르강 서안에 있던 러시아군도 후퇴했습니다. 서방 언론은 그 과정을 '우크라이나의 승리'로 보도하였고요. 그런데 당시에 전황을 자세히 보고 있던 사람들은 그렇지 않다고 말합니다."

"하르코프에서 러시아군이 철수한 까닭은 군사적 패배가 아니라 기존에 투입한 병력에 비해 점령지가 너무 넓었기 때문입니다. 적은 병력으로 넓은 점령지를 감당할 수 없었기 때문에 병력을 뒤로 뺀 것이죠. 그다음에 헤르손 지역의 러시아군은 보급로가 너무 길어져서 불안했습니다. 당시 우크라이나군은 그 보급로를 계속 공격했고요. 러시아는 전략적으로 병력을 강 오른쪽으로, 동쪽으로 이동해 재편했습니다."

"하르코프 방면의 부대 이동은 전선 조정 내지 축소를 뜻하고, 마찬가지로 헤르손도 전선을 재정비하려는 의도였습니다. 패배가 아니라요. 그리고 재편한 병력은 이번 전쟁의 핵심이자 전략적 핵심 목표인 돈바스로 이동 배치했습니다."

이 교수의 이 같은 인터뷰 내용은 우크라이나 온라인 매체 스트라나.ua가 지금까지도 일관되게 지적하는 당시 전황 및 판세 분석과 거의 같다는 게 신기할 정도다.

물론, 러시아 사회가 크게 한번 출렁거린 것도, 그즈음이었다. 푸틴 대통령은 2022년 9월 최전선에서의 병력 부족 현상을 타개하기 위해 '부분 동원령'을 발령했다. 동원령의 역풍은 거셌다. 러시아 전역에서 동원령 반대 시위가 벌어졌다. 동시에 러시아 전쟁 강경파들은 기다렸다는 듯이 러시아군의 허약함과 군사작전 실패, 크렘린의 지도력을 문제 삼기 시작했다.

'푸틴 체제'가 내부적으로 위협을 받고 있다는 분석도 일각에서는 제기됐다. 동원령을 피해 핀란드와 카자흐스탄 등 해외로 탈출하는 남성들의 엑소더스(대탈주)는 푸틴 체제의 위기를 상징하는 듯했다.

러시아 독립 언론(사실상의 반정부 매체) 더벨은 2024년 7월 자체 집계 결과, 전쟁 발발 후 해외로 떠나 귀국하지 않은 러시아인이 적어도 65만 명에 이른다고 주장했다. 아르메니아(11만 명)와 카자흐스탄(8만 명), 그루지야(7만 4,000명) 등 러시아인이 비자 없이 장기 체류가 가능한 국가들이 상위권에 올랐고, 이스라엘(8만 명), 미국(4만 8,000명), 독일(3만 6,000명)에도 많이 남아 있다.[13]

---

13 《국민일보》, 2024년 7월 17일

다른 한편에서는 동원된 러시아 예비군들이 가족들과 이별하는 애끓는 장면과 훈련장에서 전술과 장비 조작, 사격, 응급처치 등 훈련을 받는 모습, 비장한 표정으로 전선으로 향하는 예비군들과 그들을 태운 자동차 대열 등이 현지 언론에는 자주 등장했다.

이 같은 심각한 분위기를 반전시키고, 러시아인들의 관심을 다른 곳으로 돌리는 대형 이벤트가 곧바로 준비됐다. 러시아가 점령한 도네츠크, 루간스크, 자포로제(자포리자), 헤르손 등 4개 주를 주민투표를 통해 러시아 연방에 편입하기로 한 것이다. 지역별로 3~7일간 치러진 주민투표에서 90% 가까운 지지로 4개 주의 연방 편입이 결정됐고, 9월이 끝나기도 전에 크렘린에서 연방 편입 조인식이 열렸다. 푸틴 대통령과 4개 주 임시 수장들은 서로 손을 맞잡고 러시아 연방 만세를 외쳤다. 러시아 국민에게는 부분 동원령의 부정적인 이미지를 씻게 만드는 희망에 찬 장면이었을 것이다.

그러나 우크라이나군이 곧바로 러시아군 점령지역을 탈환하면서 러시아의 불안감은 되살아났다. 하르코프를 점령했던 러시아군이 (이해영 교수의 지적대로) 우크라이나군의 공세에 맞서지 않고 스스로 물러났다고 해도, 겉보기에는 분명히 퇴각하는 장면으로 비쳤다. 실제로 우크라이나가 남쪽 흑해 연안의 헤르손 지역에서 대공세를 펼칠 것이라고 슬쩍 흘린 뒤, 북쪽 하르코프에서 기습 공격에 나서 얻어낸 성동격서(聲東擊西) 작전의 승리라는 평가가 나온다.

크렘린에는 또 다른 충격파가 밀어닥쳤다. 푸틴 대통령이 크림반도를 합병한 뒤 본토와의 연육교로 건설한 크림대교의 부분 파괴다. 우크라이나 보안국(SBU)이 주도한 사보타주(비밀 폭파 음모)는 크림대교를 한순간에 처참하게 일그러뜨렸다. 다리의 상판 일부가 내려앉고 구조물이 뒤틀리고, 기둥이 기울어지고….

2022년 10월 8일 크림대교를 달리던 화물차량이 갑자기 폭발하면서, 옆 차선의 승용차와 크림철교를 지나던 열차를 덮쳤다. 승용차는 다리 상판의 붕괴로 바다로 떨어졌고, 탑승객 3명이 사망했다. 불길에 휩싸인 화물열차는 얼마쯤 더 가다가 멈춰 섰다.

크림반도의 수장 세르게이 악소노프 주지사는 그날 저녁 무렵 불에 탄 화물열차를 처리하면서 "철도 운행이 재개됐다"고 발표했지만, 자동차 다리는 상판이 바다로 떨어진 상태여서 통행은 불가능했다. 러시아 당국은 서둘러 본토와 크림반도를 오가는 페리(여객선)를 띄워 인력 및 물자 수송을 시작했다.

하르코프 수복과 크림대교 폭파 등 잇단 승전에 우크라이나군의 사기는 하늘을 찔렀다. 군 지휘부도 여유를 되찾은 듯했다. 헤르손에서 러시아와 정면 대결을 피한 게 그 증거다. 우크라이나는 헤르손 주둔 러시아군의 약점이 물자보급망에 있다고 파악했다. 드네프르강 서쪽 헤르손시(市) 등을 장악한 러시아 특수부대는 필요한 무기 및 군수품을 보급받으려면 드네프르강을 건너야만 했기 때문이다.

드네프르강 위의 안토노프스키 대교가 폭파되고 우회 도로마저 차단되면서, 러시아군은 등 뒤에 강을 두고 배수진을 쳐야 하는 상황으로 내몰렸다. 정예 특수부대의 몰살 위기를 느낀 러시아군 지휘부는 철수 명령을 내렸다. 야반도주하듯 러시아군은 강을 건너 드네프르강 동쪽으로 물러날 수밖에 없었다.

그 당시, 헤르손 상황은 세계 주요 언론의 관심을 크게 끌었다. 정면 충돌이 발생하면, 80여 년 전의 나치독일과 소련군 간의 '스탈린그라드 공방전'에 버금가는 대형 참사가 일어날 것이라는 예상과 함께 배후 협상설도 끊이지 않았다. 언론에게는 '소설을 쓸 만큼' 소재가 풍부했다.

헤르손에서 한 달 가까이 팽팽한 대치 상황을 이어가던 11월 4일, 스트라나.ua가 "설리번 미 백악관 안보보좌관이 키예프를 방문, '미국은 러시아가 우크라이나의 점령지역에서 철군하는 조건으로 제시한 협상을 거부하며, 그 조건을 받아들일 수 없다'고 말했다"고 보도했다. 러시아가 헤르손에서 철군한다는 조건으로, 미국이 러시아와 휴전을 논의하고 있다는 당시 소문을 정면으로 부인한 기사였다.

젤렌스키 대통령은 한발 더 나아가 "평화협상을 위한 유일한 조건은 1991년 (옛소련 해체 시) 국경을 회복하는 것"이라고 강조했고, 예르마크 대통령 실장은 "러시아가 다시는 공격하지 못하도록 배상금을 부과하고 우크라이나에 대한 국제적 안보 보장을 약속하는 것"을 전쟁 종식의 기준으로 제시했다.

하지만, 협상 소문은 사그라지지 않았다. 미국 주요 언론들이 미-유럽, 미-러 비밀 접촉설(월스트리트저널, 11월 6일)을 보도한 뒤 이탈리아 주요 일간지 《라 레푸블리카(La Repubblica)》는 7일 '헤르손 탈환, 그다음은 협상'이라는 제목으로 "헤르손이 러-우크라 협상의 키가 됐다"고 전했다. 자연스럽게 협상이 임박했다는 신호로 받아들여졌다.

그러나 소문은 역시 소문일 뿐이었다. 세르게이 쇼이구 러시아 국방장관은 9일 특수 군사작전 총사령부를 방문한 자리에서 헤르손시에서 철수하고, 드네프르강 동쪽 강변에 새로운 방어선을 구축할 것을 지시했다. 새로 부임한 세르게이 수로비킨 (특수 군사작전) 총사령관이 "헤르손시에 대한 보급(병참) 지원은 더 이상 불가능하다"며 건의한 철군을 받아들이는 형식이었다.

정면충돌을 피해 온 우크라이나군도 야밤을 틈타 드네프르강을 건너는 러시아군을 굳이 뒤쫓지 않았다. 그보다는 "내년(2023년) 봄에는 크림반도에 들어갈 것"(키릴 부다노프 우크라이나군 정보총국·GUR 국장)이라며 대국민 사기 진작에 이용하고, 올인했다.

# 우크라이나 반격은 2차 세계대전 '쿠르스크 전투'?

눈이 내리는 겨울철로 접어들면서 최전선의 움직임은 잠잠해졌고, 내년 봄에는 우크라이나군의 대대적인 반격이 시작될 것이라는 소문만 요란했다. 러시아군도 이에 대비하는 듯 조용했다. 나중에 밝혀지기로는, 러시아군은 당시 드네프르강 동안(東岸)과 주요 전선에 3중, 4중의 방어요새를 건설하고 있었다.

해를 넘기고 2023년의 따뜻한 봄이 찾아왔지만, 반격설만 더욱 커졌을 뿐, 정작 움직이는 조짐은 보이지 않았다. 4월로 접어들자, 군사 전문가들 사이에 우크라이나 반격 작전이 너무 늦어지고 있다는 우려의 목소리가 흘러나오기 시작했다.

독일의 일간지 《디벨트(Die Welt)》는 4월 19일 우크라이나의 봄철 반격 작전이 계속 늦어지는 이유를 분석하면서 "자칫하면 제2차 세계대전의 향방을 가른 나치 독일과 소련군 간의 '쿠르스크 전투'가 재현될지도 모른다"는 우려를 제기했다. 나치 독일군이 지난 1943년 당초 계획한 쿠르스크 공격을 이런저런 이유로 몇 달간(3월에서 6월까지로) 미루면서, 소련군에게는 대비할 시간을 줬고, 초기에 거둔 일정한 성과를 지켜내지 못하더니, 소련군의 반격에 결국 대패하고 말았다는 것이다. 쿠르스크는 현재 우크라이나와 접경한 러시아 땅(州)이다. 《디벨트》는 "지금의 러시아군도 1943년 봄 소련군이 사용한 전술을 차용할 수도 있다"고 예측하기도 했다.

양측의 전력 비교도 이뤄졌다. 군사력 측면에서 '쿠르스크 전투' 당시의 독일군과 비교하면, 우크라이나군의 현재 전력은 러시아군에 비해 열세라고 평가했다. 1943년 쿠르스크 전투에서 전장을 휘저은 것은 공군력이었다. 독일군은 전투기와 지상 공격기, 폭격기를 대거 동원했고, 소련군은 일류신(IL)-2, 라보츠킨(LA)-5 전투기 등으로 맞섰다. 전사(戰史)에는 이 전투에서 소련은 항공기 1,130대, 독일은 711대를 잃은 것으로 기록돼 있다.

그러나 반격을 준비 중인 우크라이나군은 제공권을 이미 러시아 측에 넘겨준 상태였다. 실제로 우크라이나는 반격에 실패한 뒤 제공권에 대한 아쉬움을 쉽사리 삭이지 못했다. 또 1943년 쿠르스크 전투는 역사상 최대 규모의 탱크전이었는데, 우크라이나군의 기갑부대 전력이 러시아군에 크게 못 미친다는 게 객관적인 평가였다.

공교롭게도, 우크라이나군의 반격은 80년 전 나치독일과 마찬가지로 초여름(6월 4일)에 시작됐다. 주요 공격 방향은 남부전선, 즉 멜리토폴, 베르단스크 등 크림반도로 향하는 길목이었다. 하지만 반격은 미리 공격로를 예측하고 방어요새를 구축한 러시아군의 견고한 저항에 부딪혔다.

반격에 앞장선 독일제 레오파드 전차(탱크)들이 지뢰밭과 대전차 장애물인 '용의 이빨', 깊고 넓은 참호 등 러시아군의 3중, 4중 방어망을 뚫지 못하고, 파괴되는 사진들이 공개되면서 우크라이나 반격에 대한 서방 측의 기대는 급속도로 식어갔다. 급기야 젤렌스키 대통령은 6월 21일 영국 BBC와 가진 인터뷰에서 "러시아군이 집중 부설한 지뢰밭 때문에 군사작전이 기대한 것보다 느리게 진행되고 있다"고 인정해야 했다. 그는 "이번 반격 작전에 모두가 많은 것을 원했고, 또 기대했다"면서 "누군가는 '할리우드 영화 속의 전쟁'으로 여기고 있을지 몰라도, 현실은 영화와 완전히 다르다"고 억울해했다.

선부른 반격 작전이었다는 비판에 대해 그는 "서방 측에게 군사 지원을 계속하도록 동기를 부여하기 위해서라도 반격은 필요했다"고 반박했다. 실제로 그다음 달(7월) 11일, 12일에는 리투아니아의 빌뉴스에서 나토(NATO) 정상회담이 예정돼 있었다. 정상회담 한 달 전쯤에 반격을 시작해 2022년 가을과 같은 일정한 전과를 올리면, 나토로부터 더 많은 군사지원을 얻어낼 수 있다고 계산한 것이다. 큰 성과가 없더라도, 이제 반격을 시작했으니 군수물자를 더 많이 지원해 달라고 우길 명분을 만들 수는 있었다.

그러나 그 반대의 경우는 생각해 보지 않은 것 같았다. 반격에 실패할 경우, 서방 측에서는 우크라이나 지원 무용론과 조기 평화협상론이 고개를 들 것이라는 점을 간과한 것이다.

우크라이나군의 반격이 지지부진하다는 초반 평가에 쿠르스크 전투가 80년 만에 실제로 재현될 수 있다는 우려가 미국에서도 흘러나왔다. 미국 안보정책센터 및 요크타운연구소 선임연구원(Senior Fellow)인 스티븐 브라이엔(Stephen Bryen) 전 미 국방부 차관보는 6월 19일 '무기와 전략(Weapons and Strategy)' 사이트 기고를 통해 "(우크라이나군이 반격에 나선) 자포로제 남부 전선이 독-소(獨-蘇) 전쟁의 향방을 가른 1943

년 쿠르스크 전투와 비슷하다"며 히틀러의 운명을 재조명했다. 이 문제를 먼저 다룬 독일 일간지 디벨트의 속편 격이었다.

반격이 시작된 지 한 달쯤 지난 7월 초, 쿠르스크 전투의 판박이 우려는 더욱 짙어졌다. 요지는 "우크라이나가 반격 작전을 통해 크림반도 경계선 도달에 실패할 경우, 러시아군에게 되치기 당하면서 80년 전의 히틀러와 같은 운명에 빠질 수 있다"는 것이다.

우크라이나 매체 스트라나.ua는 7월 2일 쿠르스크 전투 80주년을 앞두고 이 문제를 긴 기획기사로 다뤘다. '불타는 아치[반원 형태로 툭 불거졌다는 뜻], 80년 전 쿠르스크에서 제2차 세계대전의 전환점은 어떻게 일어났나(Огненная дуга. Как под Курском 80 лет назад произошел перелом во Второй мировой войне)'였다. 4일(혹은 12일)로 쿠르스크 전투 80주년을 맞아 쓴 기획물이었다.

이 매체는 "소련에서 1968~1971년 방영된 대하드라마 〈해방〉[(Освобождение: 전체 5편, 2차 세계대전 승전 다큐멘터리]은 모스크바나 스탈린그라드 전투가 아닌, 쿠르스크 전투에 맞춰 제1편 〈불타는 아치(Огненная дуга, 1968년)〉가 제작됐다"며 "스탈린그라드 전투에서 패주한 독일군이 쿠르스크 반격에 실패하면서 완전히 무너졌다"고 쿠르스크 승전의 의미를 부여했다.

실제로 소련군은 쿠르스크 전투에서 승리한 뒤 파죽지세로 베를린을 향해 서진(西進)할 수 있었다. 그 시작은 볼가강 전투였다. 1942~1943년 겨울, 하르코프[현재 우크라이나의 하르키우]를 넘어 스탈린그라드에 도착한 독일군은 이미 지쳐 있었다. 이때를 놓치지 않고 기습공격으로 독일군의 전열을 흐트러뜨린 소련군은 볼가강에서 세베르스키 도네츠크(서/西 도네츠크) 강변으로 치고 들어갔다. 독일군이 패주를 거듭하면서 소련군은 곧 드네프르강에 도달할 태세였다. 한 달도 채 걸리지 않았다.

당황한 히틀러는 1943년 2월 중순 자포로제(우크라이나 자포리자)로 급히 날아왔다. 베르마흐트(Wehrmacht, 독일 나치군)의 방어전략 재점검에 나섰다. 그때까지 소련군은 쿠르스크와 벨고로드, 하르코프, 보로쉬로프그라드[현재의 루간스크]를 휩쓸고, 드네프르강을 향해 빠른 속도로 진격을 계속하고 있었다. 2월 하순경에는 히틀러가 있는 자포로제에 거의 다 가섰다. 소련군 내부에서는 "히틀러를 생포하자"는 소리까지 나왔다.

전쟁은 상대적이다. 드네프로페트로프스크로 향하는 소련군에게도 독일군과 마찬가지로 병참 문제가 불거졌고, 나치 독일군에게도 유능한 지휘관 에리히 폰 만슈타인 장군(현지 지역 사령관)이 있었다. 그는 영리했다. 공격해 오는 소련군의 측면을 치고 들어가면서 넓게 포위망을 쳤다. 소련군은 그 포위망에서 급히 빠져나와야 했고, 만슈타인 장군은 그 여세를 몰아 하르코프를 공략했다(제3차 하르코프 공방전). 소련군이 그해 2월 16일 어렵사리 탈환한 하르코프는 한 달 만에 다시 독일군 수중에 넘어갔다.

뒤이어 벨고로드마저 독일군에게 빼앗기면서 그 일대는 쿠르스크 아크(돌출) 전선[나중에 Kursk Bulge로 역사에 기록]이 만들어졌다. 쿠르스크를 중심으로 남북으로 250km, 동서로 160km에 달하는 거대한 반원형 전선이었다.

이 전선은 1943년 상반기(3월 말~7월 초) 내내 교착상태에 빠져 있었다. 하지만 그 이면에서는 수많은 일들이 벌어졌다.

스트라나.ua에 따르면 독일군 만슈타인 장군은 그해 3월 중순 돈바스 지역으로 소련군을 유인해 함정에 빠뜨린 뒤, 하르코프에서 타간로그[현재 러시아 로스토프주 도시]로 나아가면서 새로운 포위망을 짜자는 안을 냈다. 1년 전인 1941~1942년 겨울, 시몬 티모셴코 소련군 원수가 하르코프에서 마리우폴, 타간로그로 공격해 돈바스 지역 주둔 독일군에게 타격을 안겼던 바로 그 작전이었다.

고심하던 히틀러는 만슈타인 장군의 이 같은 공격 작전을 물리치고, 쿠르스크 돌출 전선을 남쪽과 북쪽에서 동시에 공격해 돌파한 뒤, 함께 모스크바로 진군하는 군사작전을 채택했다. 유명한 시타델(Citadel 성채) 작전이다.

만슈타인 장군도 시타델 작전이 성공할 경우, 모스크바가 바로 눈앞에 와 있는 작전 지도를 보고 있었다. 다만, 소련군이 방어벽을 구축하기 전에 속전속결로 끝내자고 주장했다. 이번에도 히틀러와 일부 참모들이 반대했다. 우크라이나의 땅이 녹는 4월 진흙탕[라스푸티차 현상] 속에서는 독일군이 자랑하는 티거(Tiger)·판터(Panther) 탱크(전차)와 페르디난트(Ferdinand) 자주포 등 강력한 중화기가 제대로 기동하기 힘들다고 판단했기 때문이다.

히틀러는 시타델 작전 계획을 승인하면서도, 작전 개시 D-데이는 20일 가까이 늦춘 5월 3일로 정했다. 그러나 D-데이가 가까워지자 또 공격을 미뤘다. 히틀러는 티거·판터 탱크와 페르디난트 자주포의 추가 도착을 기다렸다고 한다.

반면, 소련군은 섣불리 공격하기보다는 방어에 집중하며 독일군의 다음 수를 지켜보고 있었다. 아직도 미궁에 빠져 있지만, 스탈린은 첩자들로부터 독일의 스타델 작전 계획을 보고 받고도 '먼저 움직이자'는 참모들의 건의를 묵살했다. 대신 두 가지 명령을 내렸다. 쿠르스크 전선 돌출부에 주둔한 군대가 자칫 독일군의 포위망에 빠질 것을 우려해 동쪽으로 이동 배치하고 돌출부의 남쪽과 북쪽 방어를 강화할 것을 지시했다.

스트라나.ua는 "스탈린의 이 같은 지시는 스탈린그라드의 승리 이후에도 전략적 주도권이 소련군의 손에 아직 넘어가지 않았다는 증거"라며 "운명적인 쿠르스크 전투가 기다리고 있었다"고 지적했다.

독일군도 소련군의 방어작전을 재빨리 파악하고 작전 재점검에 들어갔다. 5월 초에 열린 작전회의에서 발터 모델 독일군 원수는 선제 공격을 포기하고, 소련의 공격을 기다려 적의 병력과 군사장비를 최대한 소진시킨 뒤[공격과 방어의 손실 비율은 3 대 1이다] 반격하겠다고 보고했다.

이번에도 날씨가 문제였다. 소련의 '동장군'에 한번 크게 혼이 난 독일군은 여름에 공격을 시작해야 승산이 있다고 여겼다. 여름이 지나고, 겨울철로 접어들면 공격 기회가 스탈린에게 넘어갈 것으로 히틀러는 판단했다. 또 동맹을 맺은 이탈리아 무솔리니에게도 '뭔가'를 보여주기 위해 빠른 승리가 필요했다. 더 이상 머뭇거리면, 무솔리니가 소련과의 휴전을 더욱 강하게 독촉할 게 분명했다.

히틀러가 믿은 것은 세계 최강의 티거 전차였다. 티거가 소련군이 구축한 강력한 방어선을 짓밟고 지나갈 것으로 믿어 의심치 않았다. 히틀러는 공격 D-데이를 6월 12일로 연기한 뒤, 또다시 7월 5일로 미뤘다. 그 정보는 모스크바에도 알려졌다. 7월 4일~5일 밤, 소련군 정찰대가 지뢰 제거 작업을 하던 독일 공병들을 체포했다. 그래서 알아낸 독일 시타델 작전의 개시 시간은 새벽 3시였다.

독일군의 공격 개시 40분 전인 새벽 2시 20분, 소련군 포대가 어둠을 사르면서 기습 포격을 시작했다. 독일군에게 던진, '당신네 작전 계획을 이미 알고 있으며, 방어 준비도 끝냈다'는 무언의 신호로, 상대에게 주는 심리적인 효과도 컸다.

기습을 당한 독일군은 당초 작전 계획보다 3시간여 늦은 오전 6시에야 대대적인 공격에 나섰다. 시타델 작전에는 34개 탱크 및 기계화 사단, 16개 보병 사단, 4개의 독립 탱크 여단 등이 참여했다. 각종 추정에 따르면 총 80만~90만 병력에 2,700여 대의 탱크와 자주포, 각종 야포가 동원됐다(티거 전차 295대, 판터 전차 230대, 페르디난트 자주포 100대 포함). 지휘는 북쪽에서는 중부집단군 사령관인 귄터 폰 클루게 장군이, 남쪽에서는 폰 만슈타인 장군이 맡았다.

당시 병력의 수적 우위는 소련군이 점하고 있었다. 그러나 정보 및 작전 부문에서는 소련군이 뒤졌다. 소련군은 북쪽의 오렐 지역에서 독일군의 주력이 밀고 내려올 것으로 보고, 방어진지를 구축했으나 오판이었다. 화력 면에서도 만슈타인 장군이 이끄는 남쪽 부대가 강했다. 아돌프 히틀러(Adolf Hitler), 토텐코프(Totenkopf) 나치 친위대 및 라이크(Reich) 사단을 포함하는 제2SS기갑군단이 합류한 곳도 남쪽이었다. 결과도 남쪽과 북쪽 전선이 서로 달랐다.

북부 전선에서 독일군은 공격 5일 만에 큰 손실을 입고 주저앉았다. 그러나 남부 전선에서는 제2SS기갑여단을 앞세운 독일 제4기갑군단이 러시아 방어벽을 무너뜨렸다. 쿠르스크시로 향하는 전략 요충지인 쿠르스크주 남부 오보얀시(市)로 다가섰다. 미하일 카투코프 장군이 이끄는 소련 제1 전차군단은 더 이상 버티기 힘들었다.

쿠르스크 전투에서 소련군의 가장 큰 문제는 탱크의 성능이었다. 소련군 주력 T-34 탱크는 티거의 상대가 되지 않았다. 티거의 88㎜ 포는 멀리서 소련군 T-34 탱크를 제대로 타격했고, 근접전에서도 T-34 탱크의 76.2㎜ 포가 티거의 견고한 장갑을 뚫지 못했다. 소련군 수뇌부는 급히 지원군을 현지로 보내 오보얀시로 향하는 독일 제4기갑군단의 측면을 치도록 했다. 이에 독일군은 오보얀시에 진입하지 못한 채, 동쪽의 벨고로드주(州) 프로호로프카(Прохоровка)로 진격 방향을 틀어야 했다.

베를린은 반격 첫날부터 작전이 계획대로 진행되지 않는다는 것을 깨달았다. 독일 언론 매체(라디오)는 반격 작전의 개시조차 알리지 않았다. 프로호로프카 전투는 지상 최대의 항공전이자 탱크전이었다. 양측에서 병력 약 200만 명, 전차 약 6,000대, 항공기 약 4,500대라는 가공할 전력이 동원됐다.

전환점이 된 날은 7월 12일이었다. 독일의 시타델 작전 개시 1주일 만에 스탈린은 드디어 쿠투조프 작전 명령을 내렸다. 이날 새벽부터 양군은 프로호로프카에서 대 충돌했다. 도시 서쪽에서는 독일의 '토텐코프' 나치 친위대와 소련군 제5근위대가, 남쪽에서는 독일 제3기갑군단과 소련 제69군이, 동쪽에서는 독일 '아돌프 히틀러', '라이크' 사단과 소련 제5근위 탱크여단이 맞붙었다. 소련의 T-34 탱크는 수적 우위를 앞세워 독일의 '티거'와 접근전을 벌였고, 소련 공군은 '에어 폭탄'[현재 우크라이나 전쟁에서도 사용되는 소위 활공폭탄]으로 독일군 탱크 파괴에 앞장섰다. 전력 손실은 소련군이 훨씬 컸다. 소련군은 최소 328대의 전차를 잃었으나, 독일군은 약 70대에 불과했다. 하지만 독일군은 끝내 프로호로프카를 점령하지 못했다.

이튿날(13일) 히틀러는 시타델 작전을 중단하고, 일부 병력을 이탈리아로 보낼 것을 지시했다. 만슈타인 장군은 소련군의 기세를 꺾기 위해 계속 공격하자고 주장했으나 히틀러 설득에 실패했다. 그는 훗날 회고록 《빼앗긴 승리(Потерянные победы)》에서 공격을 중단한 히틀러를 비난했다. "그때 승리가 가까웠다"고도 했다. 하지만 그에게 동의하는 군사 전문가들은 별로 없다. 소련군은 8월 5일 쿠르스크 돌출 전선의 북부 오렐과 벨고로드, 하르코프 등을 해방시켰다. 뒤이어 돈바스 지역과 자포로제, 드네프로페트로프스크, 키예프 등을 차례로 수복했다.

일부 전문가들의 우려대로, 80년만에 쿠르스크 전투가 우크라이나 전선에서 재현되고 있었다. 우크라이나군의 반격을 막아낸 러시아군은 여세를 몰아 이듬해(2024년) 2월 격전지 아브데예프카(아우디우카)를 함락시켰다. 팽팽하게 맞서 온 러-우크라 간의 군사적 균형에 금이 가는 소리로 들렸다.

러시아군은 또 2023년 여름철에 빼앗겼던 남부전선의 라보티노 등 일부 지역을 되찾고, 2024년 8월 현재 돈바스 지역을 차례차례 장악해 가는 중이다. 북쪽으로는 2022년 가을 우크라이나군에게 내주었던 쿠퍈스크-하르코프를 위협하면서, 하르코프를 직접 겨냥하는 새로운 전선을 열었다. 이에 맞서 우크라이나군은 러시아 국경을 넘어 쿠르스크주 일대를 기습 공격하는 등 승부수를 던졌으나, 국내외 전문가들로부터 그다지 호평을 받지 못하고 있다.

## 러시아, 프리고진의 군사반란 극복

수감 중인 러시아 죄수들에게 '6개월 후 사면'이라는 파격적인 조건으로, 그들을 도네츠크 중부 지역의 핵심 도시 바흐무트 공략에 끌어들인 예브게니 프리고진은 용병술의 천재(?)였다. 일찍이 푸틴 대통령을 등에 업고 민간 군사기업(PMC) '바그너 그룹'을 세워 수단 등 아프리카 주요 분쟁 지역으로 진출해 러시아 국익 및 자원 확보에 앞장섰고, 시리아 내전과 우크라이나 동부 지역 분쟁에서는 러시아군의 역할을 대신할 만큼 프로급 인사였다. 그의 '바그너 전사'들도 전투력과 조직력 측면에서 여느 특수부대와 견줘 뒤지지 않을 정도였다.

그는 사병(私兵)이나 마찬가지인 바그너 전사들을 이끌고 개전 초기의 마리우폴에 버금가는 격전지 바흐무트를 함락시켰으니, 대단한 공적을 세운 셈이었다. 또 막대한 자금으로 군사 전문 인플루언스(텔레그램 군관련 계정)들을 자신의 영향력 하에 두고, 러시아 국방부와 군 지휘 체계를 흔드는 정치적 수완을 보여주기도 했다. 그의 지명도와 영향력은 쇼이구 국방장관을 넘어섰고, 크렘린과 러시아군 내부에도 그를 은밀히 지지하는 세력이 있다는 소문도 꾸준히 돌았다.

바흐무트 함락을 앞두고, 쇼이구 국방장관-게라시모프 총참모장으로 이어지는 러시아군의 정규 지휘라인과 사사건건 충돌하던 프리고진은 바흐무트에 입성하는 순간, 권력 속셈을 드러냈다. 부대 재정비를 위해 후방으로 병력을 빼겠으니, 대체 병력을 보내달라는 다소 엉뚱한 요구였다.

당시, 우크라이나군은 자포로제 남부전선에서 반격을 시작했고, 바흐무트에서 퇴각한 우크라이나군도 호시탐탐 재탈환을 노리고 있었다. 이런 상황에서 부대원들의 휴식과 재정비를 위해 병력을 뒤로 물리겠다니, 프리고진의 잇따른 도발에도 꾹꾹 눌러 참아온 러시아군 최고지도부가 폭발했다. 러시아 국방부는 곧바로 바그너 그룹 등 모든 민간 군사기업들에게 국방부와 직접 고용 계약을 체결하라는 명령을 내렸다.

사실 바그너 그룹의 수장 프리고진이 반란을 준비하고 있다는 소문은 그해 5월 초부터 돌고 있었다. 러시아 국방부가 용병 기업들에게 "내달(7월) 1일까지 국방부와 고용 계약을 체결할 것"을 명령하자, 일부 바그너 전사들이 격앙했다. '(고용계약을 맺고) 국방부에 항복하느니, 뒤엎어 버리자'는 감정적인 대응이 힘을 얻고 있다고도 했다. 프리고진도 물러설 생각이 없었다. 운명의 날인 6월 24일 밤, 그는 바그너 전사들에게 특수 군사작전 사령부의 점령을 지시했다. 뒤이어 모스크바로 향하는 고속도로에서 중무장한 바그너 전사들의 행렬이 포착됐다. 우크라이나에는 최대의 호재, 러시아에는 치명적인 '적전 분열'이었다.

우크라이나군이 이 극적인 사건을 기다리며 반격 시기를 조절하고 있었다는 분석도 뒤늦게나왔다. 터질 듯 말 듯한 분위기에 반격을 늦

줘오다 더 이상 기다리지 못하고 반격에 나섰다는 주장인데, 만약 3주 만 더 기다렸다면 우크라이나에는 '신의 한 수'가 될 뻔했다. 러시아군은 우크라이나군의 반격과 프리고진의 군사반란이라는 내우외환(內憂外患)에 자멸(自滅)할 수도 있었다.

그러나 역사는 러시아 편인 듯했다. 러시아군의 내분(內紛)을 끝까지 기다리지 못하고 시작한 우크라이나군의 반격은 불과 2주 만에 난관에 봉착했다는 소리가 흘러나왔다. 프리고진의 6·24 군사반란이 터지기도 전이었다.

우크라이나는 6·24 군사반란 소식에 "러시아가 우리를 침공하더니, 스스로 무너지고 있다"며 쾌재를 불렀다. 그러나 운명의 여신은 우크라이나 편이 아니었다. 알렉산드르 루카셴코 벨라루스 대통령이 푸틴 대통령과 프리고진 사이에서 중재에 나서더니, 군사반란은 하루 만에 끝났다. 반란에 참여한 바그너 그룹의 주력 부대는 벨라루스로 옮겨갔고, 일부 병력은 러시아 국방부와 직접 참전 계약을 맺는 등 군사반란이 러시아에게는 오히려 연합 군부대들의 조직과 기강을 새롭게 다잡는 계기가 됐다.

또 1년 이상 전쟁을 치르면서 러시아군은 겉과 속이 알차게 진화했다는 평가가 나오기 시작했다. 부분동원으로 합세한 예비군 병력 때문에 덧씌워진 오합지졸의 이미지도 점차 사라졌다. 정찰 드론을 띄워 적의 동태를 먼저 파악하고, 대규모 공격이 시작되기 전에 적의 선봉 부대를 격파하는 방어작전도 진일보한 상태였다. 개전 초기 남진하는 러시아군 탱크를 향해 우크라이나군이 활용한 '게릴라식 방어 전략'을 러시아군이 배워 상대에게 되돌려주고 있었다.

# 다시 나온 협상론

우크라이나군의 반격이 사실상 실패하고 러시아군의 역공이 시작되자, 국제사회는 또다시 평화협상을 통한 전쟁 종식 방안으로 눈을 돌리기 시작했다.

협상론에 불을 지핀 이는 나토 사무총장실의 스티안 옌센 실장이다. 그는 2023년 8월 14일 노르웨이 일간지 《베르덴스 강(Verdens Gang)》과 인터뷰에서 "우크라이나가 일부 영토를 러시아에 양도하는 대가로 나토에 가입할 수 있다"고 말했다. 러시아 국영 통신 리아노보스티는 곧바로 이를 인용, 보도했고, 옌센 실장의 발언은 일파만파로 번져나갔다.

그는 "우크라이나 사태와 관련, 가능한 현실적인 해결책은 나토 회원국이 되는 대가로 영토를 포기하는 것"이라며 "대신, 우크라이나가 협상을 원하는 시기와 조건을 결정해야 한다"고 주장했다. '나토의 공식적 견해인지' 묻는 취재진의 질문에 그는 "정확히 그래야 한다고 말하는 것은 아니지만, 영토 양도 이슈가 가능한 해결책이 될 수 있으며, 나토 내부에서도 이미 제기된 바 있었다"고 답했다.

그러나 이튿날 그는 "나의 발언은 우크라이나 미래에 대한 가능한 시나리오를 광범위하게 논의하는 차원의 일부였으며, 그렇게 말하지 말았어야 했다. 실수였다"고 말을 바꿨다.

이미 엎질러진 물이었다. 영토를 대가로 나토에 가입하는 방안은, 이후 다른 사람들에 의해 여러 차례 반복됐다. 이에 대해 드미트리 메드베데프 러시아 국가안보회의 부의장(전 대통령)은 텔레그램 채널을 통해 "중요한 점은 현재 우크라이나 영토 전체가 분쟁 지역이라는 것"이라며 "루스(고대 러시아)의 수도였던 키예프까지, 러시아에 넘기고 우크라이나는 수도를 최서단 도시인 르보프(르비우)로 옮겨야 한다"고 주장했다.

우크라이나 대통령실은 당연히 "전쟁을 끝내는 대가로 러시아에 영토를 포기할 의사가 전혀 없다"고 강조했고, 존 커비 미 백악관 국가안보회의(NSC) 전략 커뮤니케이션 조정관도 특별 브리핑을 통해 "이 정보는 사실이 아니다, 잘못된 정보"라고 부인했다.[14]

미하일 포돌랴크 우크라이나 대통령 고문은 이를 '푸틴의 승리'라고 부르면서 "영토를 나토 우산으로 바꾸는 아이디어라니, 놀랍다"고 엑스(X, 옛 트위트)에 썼다. 그는 이 아이디어를 "고의적으로 민주주의를 포기하고, 세계적인 범죄자(푸틴)를 격려하며, 러시아 푸틴 정권의 유지와 국제법의 파괴, 전쟁 가속화를 향해 가는 길"이라며 "푸틴의 승리는 세계에 평화는커녕 치욕과 전쟁을 가져올 뿐"이라고 비판했다.[15]

지난 2년 몇 개월간 협상론이 불쑥불쑥 튀어나왔지만, 전쟁이 끝나

14 스트라나.ua, 2023년 8월 16일

15 스트라나.ua, 2023년 8월 15일

려면 무엇보다도 이해관계가 서로 다른 러시아와 우크라이나, 미국(서방)이라는 세 당사자의 동의가 필요했다. 그때도 지금도 매우 어려운 일이다.

그나마 현실적으로 타협 가능성이 가장 높은 아이디어가 영토와 평화를 바꾸는 제안이라고 할 수 있다. 러-우크라 군이 대치 중인 현 위치에서 휴전하고 전쟁을 끝내자는 것이다. 그것은 곧 러시아가 점령한 우크라이나 땅(도네츠크, 루간스크, 자포로제, 돈바스 4개 주)을 포기하라는 말과 같다. 외신이 자주 쓰는 '한국전 방식의 전쟁 종식 시나리오(이하 한국전 시나리오)'다. 휴전 당시의 최전선을 기준으로 남북한 국경선을 다시 그었듯 러-우크라 국경선도 현 전선에서 전쟁 종식과 함께 새로 긋자는 발상이다. 굳이 비교하자면, 한국은 미국과 한미동맹 체결을 통해, 우크라이나는 나토 가입을 통해 향후 역내 평화와 안정을 도모한다는 차이 정도다.

이 같은 전쟁 종식 제안은 그전에도 여러 차례 나왔다. 우크라이나에 의해 완강하게 거부되자, 표현만 살짝 바꾸어(한국전 시나리오 → 영토와 평화 교환) 다시 제안되었을 뿐이다. 우크라이나의 체면과 명분을 살려주기 위한 외교적 수사법이 아닐까 싶다.

'영토와 평화 교환' 아이디어를 공개적으로 맨 처음 꺼낸 이는 외교의 달인으로 불리는 헨리 키신저 전 미 국무장관이다. 그는 전쟁 발발로 개막 일정이 늦어진 다보스 세계경제포럼(2022년 5월 개최)에서 "러-우크라 협상 개시의 조건은, 2022년 2월 24일(러시아의 특수 군사작전 개시일) 이전으로 돌아가는 것"이라면서 "다만, 당시 키예프가 통제하지 못했던 돈바스 지역과 크림반도는 협상에서 별도 항목으로 다뤄야 한다"는 주장을 내놓았다. 한 달여 전에 러-우크라 간의 이스탄불 협상(2022년 3월 31일)에서 나온 합의안과 얼추 개념이 비슷하다.

서방의 많은 전문가들은 이 제안을 우크라이나에게 '영토를 포기하고 평화를 얻으라'는 조언으로 받아들였다. 이스탄불 합의안을 걷어찬 [푸틴 대통령식 표현] 젤렌스키 대통령은 '키신저 제안'을 가혹하게 비판했다. 그랬던 그가 이듬해 9월 미국을 방문했을 때, 예르마크 대통령 실장과 함께 키신저 전 장관을 찾아가 구체적인 실행 방안을 직접 들은 것은 너무 뜻밖이다. 젤렌스키 대통령도 내심 그 방안을 플랜B로 생각하고 있었는지도 모르겠다.

당시 대통령을 수행한 예르마크 실장은 9월 24일 텔레그램 채널을 통해 "키신저 전 장관과 깊은 대화를 나눌 수 있어 매우 기뻤다"며 "그는 나토의 우크라이나 로비스트 중 한 명"이라며 감사 인사를 전했다.

▲ 젤렌스키 대통령과 키신저 전 장관의 만남. 출처: 텔레그램 @ermaka2022

키신저 전 장관은 젤렌스키 대통령과 만난 지 두 달 뒤인 11월 29일 작고했다. 우크라이나 전쟁이 '한국전 시나리오'로 끝난다면, 세계 평화를 위한 그의 마지막 외교적 기여로 기록될 것이다.

키신저 전 장관은 죽기 전까지 자신의 우크라이나 평화 구상을 계속 다듬고 구체화했다. 요약하면, 영토를 일부 양보한 대가로 얻어낸 우크라이나의 나토 가입을 통해 유럽의 안보 지도를 다시 그리자는 것이다. 무엇보다도 우크라이나가 나토에 가입하면, 1991년의 국경선(까지의 영토)을 되찾기 위해 더 이상 돈바스 지역에서 무력행사에 나서지 못할 것으로 그는 판단했다. 그렇게 되면, 2014년부터 10년간 끌어온 우크라이나 동부지역의 유혈 분쟁은 종식되고, 러시아와 나토 간의 지정학적 대립 구도마저 해소되면서 러시아의 국가 안보에도 도움이 될 것이라고 확신했다. 하지만 러시아가 특수 군사작전의 명분이나 다름없는 우크라이나의 나토 가입을 수용할 수 있을까? 또 다른 '키신저급' 외교 달인이 나와야만 가능할 것 같다.

(나토 사무총장실의) 스티안 옌센 실장이 '영토와 평화의 교환' 발언을 불쑥 꺼낸 것이 아니라는 설도 있다. 그의 발언이 나오기 한 달 전인 2023년 7월, 미국 《워싱턴포스트(WP)》는 "윌리엄 번스 미 CIA 국장이 지난 6월 키예프를 방문했을 때, 우크라이나 지도부로부터 반격 작전 계획과 달성 목표에 관해 브리핑을 받았다"고 전했다. WP가 소식통을 통해 확인한 브리핑 내용은 대충 이렇다.

"우크라이나는 돈바스 일부 지역을 탈환한 뒤[자포로제 전선에서 남하해 멜리토폴을 점령하고 아조프해 해안을 따라 크림반도를 향해 진격한다는 시나리오] 크림반도의 경계선에 도달하면, 협상의 우위에 서서 모스크바와 대화를 재개한다. 크림반도를 무력으로 점령하지는 않겠지만, 평화협상에서 러시아를 최대한 압박해 나토 가입 등 서방으로부터 얻을 수 있는 모든 안전보장 장치의 완전 수락을 요구한다."

우크라이나 측의 이 같은 목표와 협상 전략을 찬찬히 뜯어보면, 크림반도를 러시아에 양보하는 대신 (러시아와 서방 양측으로부터) 국가 안보를 확실하게 보장받기를 원한다는 결론에 도달한다. 2022년 3월의 이스탄불 평화협정과도 비슷하다. 다만, 나토 가입이라는 보다 구체적인 방안이 빠져 있었다. 우크라이나 측 평화협상 수석 대표인 아라하미아 인민의 종 대표가 나중에 "우리가 중립 노선(나토 가입 포기)을 받아들인다면, 러시아는 전쟁을 끝낼 준비가 되어 있었다"고 인정한 그 대목이다.

하지만 WP의 기사는, 당시 우크라이나 지도부로부터 "말도 안 되는 작문성 기사"라고 면박을 당했다. '1991년 국경으로 되돌아가야 한다'는 전쟁 목표는 여전히 바뀌지 않았다고 젤렌스키 대통령은 반박했다.

우크라이나는 2023년 여름의 반격 작전이 성공할 것이라고 믿고 내심, 이 같은 목표를 설정했을 것이다. 하지만 결과는 기대와 정반대였다. 서방 측도 협상 재개 압력을 높이기 시작했다.

개전 6개월 후, 서방 측으로부터 은근히 휴전 압박을 받고 있다고 실토한 드미트리 쿨레바 우크라이나 외무장관은 2023년 8월 12일 언론 인터뷰에서 "러시아와의 협상이 필요하다는 목소리가 (국제사회에서) 점점 커지고 있다"며 "우리는 이러한 목소리가 사라지도록 국제법과 형법의 틀 내에서 모든 것을 할 것"이라고 다짐했다. 그러면서도 "존재감이 있는 나라들[G7, EU, NATO 회원국]과 필요한 정상회담을 앞두고 있지만, 우리는 여러 면에서 어려운 가을 시즌을 맞을 것"이라고 인정했다.

1년 전(2022년 8월)만 해도 그는 "일부 서방 국가 파트너들로부터 종종 '언제까지 버틸 수 있습니까?'라는 질문을 받는다"고 공개하면서 "그런 질문을 받을 때마다 '당신이 잘못된 시각을 가지고 있다. 가능한 한 빠른 시간에 러시아를 물리치기 위해 무엇을 해야 하는지 물어야 한다'고 바로잡아 준다"며 당당한 태도를 취했다. 반격에 실패하면서 쿨레바 장관도 기가 죽었다고 봐야 한다. 쿨레바 장관은 2024년 9월 5일 젤렌스키 대통령에 의해 경질됐다.

현지 언론도 달라진 분위기를 감지했다. 스트라나.ua는 8월 11일 '휴전. 우크라이나 전쟁의 조기 종식 가능성은?'이라는 제목의 기사에서 "가까운 장래에 우크라이나에서 전쟁이 동결될 가능성이 많이 거론되고 있다"며 "서방 외신들은 우크라이나군 내부에서도, 사회 분위기도 전쟁의 신속한 종식에 반대하지 않는다는 여론이 만들어지고 있다고 쓴다"고 전했다.

1주일 뒤(17일) 이 매체는 "러시아가 키신저 안을 수락하지 않았다"며 협상에 관한 러시아 측 분위기를 전달하기도 했다. 우크라이나의 나토 가입이 궁극적으로 러시아의 국가안보에도 유익하다는 키신저의 주장을 한 늙은이의 주책 정도로 생각하고 있다는 것이다.

러시아의 태도를 바꿀 수 있는 유일한 희망은 미국의 2024년 대선 결과에 달렸다. 트럼프 전 대통령이 바이든 대통령의 후보 사퇴로 민주당의 대권 주자로 나선 카멀라 해리스 부통령을 물리치고 다시 백악관으로 돌아와 푸틴 대통령 설득 혹은 압박에 나선다면, 달라질 수 있다. 본토에서 크림반도로 이어지는 육상 통로를 포함해 러시아가 이미 군사력으로 확보한 영토적, 경제적 이익을 실현하는 '한국전 시나리오'가 현실화할 수 있다. 물론, 그 과정에서 우크라이나의 나토 가입과 새로운 유럽 안보 지도 등을 놓고 밀당이 불가피하다.

# 우크라이나의 악재 하마스 -이스라엘 전쟁

제2차 세계대전의 '쿠르스크 전투'와 마찬가지로, 우크라이나군의 반격 실패는 러시아군에게 재반격의 빌미를 주고 말았다. 그리고 히틀러에게 이탈리아 지원 문제가 생겼듯이, 우크라이나에도 생각지도 못한 대형 악재가 터졌다. 팔레스타인 무장단체 하마스가 2023년 10월 가자지구에서 이스라엘을 공격하면서 확대된 하마스(헤즈볼라, 이란)-이스라엘 군사 충돌이다.

우크라이나가 목을 매는 미국과 서방의 지원은 팔레스타인 가자지구의 분쟁으로 전열이 흐트러졌고, 외교적 측면 지원을 기대했던 글로벌 사우스(남반구 개발도상국 세력)의 반미 성향은 더욱 부각됐다. 우크라이나는 국제사회의 관심을 중동으로 돌리기 위해 러시아가 일부러 하마스를 부추겼다고 주장할 정도로 위기를 느꼈다. 그즈음 러시아는 우크라이나에 대한 공세의 고삐를 더욱 당겼고, 러-우크라 언론들도 러시아군의 파상 공세를 계속 타전했지만, 우크라이나 측은 이를 부인했고, 서방 언론도 비교적 침묵했다.

그 침묵을 깬 것은 영국의 주간지 《이코노미스트》였다. 이 잡지는 2023년 11월 30일 우크라이나 전쟁이 시작된 이후 처음으로 "푸틴 대통령의 러시아가 승리할 것으로 보인다"고 썼다. 이코노미스트가 분석한 푸틴의 승리 이유는 의외였다. "영토 점령이 아니라, 누가 더 오래 버틸 수 있느냐의 문제"라고 했다. 전선은 이미 교착상태에 빠져 러-우크라 누구도 적을 완전히 몰아낼 수 없는데, 장기전으로 흘러가면 서방과 사실상 연합세력을 구축한 우크라이나가 단일세력인 러시아를 넘어설 수 없다는 논리였다.

《이코노미스트》는 우크라이나가 여름철 반격에서 기대한 성과를 거두지 못하는 바람에 우크라이나군의 사기는 저하됐고, 서방에서도 우크라이나에 돈과 무기를 계속 보내는 것이 시간 낭비라는 소리가 터져 나올 것으로 예측했다. 반면, 우크라이나의 반격을 저지한 러시아는 새해(2024년) 들어 되려 더 강력해진 위치에서 우크라이나군을 밀어붙일 것이라고 내다봤다.

이 분석 역시, 1943년 쿠르스크 전투와 그 맥이 닿아 있다. 나치 독일의 야심찬 반격[우크라이나의 경우, 자로포제 남부전선 공격]이 실패로 돌아가면서, 소련군[우크라이나의 경우, 러시아군]의 되치기에 속수무책으로 당했다는 논리와 닮았다.

실제로, 그해 12월 27일 미국전쟁연구소(ISW)는 러시아군이 우크라이나 반격에 잃었던 자포로제 지역을 거의 탈환했다는 보고서를 냈다. 우크라이나는 '겨울 전쟁'에서 유리한 위치로 전략적으로 이동(작전상 후퇴)했다고 설명했지만, 1년 전 러시아군이 보급망 확보 문제 등으로 헤르손 등지에서 후퇴한 것과는 질적으로 달랐다. 당시 러시아군의 선두부대는 후방으로부터 너무 앞서 나가 있었고, 우크라이나군의 게릴라

작전으로 보급망이 수시로 위협을 받고 있었다. 그러나 우크라이나는 자국 내에서 보급망 문제로 고민할 일이 없었다.

해를 넘긴 뒤, 우크라이나 군사 텔레그램 채널 딥 스테이트(Deep State)[원래는 막후에서 실질적인 권한을 행사하는 그림자 정부라는 뜻]는 2월 1일 "2023년 한 해 동안 러시아군은 우크라이나군이 탈환한 것보다 더 많은 우크라이나 영토를 점령한 것으로 드러났다"고 분석했다. 이 분석에 따르면, 러시아군은 지난 한 해 우크라이나 땅 574㎢를 새로 점령했고, 우크라이나군은 러시아군으로부터 317㎢의 영토를 되찾았다. 우크라이나의 여름 공세가 완전히 실패했다는 사실을 실증적으로 보여준 통계였다.

우크라이나가 기대하는 미국의 추가 지원도 공중에 떠 있었다. 미국의 2024회계연도(2023년 10월~2024년 9월) 예산은 우크라이나 추가 지원 규모를 놓고 민주당과 공화당이 대립하면서 2월 말까지 타결의 실마리를 찾지 못했다. 임시 예산 편성으로 미 행정부의 셧다운(자금 집행 불가)을 간신히 막고 있는 형편이었다.

미 백악관은 우크라이나와 이스라엘 지원을 한데 묶어, 수백억 달러의 추가 예산안을 편성했으나 하원을 장악한 공화당에 막혔다. 공화당은 남부 멕시코 국경지대의 불법 월경(越境)을 방지할 대책을 먼저 내놓으라고 압박했다. 11월 대선 지형을 유리하게 만들기 위해서였다. 남부 국경지대 안보 강화(법)안은, 멕시코 등 남미 이주민들과 소수민족 출신 유권자들을 강력한 표밭으로 갖고 있는 민주당에게는 받아들일 수 없는 '악법'이었다.

미 상하 양원이 대(對)우크라 추가 지원 방안을 놓고 티격태격하는 사이, 우크라이나로 갈 미국의 돈줄은 말라버렸다. 미국의 돈줄을 대신해야 할 유럽연합(EU)의 상황도 만만치 않았다. 친러 성향의 헝가리가 계속 몽니를 부렸다.

이 같은 분위기는 러-우크라 양국 대통령의 신년사에서 그대로 투영됐다.

우크라이나 매체 스트라나.ua와 이즈베스티야 등 러시아 언론에 따르면, 푸틴 대통령은 1일 극동 지역의 새해맞이에 맞춰 "지난해 러시아는 가장 어려운 문제를 해결할 수 있고, 결코 후퇴하지 않을 것임을 입증했다"며 "지역 사회의 결속을 통해 전진하고 미래를 창조하자"고 강조했다. 그는 군사작전을 펼치는 군부대를 배경으로 했던 전년도와는 달리, 더 이상 아무 일이 없는 것처럼, 여느 때처럼 크렘린 앞에 섰다. 그리고 말했다. "러시아를 분열시키고 우리 조상[9세기 이후 키예프를 중심으로 한 키예프 공국]에 대한 기억을 잊게 만들며, 러시아의 발전을 가로막을 수 있는 세력은 없다"고. 그의 신년사는 예년보다도 짧은 4분여에 불과했다.

젤렌스키 대통령의 새해 인사는 지루할 만큼 길었다. 20여 분간에 걸쳐 이어졌다.

"우크라이나는 (러시아의 공격에) 1주일도 버티지 못할 것이라고 했지만, 벌써 2024년 새해를 맞고 있다. 새해에는 스스로에게 '나는 누구인가'라는 질문을 던져 전쟁 난민으로 전락할 것인지, (당당한) 시민이 될 것인지 선택해야 한다. -중략- 패자가 될 것인가, 승자가 될 것인가? 우리 모두는 그 답을 알고 있다."

러시아에 대한 항전 의지를 돋우는 신년사였다. 현지 언론은 젤렌스키 대통령이 전년과는 달리 '1991년 국경에 도달하겠다'는 계획을 밝히지 않은 채 '미래가 불확실하다'는 말로 신년사를 끝냈다고 실망감을 드러내기도 했다.

2022년 말에만 해도 우크라이나 지도부는 하르코프와 헤르손 지역을 일부 되찾으면서 내년(2023년) 봄, 여름에는 크림반도에 진입할 것이라고 큰소리쳤다. 그러나 반격 작전의 실패로 '크림반도 수복'이라는 국민의 기대가 어그러지면서 우크라이나에서는 실망감이 확산됐다. 서방 외신의 논조도 조금씩 달라졌다. 2022년 말 러시아의 임박한 붕괴를 예상한 서방 외신들이 이제는 우크라이나군의 패배 가능성에 초점을 맞춘 기사들을 쓰고 있었다. 최전선에서 전쟁을 중단하는 것(휴전)은, 우크라이나에게 '최악의 선택이 아닐 것'이라는 주장도 고개를 들었다. 명분 있는 패배 선언을 앞둔 사전 정지작업으로 해석될 만했다.

개전 2주년(2024년 2월 24일)을 맞을 즈음, 우크라이나는 삼중고에 빠져들었다. 전황은 불리하고, 전쟁 중 장수(잘루즈니 군 총참모장)의 교체로 군부와 정치권은 어수선해졌으며, 미국의 추가 지원안은 여전히 허공을 맴돌고 있었다.

누가 뭐래도 개전 2주년을 앞두고 젤렌스키 대통령이 던진 승부수는 장수의 교체였다. 2024년 2월 8일 모든 군사작전권을 쥐고 있는 최고위 사령탑인 잘루즈니 총참모장을 해임하고 그 자리에 지상군 사령관(육군 참모총장 격)인 알렉산드르 시르스키 장군을 앉혔다. 전쟁 중에 장수를 바꾸는 위험한 선택을 한 것인데, 뒤따르는 위험을 감수하겠다는 의지를 천명한 셈이다. 실(失)보다는 득(得)이 더 클 것으로 판단했기 때문일 것이다.

선택에 대한 평가를 어떤 기준에서 내려야 할까?

잘루즈니 전 총참모장은 2024년 7월 주영 우크라이나 대사로 나갔다.

"잘루즈니를 영국 주재 대사로 내보낸 것은 나폴레옹을 세인트 헬레나섬[나폴레옹이 1815년 유배를 간 곳으로, 6년 후 사망했다]으로 유배 보내는 것이나 마찬가지"라는 정치적 분석이 나왔다. 현지 정치 평론가 코스트 본다렌코는 "세인트 헬레나와 같은 섬[영국도 섬이다]은 잠재적으로 위험한 정치적 경쟁자를 제거하기에 이상적인 곳"이라며 "잘루즈니가 군부 내에서 인기가 높았으니, 더욱 그렇다"고 주장했다. "나폴레옹이 유배되었다가 탈출한 엘바섬은 예외적인 경우"라고 그는 덧붙였다. 한마디로 잘루즈니의 정치적 생명은 끝났다는 뜻이다.[16]

정반대의 견해도 있다.

정치 분석가 루슬란 보르트니크는 "사람들은 잘루즈니 총참모장을 잊기 시작하고, 평가도 떨어질 것이지만, 우크라이나에서 벌어지는 어떤 상황에서도 그는 더이상 져야 할 정치·군사적 부담이 없다"며 "결정적인 국면에 한 번씩 나타나면 된다"고 논평했다. 또 "그가 우크라이나에 남아 있다면, 젤렌스키 대통령 측에서 계속 괴롭힐 터인데, 그들의 시야에서 당분간 사라지는 것도 나쁘지 않다"며 "반대파가 그를 군부 내 부패 사건과 연루시킬 수 있는데, 그것도 피할 수 있다"고 말했다.

16 스트라나.ua, 2023년 3월 8일

보르트니크는 젤렌스키 대통령의 잘루즈니 경질을 제1차 세계대전 당시 (제정러시아의) 니콜라이 2세의 선택과 비교하기도 했다. 그는 "제정러시아 군대가 1915년 퇴각한 후, 니콜라이 2세가 직접 최고 사령관직을 맡았던 상황을 연상시킨다"며 "앞으로 최전선에서 무슨 일이 일어나든, 모든 책임은 대통령에게 돌아갈 것"이라고 예측했다. 니콜라이 2세는 1917년 러시아 공산혁명으로 비참한 최후를 맞았다.

# 공식 임기가 끝난 젤렌스키 대통령의 딜레마

"젤렌스키 대통령의 두 번째 고비는 5월 말~6월 초다. 미국 의회가 우크라이나에 대한 추가 지원을 승인할지, 우크라이나군의 탄약 및 병력 부족 문제가 해결될지 분명해진다. 특히 5월 20일로 끝나는 젤렌스키 대통령의 공식 임기 종료 후, 그의 대통령 권한 행사에 대한 반발이 우크라이나 정국에 어떤 태풍을 몰고 올지 의문이다."

스트라나.ua가 2월 24일 개전 2주년을 맞아 쓴 '전쟁 2년, 우크라이나와 러시아, 서방이 직면한 중대한 갈림길(Два года большой войны. Ключевая развилка для Украины, России и Запада)'에서 제시한 정국 전망 중 한 대목이다.

다행히 미국은 2024년 4월 20일 하원을 시작으로 우크라이나 추가 지원 예산안을 확정했다. 젤렌스키 대통령으로서는 한 고비를 넘겼다. 그러나 5월 20일 이후 젤렌스키 대통령의 임기 연장 문제는 앞으로 언제든지 터질 수 있는 지뢰가 될 수도 있다. 젤렌스키 대통령은 (2024년 2월) 잘루즈니 군 총참모장과 그의 군맥을 쳐내면서, 국가 기관의 세대교체를 강조했는데, 임기 만료를 대비한 사전 작업으로 비치기에 충분했다.

그는 이탈리아 TV 채널 라이(RAI)와 가진 회견(2월 4일 방송)에서 "우크라이나는 군사 부문만이 아니라 정치적으로도 국가 지도력의 쇄신이 필요한 상황에 직면해 있다"며 "지도력의 재부팅, 새로운 시작이 시급하다"고 주장했다. 그리고 나흘 후 잘루즈니 총참모장을 퇴진시키고, 그의 군맥을 신속하게 제거했다. 현지 매체들은 당연히(?) 그가 '포스트 임기(5월 20일)'에 대비한 것이라고 해석했다.

3월 들어 젤렌스키 대통령은 권력 주변 인물들을 손보기 시작했다. 대통령 직속으로 국가안보 전략을 짜는 국가안보회의 서기(장관)를 알렉세이 다닐로프에서 러시아 군사 아카데미 출신의 알렉산드르 리트비넨코 해외정보국장으로 바꾼 뒤, '대통령 지갑'으로 불린 어릴 적 친구 세르게이 셰피르 대통령 보좌관도 내쳤다.

전쟁 초기 올렉시 레즈니코프 국방장관(2023년 9월 경질), 잘루즈니 총참모장과 함께 우크라이나 '안보 트로이카'로 불렸던 다닐로프 서기는 몰도바 주재 대사로 내정됐다. 이로써 우크라이나 안보 트로이카는 모두 해외로 유배(?)된 게 아니냐는 분석도 나온다. 레즈니코프 전 장관의 근황은 거의 알려지지 않고 있다.

셰피르 보좌관의 해임에는 현지 매체도 놀라움을 표시했다. 그는 어린 시절부터 젤렌스키 대통령의 가장 가까운 친구였다. 또 대통령과 올리가르히 및 기업가들 간의 소통 창구를 맡아온 최측근이었다. 그래서 '대통령의 지갑'으로 불렸다. 젤렌스키 대통령은 또 대통령실의 알렉세이 드네프로프, 안드레이 스미르노프 부국장을 해임하고, 이리나 무드라야, 엘레나 코발스카야 등 2명의 여성을 발탁했다.

젤렌스키 대통령의 5월 20일 공식적인 임기 만료 후 우크라이나 안팎에서 약간의 술렁거림이 있었지만, 미국과 EU의 강력한 지원 덕분에 대통령의 법적 정당성에 대한 야당 측의 시비는 거의 사라진 상태다. 그의 진짜 고민은 대통령의 위상과 지지가 자꾸 추락하는 데 있다.

우크라이나의 정치·사회 및 마케팅 전문기관 소치스(Социс)센터는 3월 5일 여론조사 결과를 발표, '만약 오늘 대선이 실시된다면 누구를 찍겠느냐'는 질문에 우크라이나인들은 예선 및 결선에서 모두 잘루즈니 전 총참모장을 차기 대통령으로 선택했다고 밝혔다.

여론조사에 따르면 잘루즈니는 1차 투표에서 41%를 얻어 젤렌스키 대통령(23.7%), 포로셴코 전 대통령(6.4%) 등을 꺾었고, 결선투표에서도 67.5%의 득표율로 젤렌스키 대통령(32.5%)을 이기는 것으로 나타났다. 그러나 응답자의 65.4%는 전쟁이 끝나기 전에 대선을 실시할 필요가 없다고 판단했고, 33.3%는 선거 강행을 주장했다.

이 같은 분위기는 6개월 뒤에도 크게 달라지지 않았다. 우크라이나 매체 스트라나.ua(2024년 9월 5일)는 "비공개 여론조사를 보면, 잘루즈니 전 참모장은 우크라이나를 떠나 사람들의 기억에서 잊혀져 가고 있지만, 여전히 대선 결선 투표에서는 현직 대통령(젤렌스키)을 누르고, 총선에서도 소위 '잘루즈니 정당'이 제 1당이 될 것으로 나타난다"고 보도했다. 친서방 세력도 부패하고 무모한 젤렌스키 대통령의 대안으로 그를 1순위로 꼽고 있다는 분석이 계속 나온다.

젤렌스키 대통령의 임기 논쟁은 우크라이나 중앙선거관리위원회가 3월 6일 "대통령은 공식 임기가 끝나는 5월 20일 이후에도 합법적인 대통령으로 인정될 것"이라는 유권해석을 내리면서 큰 고비를 넘겼다.

중앙선관위는 "헌법에 따라 대통령은 후임 대통령이 취임할 때까지 직무를 수행하며, 그 권한을 다른 사람에게 양도할 수 없다"면서 "권한 이양은 사임이나 사망, 건강상의 이유로 직무를 수행할 수 없는 경우, 또 탄핵 등으로 대통령의 권한이 종료되는 경우에만 가능하다"고 밝혔다. 우크리아나 헌법상, 대통령의 유고시 권력 승계 1순위는 최고라다(의회) 의장이다.

젤렌스키 대통령의 임기 문제가 논란이 된 것은, 헌법 조항의 미비와 이에 따른 해석상의 차이 때문이다. 대통령 선거의 실시 금지는 선거법과 우크라이나 계엄령 관련 법에만 명시되어 있고, 헌법에는 관련 조항이 없다. 젤렌스키 대통령 반대파와 일부 법조인들이 (임기가 끝나는) 5월 20일 이후 '굳이 대선을 치르지 않고, 임기를 셀프 연장한 그의 대통령 권력 행사는 불법'이라고 규탄하는 가장 큰 이유다.

우크라이나 헌법은 대통령의 임기를 5년으로 하고, 임기 5년 차 3월 마지막 주 일요일에 대선을 치르도록 규정하고 있다. 예외 규정도, 임기 연장에 관한 조항은 아예 두지 않았다. 그 취지는 불법적인 권력 찬탈, 혹은 부당한 권력 연장을 막기 위한 조치로 해석된다. 쿠데타 등으로 누군가가 권력을 잡더라도, 기존 대통령의 임기를 보장함으로써 권력 찬탈을 막고, 또 권력욕에 취한 어떤 대통령이 비상사태(계엄령)를 선포해 임기를 연장하는 불행한 일도 막겠다는 것이다.

따라서 대통령이 헌법에 보장된 5년 임기를 넘어서면, 즉 임기 종료 후에도 후임자가 결정되지 않으면, 국가원수의 유고(궐위) 상황이라고 보고, 대통령 권한을 최고라다(의회) 의장에게 넘겨줘야 한다는 게 젤렌스키 대통령 반대파의 논리다.

그러나 이 주장은 '대통령은 후임자가 취임할 때까지 직무를 수행한다'는 헌법 108조와 상충한다. 젤렌스키 대통령 측은 이 조항을 임기 연장의 근거로 내세운다. 푸틴 대통령이 젤렌스키 대통령의 임기가 끝나기 전인 5월 17일 중국 방문 결산 기자회견에서 헌법재판소 심의를 통해서라도 헌법상 배치(背馳)되는 해석상의 문제를 해결하라고 훈수를 둔 것도 그 때문이다.

헌법 조항에 대한 해석 권한을 지닌 헌법재판소가 나서면 좋으련만, 대통령실은 혹시 불리한 판결이 나올 가능성을 우려해 임기 연장의 합헌 여부를 헌재에 질의하지 않았다. 의회 다수당, 즉 집권 여당도 일체 움직이지 않고 있다. 야당 일부의 제소에도 우크라이나 행정 법원은 심의 자체를 차일피일 미루고 있다. 미국 등 서방의 지지에 힘입어 젤렌스키 대통령이 권한을 계속 행사하는 것을 보면, 우크라이나의 독자적인 사법·행정권 행사에 한계가 있다는 지적이 아프게 들린다.

# 우크라이나 2024년 군사전략은?

2023년이 끝나가는 12월 30일 젤렌스키 대통령은 최고 정치·군사 지휘부 회의를 소집해 지난 한 해의 군사작전을 평가한 뒤, 새해 군사 전략을 승인했다. 지난 한 해에 대한 자체 평가는 나름대로 선방했다는 것이다. 그는 "우크라이나는 어느 방향으로도 후퇴하지 않았고, 바다를 되찾았으며 하늘을 더 안전하게 만들었다"고 강조했다.

2024년 새해 전략은 공격보다 방어를 우선하되, 사람(의 생명)을 지키는 것을 최대 목표로 정했다(잘루즈니 전 총참모장의 2023년 12월 공식 기자회견). 보충할 병력이 부족한 상황에서 최전선의 병력 손실을 최소화한 뒤, 반격의 기회를 엿보겠다는 뜻이다. 이를 위해 우크라이나는 대전차 장벽[통상 '용의 이빨'로 불린다]과 참호, 지뢰밭 등으로 구성된 방어진지 구축에 본격적으로 나서기로 했다. 자신들이 2023년 여름철 반격에서 끝내 돌파하지 못했던 러시아군의 방어진지를 본뜬, 소련식 방어요새다.

그러나 두 달이 채 지나기도 전(2024년 2월)에 우크라이나군 최고 지휘부는 도네츠크주 격전지 아브데예프카(아우디우카)에서 철군 명령을 내려야 했다. 더 이상 버티기 힘들었기 때문이다. 오히려 너무 늦게 후퇴 명령을 내렸다는 불만도 방어진지 내부에서 터져나왔다. 병력 철수를 도울 차량의 현지 진입이 불가능해지는 바람에 부상한 전우들을 진지에 남겨둔 채 부랴부랴 떠나야만 했다는 증언이 나왔다. 실제로 철군 과정에서 적지 않는 병력 손실이 불가피했고, 부상자를 포함해 200여 명이 러시아군의 포로가 됐다.

한 우크라이나군 장교는 언론 인터뷰에서 "러시아군의 포위 위협이 가시화했을 때, 적의 군사력을 감안해 일찌감치 후퇴 명령을 내렸어야 하는데, 늦어지는 바람에 철군에 어려움을 겪고 큰 손실을 냈다"고 안타까워했다. 러시아군은 2월 중순 아브데예프카 장악을 공식 선언했다.

아브데예프카의 함락은 젤렌스키 대통령에게는 더욱 뼈아픈 패배 소식이었다. 새해 들어 '위험하다'는 소식이 알려지자, 직접 전선을 찾아가 장병들을 격려하는 등 결사항전을 촉구한 곳이었다. 그는 개전 초기에도 격전지 마리우폴을 방어하는 아조프(아조우) 연대에게 결사항전을 주문했는데, 얼마 후에 아조프 연대가 두 손을 들고 말았다. 대통령의 결사항전 독려가 오히려 조기 함락을 예고하는 신호가 됐다는 우려도 적잖다. 대통령이 직접 찾아가더라도 전세를 바꾸지 못할 만큼 현지 상황이 급박했다는 뜻이다. 젤렌스키 대통령은 2024년 6월 북부 하르코프 전선을 방문했는데, 그곳의 전황 변화도 흥미롭게 지켜볼 일이다.

2022년 5월의 마리우폴, 2023년 5월의 바흐무트에 이어 젤렌스키 대통령의 자존심에 상처를 남긴 아브데예프카 전투였다. 승리로 이끈 러시아 지휘관은 공교롭게도 마리우폴 공격을 주도한[체첸 전사들도 협공에 나섰다] 안드레이 모르드비쵸프 중앙군관구 사령관(중장)이었다. 우크라이나군의 발표(서방 외신과 국내 언론 보도)에 따르면 그는 일찌감치(2022년 3월 말) 제거된 러시아 고위급 장성이었다. 죽은 제갈공명이 산 사마중달을 제압한 것일까? 우크라이나발 가짜뉴스의 결정판이다. 그는 마리우폴 전투에서 우크라이나군 2,000여 명을, 아브데예프카에서도 200여 명을 포로로 잡았다.

▲ 우크라이나군이 만든 러시아 모르드비쵸프 장군 사망 SNS. 우크라이나군 SNS를 바탕으로 작성된 국내 언론 보도. 비슷한 제목의 기사가 국내의 전 언론을 뒤덮었다.

소셜 미디어(SNS)에 올라온 틱톡 영상은 급박했던 아브데예프카 후퇴 과정을 생생하게 보여줬다. 부상한 한 장병은 누이에게 "하루 반나절이나 대피를 기다리고 있다"며 "(진통제) 모르핀도 떨어지고 음식도 바닥났다"고 절박한 사정을 호소했다. 몇 시간 후에는 "부상한 나는 후퇴하지 못할 것 같다. 항복하라는 명령을 받았다"고 했다. 이후 그가 누워 있는 곳으로 러시아군이 들어오는 모습이 영상에 찍혔다. 우크라이나군은 부상한 그를 러시아군이 사살하는 전쟁범죄를 저질렀다고 주장했다. 과연 사실일까?

언론은 아브데예프카를 2023년 6월 러시아군에게 함락된 바흐무트와 같은 곳이라며 제2의 바흐무트라고 불렀지만, 군사전략적인 중요도를 감안하면 개전 초기의 격전지였던 마리우폴에 가깝다. 러시아군은 마리우폴을 발판으로 삼아 크림반도를 육로로 잇는 도네츠크주(州)의 남서부 지역을 완전히 장악했는데, 아브데예프카를 점령한 러시아군도 북서(北西)진을 계속하면, 포크로프스크(포크로우스크)와 콘스탄티노프카를 거쳐 슬라뱐카와 크라마토르스크 등 도네츠크주 서부의 주요 산업 도시들을 손아귀에 넣을 수 있다.

동시에 친러 성향 도네츠크 시민들의 포격 공포도 한결 줄어들 전망이다. 아브데예프카는 도네츠크주의 주도 도네츠크시(市)를 코 앞에 둔 우크라이나군의 최전선 요새였다. 도네츠크시를 포 사정권 안에 두고 있어 도네츠크 시민들은 언제 아브데예프카에서 포탄이 날아올지 전전긍긍해야 했다. 그러나 이제는 적의 포대를 도네츠크시로부터 더 멀찍이 밀어내 포격 공포는 한층 덜게 됐다. 푸틴 대통령이 누차 강조한 완충지대의 확보다.

아브데예프카의 함락 소식은 2024년 2월 16~18일 독일 뮌헨에서 열린 국제안보회의 분위기에도 영향을 끼쳤다. 영국의 《파이낸셜 타임스(FT)》는 "러시아군의 승리 소식은 우크라이나 전쟁 전망에 대한 세계 지도자들의 믿음을 흔들었다"고 썼다. FT는 "지난해 안보회의 참가자들은 (2022년 가을의 우크라이나군 반격에 고무돼) 상당히 낙관적인 전망을 내보였으나, 올해는 실망에 실망을 거듭하는 분위기였다"고 전했다.

아브데예프카의 함락은, 특히 9개월 전인 2023년 5월 바흐무트가 러시아 수중에 떨어진 과정과도 판이하게 달랐다. 병력 규모와 무장 수준에서 러시아군이 우크라이나군을 압도하기 시작했다는 첫 신호로 인식될 만했다.

전사(戰史)는 아주 오래전부터 공격하는 부대가 방어군보다 병력과 무기 등에서 3배가량 우위에 있어야 승리할 수 있다고 알려준다. 익숙한 지형지물을 이용할 수 있는 방어작전이 그만큼 유리하다. 아브데예프카 전투에서는 러시아의 군사력이 우크라이나군의 약 4배 정도였다고 우크라이나 매체 스트라나.ua는 지적했다.

무엇보다 이 매체가 주목한 것은, 빠른 승리를 가져온 러시아군의 공격 작전 및 전술이다. 아브데예프카 주둔 우크라이나군은 1년 전과는 완전히 달라진 러시아군을 상대했다는 고백이다. 특히 러시아군이 적(우크라이나군)을 고립시키는 군사작전을 완전히 몸에 익혔다고 했다. 정면 공격에 앞서, 아브데예프카로 향하는 우크라이나군 보급로를 먼저 차단했다. 그 결과, 날이 갈수록 우크라이나군은 필요한 지원군과 탄약을 제공받는 데 어려움을 겪었고, 덩달아 방어망이 허술해진 틈을 비집고 러시아군은 조금씩 아브데예프카로 밀고 들어갔다.

이 같은 작전에는 수준급 무기가 반드시 필요하다. 러시아의 에어 폭탄(활공폭탄, авиационная бомба)이 그 역할을 맡았다. 루스템 우메로프 우크라이나 국방장관은 아브데예프카 함락 이후 "에어 폭탄의 위력을 제대로 확인했다"며 "에어 폭탄을 투하하는 항공기를 격추할 방공시스템이 각 전선에 시급하다"고 목소리를 높였다. 에어 폭탄은 항공기로 투하하지만, 좌표 설정이 가능하고 또 유도 기능을 지닌 개량형 폭탄이다.

러시아 언론에 따르면 러시아 항공우주군(공군 격)은 현재 3가지 유형의 에어 폭탄을 보유하고 있다. 좌표 유도 에어 폭탄(управляемая плани-рующая авиационная бомба, УПАБ)과 좌표 조정 에어 폭탄(планирующая к-орректируемая авиационная бомба, КАБ), (단순) 고폭발성 에어 폭탄(неуп-равляемая фугасная авиационная бомба, ФАБ)이다. 일부 군사전문 매체는 고폭발성 에어 폭탄에도 유도 기기를 부착해 위력을 더욱 높였다고 주장했다.

우크라이나군이 가장 두려워한 것은, 좌표 조정 에어 폭탄 '카브(КАБ/KAB)'였다. 러시아군은 정찰 드론이나 FPV 드론[사람이 직접 조정하는 드론]으로 우크라이나 방어시설을 정탐한 뒤, '카브'를 투하해 완전 파괴에 나서기 때문이다.

더욱 위협적인 것은, 러시아군의 속도전이다. 불과 1년 전만 해도 '느려 터졌다'는 비아냥이 쏟아졌으나, 이제는 완전히 달라진 러시아군을 상대하고 있다고 우크라이나군 지휘관들은 실토했다. 이 같은 변화는 최전선에 배치된 러시아 각급 부대 간 통신망의 고도화로 가능해졌다는 설명이다. 가능성은 둘 중의 하나다. 미국의 위성 인터넷 '스타링크'를 러시아군도 실전에서 운용하고 있거나, 자체적으로 개발한 첨단 무선통신 시스템의 배치 및 운용이다.

달라진 러시아의 공격작전은 1년 전 용병 기업 '바그너 그룹'의 바흐무트 공략과 비교하면 확연히 드러난다. 바흐무트는 거의 1년 만에 함락됐으나, 아브데예프카 점령에는 4개월이면 충분했다. 바흐무트 공격에서는 바그너 전사들이 불나방처럼 끝없이 적진으로 뛰어들었다. 쓰러지고 또 쓰러져도, 다음 공격진이 적진을 향해 달려갔다. 무모한 인해전술이었다. 병력 손실도 엄청났다. 서방 외신이 바흐무트 전투를 러시아군의 '고기 분쇄기'로 부른 이유다.

아브데예프카 함락을 지켜본 군사 전문가들은 우크라이나가 앞으로도 러시아군의 공세를 막기에는 역부족이라는 평가를 내놓았다. 무엇보다도 2022년 여름까지만 해도 우크라이나군은 병력 면에서는 러시아군을 능가했는데, 이제는 그것마저 역전됐다는 것이다. 러시아의 부분동원령(2022년 9월) 이후, 양측의 병력 규모는 2023년 봄부터 팽팽한 균형을 이뤘으나, 그해 가을 러시아군의 우위로 넘어갔다고 한다. 우크라이나군이 여름철 반격으로 예상보다 많은 병력 손실을 입었고, 예비군 동원 문제까지 꼬이면서 신규 병력이 주요 전선에 거의 보충되지 않았기 때문이다. 젤렌스키 대통령이 잘루즈니 군 총참모장을 경질하기 전인 2023년 말 인터뷰에서 '군부가 50만 명의 동원을 요청했다'고 공개한 게 우크라이나군이 처한 병력 부족을 보여주는 증거라고 할 수 있다.

우크라이나군이 계속 러시아군 공격에 맞서려면 더 많은 병력, 더 많은 무기 및 장비(특히 자폭 드론)가 필요하다. 에어 폭탄의 투하를 사전에 차단하기 위해서는 최전방의 방공망 보강도 시급하다.

# 러시아 전자전 능력을 보니

우크라이나에 서방 첨단 무기들이 제공될 때마다 '게임 체인저가 될 것' '확실한 게임 체인저' '판을 바꾸는 게임 체인저' 등의 표현이 쓰였다. 전쟁 2년여가 지난 뒤 나온 결과는 실망, 그 자체다.

미국(서방)과 소련, 미국과 러시아는 냉전 종식 이후 아프가니스탄과 이라크, 리비아, 아프리카 등지에서 첨단 무기 대결을 벌였지만, 총력 대결은 아니었다. 엄밀하게 말하면, 각기 다른 환경에서 특정 전차나 대전차 무기, 미사일 등의 성능을 비교하고 자화자찬하는 수준이었다.

사실상 자신들이 가진 첨단 무기와 역량, 군사기술을 총동원해서 맞붙은 것은 우크라이나 전선이 처음이다. 우크라이나는 제2차 세계대전 이후 처음으로 양측의 첨단 무기 경연장이 될 것이라는 데는 진작부터 이견이 없었다.

미국 일간지 《워싱턴포스트(WP)》는 2024년 5월 24일 우크라이나의 기밀 보고서를 인용, "미국에서 생산된 상당수 위성 유도 무기들이 러시아의 전파 방해 공격[재밍(jamming): 위성 신호를 방해하거나 왜곡하기 위해 강력한 외부 신호나 잡음을 일부러 주입하는 행위]을 이겨내지 못해 명중률이 현저하게 떨어졌다"고 보도했다. 이에 따라 "서방이 제공한 상당수 첨단 무기가 사실상 전장에서 사용되지 못하는 상태"라고 주장했다. 사실이라면, '게임 체인저'가 될 것이라는 평가를 받았던 미국과 유럽의 첨단 무기 일부가 사실상 무용지물 상태로 전락한 셈이다.

WP는 "첨단 무기에 대한 러시아의 대항 능력은, 러시아군이 최근 전장에서 주도권을 잡는 데 핵심적인 역할을 했다"며 "중국과 이란 등 가상 적국들에게 전자전 능력을 확충하게 하는 가이드라인이 될 것"이라고 내다봤다.

▲ 미국의 하이마스. 출처: 록히드마틴 lockheedmartin.com

WP에 따르면 전장에서 치명적 타격을 입은 서방의 주요 무기는 위성항법시스템(GPS)에 기반한 엑스칼리버 자주포와 다연장로켓시스템 하이마스(HIMARS) 등이다. 엑스칼리버는 러시아의 본격적인 전파 방해 공격 이후 명중률이 10%대로 급격히 하락, 2023년 하반기부터는 아에 전장에서 퇴출당했다. 하이마스도 2년 차에 명중률이 크게 떨어지면서 목표에서 약 15m 이상 빗나가기도 했다.

에이태큼스와 같은 장거리 미사일을 요구한 우크라이나를 달래기 위해 2024년 2월 제공된 신형 장거리 지대지 정밀유도폭탄, 즉 지상 발사형 소구경 폭탄(GLSDB)도 러시아의 전파 방해 공격으로 전장에서 별다른 역할을 하지 못하는 것으로 알려졌다. GLSDB는 지상에서 발사되는 소형 공대지 유도폭탄이다. 보잉에서 항공기용으로 개발한 250파운드급 소구경 정밀유도폭탄(SDB) GBU-39를 지상에서 발사할 수 있도록 개량한 정밀무기다.

GLSDB의 사거리는 최대 160㎞. 우크라이나군이 운용 중인 다연장로켓발사체제(MLRS)의 M270이나 M142 하이마스(70㎞)보다 두 배 이상이나 길다. 여기에 GLSDB는 관성항법시스템(NIS) 및 GPS로 유도돼 통신 교란에 대한 방어 능력도 갖췄다고 했다. 그러나 우크라이나 전선에서는 기대한 성과를 내지 못한 것으로 판단된다.

뒤이어 로이터 통신도 "러시아의 첨단 전자전 능력이 우크라이나군의 골칫거리임이 입증됐다"는 기사를 타전했다.

이 같은 평가는 결코 새삼스러운 게 아니다. 레즈니코프 우크라이나 국방장관은 이미 2023년 7월에 하이마스 등 서방의 미사일과 포탄을 유도하는 GPS 신호가 러시아의 전자전 시스템에 의해 방해받고 있다고 인정한 바 있다. 그는 이를 서방 측 파트너에게도 알리고 대책을 마련중이라고 했다.[17]

---

17 《파이낸셜 타임스》, 2023년 7월 5일

그해 11월에는 미 CNN이 러시아의 전자전 시스템 '폴레-21'이 서방 미사일의 GPS 신호를 방해하면서 미 국방부가 하이마스에 대한 '재밍(효과)'을 차단하기 위해 노력하고 있다고 보도했다.

▲ 러시아 전자전의 핵심 장비 폴레-21. 출처: 러시아 국방부

결정적인 소식은 이듬해(2024년) 4월 22일 스페인 일간지 《엘파소》에 의해 전해졌다. 이 신문은 우크라이나 정보 소식통을 인용, "독일 레오파드 전차의 효용성은 제로(0)로 떨어졌고, 미국의 에이브럼스 전차도 러시아의 드론 공격으로 큰 피해를 입고 있다"며 "더욱 심각한 문제는 첨단 미사일의 오작동"이라고 지적했다. 《엘파소》가 인용한 우크라이나의 전자전 전문가이자 항공정찰지원센터 책임자인 마리아 베를린스카야의 발언은 독자들을 놀라게 했다.

"서방의 무기 시스템이 전선에서 러시아 전자전에 의해 제대로 작동하지 못하고 있다. 그 무기를 구체적으로 밝히지는 않겠지만, 어떤 포탄은 제대로 날아가지도 못했고, 특정 미사일은 러시아 전자전 시스템에 의해 무력화됐다. 러시아는 세계 최고의 전자전 시스템을 보유한 국가 중 하나임이 입증되고 있다."

먹통이 되어가는 엑스칼리버 자주포와 하이마스 등 서방 군사장비들이 자연스럽게 떠오른다. 《엘파소》는 또 "우크라이나로 이전된 레오파드-2 전차 중 3분의 1이 이미 파괴되었으며, 나머지도 작동하지 않는다"면서 "미국 브래들리 장갑차도 눈과 비에 약해 겨우 몇 달을 버틸 정도"라고 밝혔다.

## 탱크전은 왜 벌어지지 않았을까?

우크라이나 전쟁에서 가장 큰 관심을 모은 전투 장면 중 하나는 드넓은 초원을 무대로 한 러-서방 최신 탱크전이었다. 제2차 세계대전 이후 최대 규모의 탱크전이 펼쳐질 것으로 예상됐다. 전후 유럽 최강의 독일제 레오파드-2와 중동의 사막을 지배한 미국의 에이브럼스 전차(탱크) vs 러시아의 T시리즈(T-90, T-72 등) 전차 간의 대격돌 시나리오는 언론의 관심을 끌기에 충분했다.

여기에 영국산 챌린저-2가 가세하면, 마치 컴퓨터 게임 속에서 세계 최강 탱크를 가리듯이 '탱크 배틀'이 진짜 벌어지게 된다. 러시아(구 소련)제 탱크와 서방 측 탱크가 맞붙은 것은 2000년대 초 이라크 전쟁이 사실상 마지막이었다.

우크라이나가 제공받은 서방 측 주력 탱크는 독일제 레오파드 시리즈다. 레오파드-1과 레오파드-2A4, 레오파드-2A6다. 물량은 세 자릿수로 추정된다. 레오파드 시리즈는 제2차 세계대전 당시 최강으로 불렸던 티거(Tiger), 판터(Panther)의 뒤를 잇는 전차다. 단기간에 레오파드 탱크의 운용법을 익힌 우크라이나 기갑병들의 숙련도 정도가 전투 시 약점으로 지적됐을 뿐이다. 아무리 장비가 좋아도 운영자가 미숙하면

효능은 반감될 수밖에 없기 때문이다.

하지만, '탱크 배틀' 예상은 철저하게 빗나갔다. 본격적인 드론(무인기) 전쟁의 시대가 열렸기 때문이다. 교전 2년 2개월을 넘긴 2024년 4월 기준, 우크라이나 전장에서 확인된 것만으로도 수천 대의 전차가 파괴됐다. 기대했던 탱크전으로 파괴된 경우는 드물고, 상당수가 드론의 습격(일부는 대전차 미사일)에 속수무책으로 당했다고 한다.

미국 《뉴욕 타임스(NYT)》는 4월 20일 "지난 두 달 사이 우크라이나군이 보유한 미국제 M1 에이브럼스 전차 31대 중 5대가 파괴됐다"며 미국 고위 당국자를 인용, "에이브럼스 전차는 작년 가을 우크라이나군에 인도돼 올해 초 본격적으로 전투에 투입됐는데, 벌써부터 파괴 사례가 잇따르고 있으니 21세기 전쟁에서 탱크가 설 자리가 있겠느냐"고 의문을 제기했다.

실제로 2023년 여름과 가을, 우크라이나군 반격 작전에서 선두에 신 독일세 레오파드 전차도 러시아군이 설치한 지뢰밭과 대전차 참호, '용의 이빨'로 알려진 대전차 장애물 등 3중, 4중의 방어선을 뚫지 못하고 주저앉았다.

EUROPE
The New York Times

*Do Tanks Have a Place in 21st-Century Warfare?*

As explosive drones gain battlefield prominence, even the mighty U.S. Abrams tank is increasingly vulnerable.

▲ '21세기 전투에서 탱크가 설 자리가 있느냐'고 의문을 제기한 《뉴욕 타임스》 2024년 4월 20일 자 기사

러시아군 드론, 포, 대전차 미사일의 공격으로 불타는 레오파드 전차의 영상은 전문가들을 놀라게 했다. 러시아군은 아예 노획한 레오파드 전차를 분해하고, 수리하는 영상을 공개하기도 했다.

레오파드 전차도 러시아와의 탱크전에서 패한 것은 아니었다. 지뢰밭에 갇혀 허둥대다 드론 공격을 받거나 포격, 대전차 미사일에 당했다고 한다.

미국 싱크탱크 허드슨 연구소의 캔 카사포글루 연구원은 "우크라이나 전쟁이 이전과 다른 방식으로 현대전의 특성을 보여주고 있다"고 전제한 뒤, "전차는 원래 주어진 임무를 완수하기 위해 대전차 로켓이나 전차 포 등 직사(直射) 화기에 대한 방어력을 높이는 방향으로 개량돼 왔는데, 자폭 드론의 등장으로 상대적으로 취약한 전차 윗부분과 후방 엔진룸 등을 보호하는 일이 시급해졌다"고 지적했다. 로켓추진유탄(RPG)나 폭발성형관통자(EFP) 등을 매단 자폭 드론이 공중에서 탱크의 취약 부분을 집중 타격하니 속수무책이라는 것이다.

▲ 우크라이나군에게 나포된 러시아의 '거북이형' 전차. 드론 공격을 막기 위해 철판을 씌웠다. 출처: 텔레그램

더욱이 500달러 정도의 자폭 드론 두세 대가 1,000만 달러의 에이브럼스 전차를 파괴한다면, 그 가성비는 탁월하다. 값비싼 탱크로서는 재밍(전파 교란) 외에 딱히 드론을 막아낼 수단이 마땅찮다는 게 가장 큰 고민이다. 방어용 철판을 완전히 뒤집어쓴 '거북이형' 전차는 물론이고, 취약 부분에 집중적으로 드론 방어용 철망을 치는 등 보기에도 딱한 전차들이 우크라이나 전선과 팔레스타인 가자 전투에서 속속 등장하는 게 현실이다.

미국 전차의 자존심인 에이브럼스가 우크라이나 전선에서 파괴된 것으로 알려진 건 2024년 3월 초다. 당시 최대 격전지였던 아브데예프카 인근 전선에서 2월 초에 처음 목격됐으니, 한 달도 채 지나기도 전에 현대전의 제물이 된 셈이다.

에이브럼스는 이라크 전쟁에서 위용을 떨치던 모습 그대로 우크라이나 제47 기계화여단에 배속됐다고 한다. 2023년 9월 중순 처음으로 10대가 우크라이나에 인도됐으며, 2024년 4월까지 약 30여 대의 에이브럼스가 우크라이나에 들어왔다.

이라크 '사막 지상전'의 영웅 에이브럼스는 그러나 우크라이나의 진흙땅에는 제대로 작동하지 못했다. 미 경제잡지 《포브스(Forbes)》는 "에이브럼스의 엔진 흡입 필터가 강력하긴 하지만, 먼지와 찌꺼기들이 엔진에 들어가는 것을 막기 위해 하루 두 번씩 청소해야 한다"고 전했다.

우크라이나 매체 스트라나.ua와 MKru 등 러시아 언론에 따르면 러시아군은 지난 3월 5일 아브데예프카 근처에서 드론 공격으로 에이브럼스를 쓰러뜨렸다고 주장했다. 제15 근위자동화소총여단 소속의 드론 운영 병사들(호출 부호 콜로브라트·Коловрат와 라스베트·Рассвет)은 "FPV 드론 '우쁘리(Упырь, 악귀라는 뜻)'로 에이브럼스 포탑 아래 후미를 때려 멈춰 세운 뒤 두 번째 드론으로 전차를 무력화했다"고 주장했다. 이 병사는 "우크라이나군은 무적의 탱크를 타고 간다는 자신감에 넓은 개활지에서 매우 천천히 움직이고 있었다"면서 "그를 쓰러뜨리는 것은 별로 어렵지 않았다"고 말했다.

▲ 미국의 에이브럼스 전차가 불타는 장면. 출처: 텔레그램 @블라디미르 살도

그러나 우크라이나군은 에이브럼스의 손실을 확인하지 않았다.

일주일여가 지난 뒤인 3월 15일 미국 경제 잡지 《포브스》가 에이브럼스의 파괴를 처음 확인했다. 이 잡지는 첫 번째 에이브럼스는 2월 혹은 그 이전에 드론 폭발로 방폭문(防爆門)이 열렸고, 내부 탄약고에 불이 붙어 완전히 파괴됐다고 밝혔다. 두 번째와 세 번째 에이브럼스는 3월 러시아 대전차 미사일 '코넷'에 맞았는데, 첫 번째 미사일이 방탄을 뚫었고, 두 번째 미사일이 에이브럼스 내부를 파괴했다는 것이다. 또 하나의 에이브럼스는 아브데예프카 근처 베르디치에서 러시아군의 공격을 받았다고 했다.

에이브럼스를 파괴한 러시아 FPV 드론 '우쁘리'와 '삐라냐'는 거의 같은 종류의 드론으로 알려졌다. 러시아 군사전문가 빅토르 리토프킨 전 대령은 "두 드론이 드론 마니아에 의해 거의 수작업으로 만들어졌으며, 가장 큰 장점은 저렴한 생산 비용"이라고 밝혔다.[18]

18 러시아 전문 사이트 〈바이러시아〉, 2024년 4월 24일

## 미국의 대우크라 추가 지원

러시아군의 거센 공세로 방어에 급급한 우크라이나군에게 숨통이 트인 것은 2024년 4월 20일이다. 미국 하원이 2023년 10월부터 6개월 가까이 미뤄온 총 953억 4,000만 달러 규모의 대외 지원 안보 예산안을 통과시킨 것. 이 중 3분의 2가량인 608억 4,000만 달러가 우크라이나의 몫이다.

미국 국방부는 이 자금으로 패트리어트 방공 미사일과 155㎜ 포탄 등 우크라이나에 긴급히 필요로 하는 군수품을 보내기로 했다.

미국 바이든 행정부는 당초 2023년 10월 우크라이나와 이스라엘, 대만에 대한 군사지원과 남부 국경의 안보 강화 등을 묶은 1,050억 달러 규모의 추경 안보 예산안을 의회에 요청했으나, 우크라이나 지원에 반대하는 하원 다수당 공화당에 의해 발목이 잡혔다. 공화당 측은 이스라엘 지원만 따로 떼어내 별도 예산안으로 발의하는 등 우크라이나 지원에 어깃장을 놓기도 했다.

그 사이, 우크라이나군은 모든 전선에서 수세로 몰렸다. 가뜩이나 병력 부족에 시달리는 상황에서 이를 보완할 포탄과 방공 미사일마저 바닥을 드러내면서 위기감은 더욱 고조됐다.

미국의 대(對)우크라 군사지원 재개 결정 소식이 알려질 즈음, 내외신 보도에서 자주 등장하는 우크라이나 지명은 차소프 야르(차시우 야르)와 오체레티노(오체레티네), 그리고 하르코프였다. 정확하게 말하면, 러시아군의 거센 공세에 함락 위기에 빠진 도시들이다. 러시아 본토를 겨냥한 우크라이나군의 포격 거리를 최대한 멀찍이 띄어놓기 위해, 또 돈바스 지역 전체를 장악하기 위해, 진군을 계속하는 러시아군의 당초 진격로에 들어 있던 곳이다. 라스푸티차(진흙탕)와 같은 계절적인 지형의 영향으로 진격 속도가 다소 늦어졌을 뿐이다.

이중 최대 격전지로는 차소프 야르가 꼽혔다. 로이터 통신은 4월 22일 "러시아군이 2만~2만 5,000 명 규모의 병력으로 차소프 야르 점령을 시도하고 있으며, 일부 지역은 이미 러시아군의 손에 떨어졌다"고 타전했다.

차소프 야르는 우크라이나군에게는 도네츠크주를 지킬 수 있는 마지막 전략적 요충지로 꼽힌다. 오랜 격전 끝에 2023년 6월 바흐무트를 장악한 러시아군이, 군사기업 '바그너 용병'의 6·24 군사반란으로 주춤거렸던 서진(西進)을 계속하면서 우크라이나군과 정면으로 맞닥뜨린 곳이다. 이곳을 점령하면 도네츠크주의 산업단지인 크라마토르스크와 슬라뱐스크로 치고 올라가면서 도네츠크주 전체를 손에 넣을 수 있다.

올렉산드르 시르스키 우크라이나군 총참모장도 4월 중순 "적(러시아군)은 대통령 선거(3월 중순) 이후 동부지역 공격을 강화했다"며 "적군은 기갑부대(탱크와 장갑차)를 앞세워 리만과 바흐무트 방향에서 우리 진지를 적극적으로 공격하고 있으며, 포크로프스크 방향으로는 수십 대의 탱크와 보병 전투차량을 이용해 우리 방어선을 돌파하려고 한다"고 말했다. 그가 언급한 '리만과 바흐무트 방향에서'가 바로 차소프 야르다. 또 포크로프스크 방향은 오체레티노로 향하는 러시아군의 공격을 말한다.

우크라이나 지도를 보면, 러시아군이 2월 중순 점령한 아브데예프카와 차소프 야르, 포크로프스크는 지형적으로 삼각형을 이루고 있다. 한국전쟁 당시 철의 삼각지대(鐵의 三角地帶)를 연상케 한다. 강원도의 철원군, 김화군, 평강군을 잇는 '삼각지대'는 한국전쟁 당시 중부 전선의 최대 격전지였다. 아브데예프카, 차소프 야르, 포크로프스크도 우크라이나 동부 전선의 주요 방어진지다. 궁극적으로 도네츠크주를 놓고 쟁패를 다투는 '삼각지대'다.

▲ (지도 설명) 도네츠크주 삼각지대를 이루는 차소프 야르(표식)와 아브데예프카(오른쪽 맨 아래), 맨 왼쪽이 포크로프스크다. 아브데예프카 바로 왼쪽 위에 오레체티노가 보인다. 포크로프스크로 가는 길목에 있다. 출처: 얀덱스.ru

어느 순간부터 우크라이나군의 가장 큰 약점으로는 서방 측이 지원한 무기와 탄약의 재고 바닥이 아니라, 절대적인 병력 부족이 꼽혔다. 전선에 보충되는 병력이 없다 보니, 기존 병력으로는 러시아군의 '두더지식 공격작전'[여기저기 돌파해 나갈 곳을 뚫어보는 방식]에 버틸 수가 없다는 주장이다.

우크라이나 최고라다(의회)도 이 같은 문제점을 해결하기 위해 4월 11

일 군 동원 기피자에 대한 압력을 강화하는 새 동원법을 채택했지만, 우크라이나 사회 전반에 퍼져 있는 동원 기피 민심을 극복하기는 쉽지 않다는 전망이 우세하다.

도네츠크주의 '삼각지대' 외에 러시아군이 노리는 곳은 하르코프다. 스트라나.ua에 따르면 러시아는 가까운 장래에 하르코프를 점령할 수 없다는 사실을 알고, 지속적인 공습으로 도시를 폐허로 만들기로 했다는 우울한(?) 분석이다. 테레호프 하르코프 시장은 "하르코프가 제2의 알레포[러시아군의 시리아 공습 당시, 최대 피해를 본 북서부 중심도시]가 될 위기에 처했다"며 "러시아는 도시의 에너지 등 인프라를 파괴하고 130만 주민을 도시 밖으로 쫓아내려 한다"고 주장했다.

## 서방에서도 나온 추악한 평화론

전쟁 2주년을 넘긴 2024년 3월에야 처음으로 "추악한 평화가 아름다운 전쟁보다 낫다"는 주장이 미국에서도 등장한다.

미국의 대표적인 민간 군사기업(PMC) 블랙워터의 창립자인 에릭 프린스는 유튜브에 게시된 팟캐스트에서 "우크라이나는 현재 인구 통계학적으로 붕괴하고 있기 때문에, 이 전쟁을 끝내야 한다. 이미 다음 세대의 인력을 갉아먹고 있다. 우크라이나는 인력이 부족하고 서방의 군사적 방어 자원도 떨어졌다. 불쌍하다. 재래식 무기 전쟁에서는 러시아 '곰'을 압도할 수 없다. 그러니 '아름다운 전쟁'보다 '추악한 세상'을 갖는 것이 낫다"고 주장했다.

'추악한 세상'에 대한 질문에 프린스는 "적대 행위를 동결하고 현 전선을 고수하는 것이다. 크림반도와 돈바스 지역 등 원하는 것은 무엇이든 (러시아에) 내주라. 미국의 납세자들은 우크라이나에 추가로 1,000억 달러를 할당할 의무가 전혀 없다. 게다가 거기에는 비리가 넘쳐나고, 지원한 성과도 거의 찾을 수 없다"고 답변했다.[19]

19 스트라나.ua, 2024년 3월 2일

불길한 전망이 나오기 시작했지만, 가까스로 우크라이나에 대한 추가 군사지원 규모를 확정한 바이든 미 행정부는 5월 들어 러시아의 전쟁 자금줄을 더욱 조이기 위한 금융 대전에 박차를 가하기 시작했다. 금융 대전은 '땅따먹기 싸움'의 전투 행위에는 필연적으로 뒤따르는 경제 전쟁의 핵심이다. 돈(금융)이 경제 활동에서 '피'로 여겨지는 만큼 '피를 말리는' 싸움이다.

이번에는 (침략) 전쟁 중이라는 이유로 남(러시아)의 돈을 함부로 몰수하거나 유통을 막는 새로운 유형으로 진행되고 있다. 개전 초기부터 시작된 에너지 전쟁과 함께 세계 경제의 근간을 뒤흔들 만큼 강력한 후폭풍을 남길 게 분명하다.

금융 대전의 제1막은 일찌감치 열렸다. 러시아 금융자산의 동결을 시작으로 미국이 주도한 러시아 루블화의 국제달러화결제시스템(스위프트/SWIFT) 퇴출, 러시아 주요 은행들에 대한 가혹한 압박, 러시아 금융권을 겨냥한 미국의 세컨더리 제재(제3자 제재) 등이 대표적이다.

석유와 가스 등 러시아 에너지에 대한 금수 조치, 러시아산 원유에 대한 가격 상한제 설정 등 '에너지 전쟁'과 함께 서방의 대(對)러시아 금융 공세는 갈수록 가파르고 가혹해졌다. 통상의 경제제재만으로는 러시아가 가진 경제 펀더멘털을 억제할 수 없다는 판단에서 나온 것이라고 할 수 있다.

금융 대전의 제2막은 지금까지와는 차원이 다른 것으로 평가된다. 아예 자국에 예치된 돈과 유가증권 등 러시아 자산을 몰수하는 극단적인 조치다. 그동안 크고 작은 전쟁이 숱하게 일어났지만, 직접 참전하지 않는 제3국이 전쟁을 이유로 특정 국가의 자산에 손을 대는 일은 없었다. 기껏해야 전쟁을 끝내는 평화협정에 거액의 전쟁 배상금을 매겨 간접적으로 피해를 배상하도록 했다.

미국과 유럽연합(EU)은 전쟁 발발 직후 자국에 예치된 러시아 금융 자산을 동결했다. 그리고 동결된 자산을 압류한 뒤 전쟁 중인 우크라이나로 보내는 방안을 모색해 왔다. 당연히 세계 금융 질서를 뒤흔드는 '위험한 도박'이라는 반대 여론이 거셌고, 미국과 EU, G7는 서로 눈치 싸움을 벌일 수밖에 없었다.

상대적으로 심적 부담이 적은 쪽은 미국이었다. EU에 비해 동결한 자산이 50억 달러 정도로 규모가 작기 때문이다.

미 상원의 벤 카딘 외교위원장은 2024년 1월 "유럽에는 약 3,000억 달러 상당의 러시아 정부 자산이 동결돼 있지만, 미국에는 50억 달러 정도"라며 "미국이 직접 교전국이 아닌 나라(러시아)의 중앙은행 자산을 몰수한다면, 이것이야말로 사상 처음으로 사용하는 '경제적인 핵(무기 사용) 옵션'에 해당한다"고 의미를 부여했다. 또 "다른 나라(EU)의 동참도 필요하다"고 강조했다.

이 같은 압박은 마이크 존슨 미 하원의장의 관련 법안 제출과 상하 양원 통과, 바이든 대통령의 서명으로 현실화했다. 존슨 의장은 우크라이나와 이스라엘, 대만 등 인도태평양 지역에 대한 군사지원 예산을 담은 3개의 법안과 함께 힘을 통한 21세기 평화 법안(이하 평화법안)을 본회의에 제출해 4월 20일 통과시켰다. 이중 평화법안이 동결된 러시아 자산을 압류해 우크라이나 재건 사업에 사용할 수 있도록(또는 전쟁 피해를 배상하도록) 하는 권한을 대통령에게 부여했다.

미국이 연 금융 대전 제2 막은 바로 이 법안을 법적 근거로 삼고 있다. 미국에서 이 법안이 '제2의 레포(REPO: Russian Elites, Proxies and Oligarchs)' 규정으로 불리는 이유다. '레포'는 우크라이나 전쟁 발발 이후 미국과 서방이 제재를 가한 러시아 올리가르히(재벌) 등 저명인사들의 해외 자산을 찾아내 압류하는 국제 태스크포스다. '레포'가 러시아 국가 자산(중앙은행 외환 보유고)까지 손을 대겠다는 뜻이다.

이 문제를 총괄하는 재닛 옐런 미 재무장관은 2023년 12월 "의회의 적절한 조치 없이는 러시아 자산 몰수가 불가능하다"는 견해를 밝힌 적이 있는데, 평화법안의 통과로 그 걸림돌이 치워진 셈이다.

미국은 '레포' 규정에 의해 압류한 러시아 올리가르히 자산을 이미 우크라이나에 제공한 것으로 확인됐다. 안토니 블링컨 미 국무장관은 2023년 9월 키예프에서 가진 기자회견에서 "우크라이나의 요청에 따라 제재를 받은 러시아 올리가르히로부터 압수한 자산을 우크라이나로 이전하고 있으며, 이는 우크라이나 퇴역군인을 지원하는 데 사용될 것"이라고 말했다. 그는 그러나 압류한 자산이 누구의 것인지 밝히지는 않았다. 그 규모는 대략 540만 달러에 이르는 것으로 알려졌다.

미국의 적극적인 '금융 도발'에 비하면 EU의 행보는 신중하고 조심스럽다. 러시아 자산을 몰수하는 게 아니라, 그 자산으로부터 파생된 자본수익을 우크라이나를 위해 사용하기로 했다. 그러나 동결자산의 규모가 큰 만큼, 자본수익만도 1년에 30억 유로에 달할 것으로 추정되고 있다. 2년만 지나면 미국이 압류한 50억 달러를 넘어선다.

EU 집행위원회는 2023년 12월 러시아 동결자산의 수익금 활용 방안에 대해 회원국들의 합의를 이끌어 냈다. 이듬해 3월에는 자본수익의 사용처를 구체화했다. 우크라이나에 대한 직접적인 군사 지원에

90%를 배정하고, 나머지는 기타 분야 지원으로 돌렸다. 첫 번째 수익금은 2024년 7월 우크라이나로 이전된 것으로 알려졌다.

러시아 자산에 대한 '몰수법안(평화법안)'이 미국에서 통과되자, 러시아는 곧바로 보복에 나섰다. 본격적인 금융 대전을 앞둔 전초전이라고 할 만하다.

경제지 코메르산트 등 러시아 언론에 따르면 상트페테르부르크 중재 법원은 미국의 평화법안이 하원을 통과한 지 나흘 만인 4월 24일 러시아 국영 VTB 은행이 미국의 JP모건체이스(이하 JP모건)를 상대로 낸 소송에서 JP모건의 러시아 자산 중 4억 4,000만 달러(약 6,000억 원)를 압류하라고 명령했다. JP모건이 개전 첫해(2022년) 미국 금융당국의 명령에 따라 VTB 은행의 예치금 4억 3,950만 달러를 동결 조치한 바 있는데, 이 돈을 돌려받을 수 있게 해 달라고 낸 소송에서 VTB 은행의 손을 들어준 것이다.

VTB 은행은 소장에서 JP모건이 자사의 동결자산 문제를 해결하지 않은 채, 러시아 내 사업을 접으려 한다고 주장했다. JP모건은 골드만삭스 등과 함께 우크라이나 전쟁 발발 직후 러시아 철수 방침을 공식 발표했으나, 현지 사업을 완전히 정리하지 못하고 우물우물하다가 발목이 잡히고 말았다.

JP모건도 이에 맞서 미 뉴욕 법원에 VTB 은행을 대상으로 4억 3,950만 달러의 반환 시도를 중단해 줄 것을 요구하는 소송을 제기했다. 미국 법원이 이를 허가하면, 러시아 VTB 은행과 미국의 JP모건이 서로 갖고 있는 자산을 교환하는 꼴이 된다.

상트페테르부르크 중재 법원은 또 5월 17일 이탈리아 은행 우니크레디트와 독일 은행 도이체방크가 러시아에 보유한 약 7억 유로 상당(약 1조 원)의 자산을 압류하도록 허가했다. 러시아 국영 가스기업 가스프롬이 50% 지분을 소유한 자회사 RCA(RusChemAlliance LLC)에 대한 소송을 받아들인 것인데, 두 서방 은행이 RCA의 액화천연가스(LNG) 플랜트 건설 사업을 (투자) 보증했다가 전쟁으로 사업이 중단되자 제소당한 것이다. 우니크레디트는 4억 6,000만 유로 상당의 러시아 자산을, 도이체방크는 2억 4,000만 유로 상당의 자산을 몰수당할 판이다.

이렇게 서로 갈 길이 뻔한 금융 대전을 앞두고 러시아는 번잡스럽게 법적 소송으로 가지 말고, 미리 알아서 자산을 교환하자고 유럽 측에 제안했다. 그러나 유럽은 이를 거부했다. 2023년 11월께다.

예컨대 벨기에 재무부는 우니크레디트, 도이체방크에 대한 러시아의 자산 압류가 결정되기 전인 4월 26일 "자산을 교환하자는 푸틴 대통령령의 효력을 인정할 수 없다"며 "유럽의 대(對)러 금융 제재 규정만이 법적 효력을 가진다"고 발표했다. 이틀 전(24일) 미국 JP모건의 러시아 자산이 법원에서 압류 판결을 받은 것을 보면서도 러시아의 자산 교환 제안을 거부한 것이다. 러시아 해외 자산의 대부분을 갖고 있는 유로클리어(Euroclear)를 통제하는 벨기에 재무부로서도 유럽연합(EU) 집행위원회의 동의가 없는 상태에서 어떻게 해볼 도리가 없었을 것이다. 뒤이어 룩셈부르크의 금융 예탁기관인 클리어스트림(Clearstream)도 "동결자산의 해제를 목표로 하는 러시아 법령(푸틴 대통령령)은 효력이 없다"고 발표했다.

금융 대전을 촉발시킬 미국의 평화법안에 대해 우려를 표명하는 서방의 경제전문가들도 있다.

미 블룸버그 통신은 4월 25일 경제전문가들을 인용, 미국에 있는 러시아 자산의 몰수 가능성으로 인해 타국의 달러화 예치가 줄어들 위험에 대해 경고했다. 국제통화기금(IMF)에서 근무한 코넬대학의 에스바 프라사드 연구원은 "미국이 (러시아의 외환보유고인) 달러 자산을 압류하는 '통화 무기화'를 시작하면, 미국의 경쟁국들이 달러화 탈피를 모색하게 될 것"이라고 우려했다.

《자유로운 통화의 가치(Стоимость свободных денег, 영어로는 The Cost of Free Money: How Unfettered Capital Threatens Our Economic Future)》(미 예일대학 출판부, 2020)의 저자인 파올라 수바키(Paola Subacchi)는 "무역 거래에서 달러를 사용하는 국가는 그들의 자산이 미국의 변덕에 따라 압류되지 않을 것이라는 확신을 가져야 한다"고 지적했다.

유럽에서는 독일 정부의 반대가 특히 심하다. 미국 《월스트리트 저널(WSJ)》은 "러시아 자산의 몰수가 선례를 남기면, 베를린은 제2차 세계대전의 전쟁범죄를 이유로 자국에 대해 새로운 소송이 촉발되지나 않을까 우려하고 있다"고 소개했다. 독일은 또 전쟁을 종식하고 러시아가 점령한 우크라이나 영토 중 일부를 돌려받으려면, 평화협상에서 러시아 동결자산을 지렛대로 사용할 수 있도록 해야 한다고 주장했다.

독일 외에도 프랑스와 이탈리아, 벨기에, 룩셈부르크 등도 일방적인 러시아 자산 몰수에 부정적이다. 이들 국가는 보다 점진적인 접근 방식을 요구하는 것으로 전해졌다.

주요 선진 7개국(G7)은 2024년 6월 정상회담에서 이 문제를 깔끔하게 매듭짓지 못했다. 동결한 자산에서 나온 수익 정도만 활용하기로 의견을 모았다. 자산 몰수를 의욕적으로 준비하고 발표했던 2023년 말과는 조금 다른 분위기다. 논의를 거듭할수록 내부적으로 반대 혹은 이견이 많아진 흐름으로 해석된다.

금융 대전은 어느 순간 현실화할 수 있다. 러시아 측은 미국 등 서방에 예치한 금융 자산을 잃을 수도 있지만, 상당 부분은 상대국의 자산을 압류함으로써 회수할 수 있을 것으로 기대한다. 그렇다면 승자도 패자도 없는 세계 금융 대전이 될 것이라는 우울한 시나리오나 다름없다.

Chapter 2

# 전쟁 저널리즘의 현주소

## 어쩔 수 없는 전쟁의 두 얼굴

전쟁은 자국의 이익을 극대화하기 위한 외교전의 마지막 수단이다. 말로 안 되니 몸으로, 행동으로 보여주는 것이고, 다시 말로 끝을 맺는다(휴전 혹은 평화협상)는 게 역사의 가르침이다.

그렇다면 그 긴 과정을 어떤 시각에서 지켜봐야 할까? 일정 부분 인정하고 들어가는 게 첫걸음이다. 어차피 '적을 죽이지 않으면 내가 죽는' 전쟁터에서 당사자들은 승리하기 위해 수단 방법을 가리지 않는다. 기본 상식이다. 적을, 혹은 막연히 지켜보는 제3자를 배려할 이유는 '1도' 없다. 적을 속이고 기만하는 건 기본이고, 아군의 사기를 올리기 위해 전과를 부풀리고 과장하는 것도 작전 중의 하나로 여겨지는 게 전쟁이다. 말도 안 되는 프로파간다(선전 선동)와 욕을 바가지로 얻어먹는 언론 및 SNS 통제, 비밀스런 첩보전 및 사보타주(파괴 공작) 등이 그러려니 하고 넘어갈 수밖에 없다.

우크라이나 전쟁을 지켜보는 제3자의 입장에서도 이 점을 염두에 두고 들려오는 소식을 판단하고 결론을 내려야 한다. 언론 보도에 대해서는 '누가 왜 이런 기사를 썼을까' 한 번쯤 의문을 품는 게 현명하다.

하지만, 저널리즘은 또 기록이다. 앞으로의 역사적 평가를 위해서라도 객관적이고 공정하게 보도해야 한다. 처음부터 적과 아군이 분명한 우크라이나 전쟁에서 서방 외신들도 소위 '공정 보도'를 고민하지 않은 듯했다. 우크라이나를 공격해 전후 질서를 깬, 1991년 소련 해체로 형성된 유럽 지도를 서방 측의 입맛에 맞지 않게 힘으로 바꾸려는 러시아를 공공의 적으로 규정하면서 노선 및 입장 정리는 일찌감치 끝났다고 봐야 한다.

언론계에는 오래전부터 '조지는 기사'[누군가를 공격하고 비판하는 기사]는 의외로 쓰기 쉽다는 게 공공연한 비밀로 통한다. 목표와 방향이 정해졌으니, 관련 자료 중 필요한 대목만 뽑아 공격적으로 살(해석)을 붙이거나 의혹을 제기하면 된다. 반면, 한 사안을 제대로 보도하려면 양측의 주장을 듣고 팩트 체크를 통해 시시비비(是是非非)를 가리고, 외부의 압박과 의도적인 치우침도 억제하는 감각이 필요하다. 쉽지 않다.

서방 외신은 우크라이나 전쟁과 달리, 팔레스타인 하마스-이스라엘 무력 충돌에 대해서는 고민이 많았던 것 같다. 팔레스타인 가자지구 문제는 러-우크라 관계와는 근본적으로 달랐기 때문이다. 팔레스타인은 우크라이나와 마찬가지로 역사적으로 약자였다.

무엇보다도 하마스를 테러리스트로 간주할 것이냐에 대한 고민부터 시작됐다. 영국 BBC 방송과 프랑스 뉴스통신사 AFP는 안팎에서 하마스를 테러리스트로 쓸 것을 강요받았다고 토로했다. 중동 지역에서만 찾아볼 수 있는 전쟁의 빛과 그림자다.

하마스는 팔레스타인 민족에게는 가자지구의 집권세력이자 애국자이고, 이스라엘에는 테러리스트다. 비유가 아주 적절하지 않을 수도 있지만, 항일애국지사 안중근 의사도 당시 일본에게는 고위 인사를 저격한 테러리스트로 불려야 하는 것과 같은 이치다.

AFP는 2023년 10월 28일 배포한 보도자료에서 "편견 없이 사실을 보도한다는 (언론의) 사명에 따라, 우리는 직접적인 인용이나 출처가 있는 경우를 제외하고는 단체나 집단, 개인을 테러리스트로 표현하지 않는다"며 하마스를 테러리스트로 표기하지 않는 이유를 설명했다. AFP는 "테러리스트라는 용어는 고도로 정치적이고 감정을 자극하는 용어"라며 "많은 정부가 자국 내 저항·반대 운동을 테러리스트로 낙인찍지만, 그들이 나중에 자국 내 주류 정치의 일부가 되고 국제사회에서도 인정된다"고 주장했다. 그 대표적인 예로 오랜 세월 인종차별에 맞서 싸운 인권운동가 출신의 넬슨 만델라 전 남아프리카공화국 대통령을 들었다.

중동 사태와 달리 우크라이나 전쟁 보도의 경우, 전쟁을 지지하는 고도의 정치적 성향을 띤 보도도 아닌, 순수한 현장(러시아의 우크라이나 점령지) 르포 기사에도 비난이 쏟아졌다. 서방 외신의 러시아 쪽 현장 취재 기사가 전쟁 발발 2년쯤 지난 뒤에야 나온 이유인데, 그래도 욕을 먹었다. 대표적으로 독일 TV 채널 ZDF와 영국 ITV의 도네츠크주(州) 러시아 점령지 현장 르포 기사를 들 수 있겠다.

ZDF는 러시아가 개전 초기에 점령한 도네츠크주 마리우폴 르포 기사를 2024년 1월 말 방송으로 내보냈다가 (서방 중심의) 국제사회로부터 비판을 받았다.[20]

마리우폴은 2022년 5월 20일 러시아군에 의해 완전히 점령됐으니,

20 독일 《빌트》, 2월 1일

무려 1년 6개월이 지난 뒤 ZDF의 현장 취재 영상이 방영됐다. 이 방송의 아르민 쾨르퍼(Armin Körper) 특파원은 파괴된 도시를 보여준 뒤 "이제는 거리와 학교, 주거용 건물, 또는 전체 동네가 빠르게 복구되고 있다. 마리우폴은 더 이상 유령 도시가 아니다"고 전했다. 또 "이전에는 극장에서 러시아어로 공연하는 게 금지되어 있었기 때문에, 많은 사람들이 러시아가 도시를 점령한 것을 기쁘게 생각한다"는 현지 인터뷰를 내보냈다. 우크라이나 측의 반발은 당연하지만, 국제사회의 과도한 비판은 선뜻 이해하기 어렵다.

그는 이 도시가 "러시아군에 의해 불법적으로 점령된 곳으로 본다"고 전제한 뒤 러시아 점령에 반대하는 사람들이 서방 언론과 접촉할 경우, 보복을 두려워한다는 분위기도 놓치지 않고 전했다. 그러나 러시아 정부의 허락을 받아 모스크바와 로스토프를 통해 마리우폴로 취재갔다는 사실만으로도 우크라이나로부터 불공정(?) 보도로 비판을 받아야만 했다.

ZDF는 억울하다고 느낄 만했다. 2023년 12월 말, 하르코프의 팰리스 호텔에 머물고 있던 자사 기자들이 러시아의 공습으로 부상한 피해 언론사였다. 당시 팰리스 호텔에는 7명으로 구성된 전쟁 취재팀이 머물고 있었다. ZDF 기자들은 목숨을 걸고, 우크라이나 측 진영에서 전쟁을 취재하고 보도했건만, 다른 기자가 마리우폴 취재에 갔다는 이유만으로 비난을 받았으니 '이건 좀 아니다'고 생각했을 것 같다.

영국의 다큐멘터리 전문기자 션 랑건(Sean Langan)이 러시아가 점령한 돈바스 지역(도네츠크주와 루간스크주)을 찾은 것은 2022년 가을이다. 그로부터 1년 몇 개월이 지난 뒤에야 그의 취재가 빛을 봤다. 그는 시차를 두고 3차례나 전쟁 현장을 찾았다. 그리고 제작한 게 다큐멘터리 〈우크라이나 전쟁: 그 반대편에선(Ukraine's War: The Other Side)〉이다.

이 다큐는 전쟁 2주년을 맞아 2024년 2월 19일 영국 ITV를 통해 방영됐다. 미국 폭스뉴스의 전 앵커 터커 칼슨이 푸틴 대통령을 2시간여 인터뷰한 뒤 그 영상을 소셜 미디어(SNS)에 공개한 지 며칠 지나지도 않아서였다. 칼슨 인터뷰는 인터넷상에서 무려 1억 회를 훌쩍 넘어서는 조회수를 기록했다. 칼슨 개인적으로는 대박을 터뜨린 셈이다.

그러나 칼슨(인터뷰)에 대한 서방 측의 비판은 곧바로 다큐 〈우크라이나 전쟁: 그 반대편에선〉으로 옮아갔다. 영국 내부에서는 방영하네, 마네 논란도 적지 않았던 것 같다. 결론은 방영하는 쪽으로 났고, 그 이유는 "이 다큐멘터리는 무력 분쟁에 휘말린 평범한 사람들의 이야기이고, 독립 저널리즘의 성과물"이라는 ITV 측의 설명으로 갈음됐다.

랑건 기자는 "러시아의 선전에 빠지지 않으면서, 인간의 얼굴을 보여주려고 노력했다"고 강조했다. 전쟁 중에 나타난 인간의 얼굴들을 영상으로 담았다는 것이다. 2015년 노벨 문학상을 수상한 벨라루스 출신의 작가 스베틀라나 알렉시예비치가 쓴 《전쟁은 여자의 얼굴을 하지 않았다》(문학동네, 2015)를 떠올리게 하는 대목이다.

비록 전쟁 대상은 제2차 세계대전과 우크라이나 전쟁으로, 시간적으로 무려 80년의 시차가 있고, 기록하는 방식도 문자와 영상으로 다르지만, 참혹한 전쟁 중에 인간의 얼굴을 포착한다는 숭고한 이념과 취지는 동일했다. 다큐멘터리형 소설, 다큐멘터리 필름이라는 형식은 그리 중요하지 않다.

《전쟁은 여자의 얼굴을 하지 않았다》는 제2차 세계대전[러시아식 표현으로는 대조국 전쟁]에 소녀 병사로 종군한 참전자들의 구술 녹취록이다.

등장인물 대부분은 애국심으로 자원입대한 10대 소녀들이다. 그들의 운명은 한마디로 비참했다. 애국심 하나로 붉은 군대(소련 군대)에 자원입대한 10대 소녀들은 피바람이 몰아치는 전쟁터에서 몸도 마음도 다 망가졌다. 함께 입대했던 친구들도 모두 죽고 혼자 살아남았다. 베를린 입성에서 느꼈던 전쟁 승리의 기쁨은 잠깐, 귀국하자 '군대에서 남자들과 문란한 생활을 했을 것'이라는 선입견[고려시대의 화냥년 식 대우] 때문에 남자들과는 달리 참전용사임을 자랑스럽게 밝히지도 못했다.

밤이면 밤마다 찾아오는 악몽에 외상후스트레스장애(PTSD) 증세에 시달려야 했고, 이를 정신병으로 몰아가는 주변의 시선에 홀로 고통을 삼켰다. 같은 처지의 남자 전우들로부터는 "너를 보면 그 끔찍했던 전쟁터가 생각나서 견딜 수가 없다"는 등의 이유로 "헤어지자"는 모진 소리를 들어야만 했다.

그 오랜 세월 동안 누구에게도 말할 수 없었던, 여자이기에 전쟁터에서 감수해야 했던 인간적인 고통을 작가에게 솔직하게 털어놓으면서 '본래의 얼굴'을 되찾았다는 게 이 소설이 진짜 전하고픈 메시지다. 전쟁터에서 살아남은 200명의 여성이 실제로 겪은 전쟁의 참상은 더 이상 '이 땅에 전쟁이 있어서는 안 된다'는 교훈을 선명하게 남겼다.

《전쟁은 여자의 얼굴을 하지 않았다》 소설에 비하면, 다큐 〈우크라이나 전쟁: 그 반대편에선〉은 러시아 쪽에서 우크라이나 전쟁의 참상을 전하는 작은 조각에 불과하다. 우크라이나 편에서, 또 러시아 편에서 더 많은 영상물이 나와 '전쟁을 계속하는 이성의 마비'를 질타하고, '전쟁이 더 이상 계속되어서는 안 된다'는 국제 여론을 만들 필요가 있다. 전쟁 저널리즘이 평화 저널리즘과 일맥상통한다는 점에서 두 개의 다큐물은 전쟁 저널리즘의 기본 정신에 부합한다는 판단이다.

하지만 랑건 기자 등 촬영팀은 방영 후에도 러시아 당국의 프로파간다(선전)에 이용된 것이라는 비난을 받아야 했다. 다큐 제목에서 짐작할 수 있듯이, 우리가 서방 언론을 통해 일방적으로 접해온 뉴스와는 다른 톤이기 때문이다.

그렇다고 대단한 내용을 담은 것도 아닌 모양이다. 우크라이나 매체 스트라나.ua와 TV 채널 360도, 일간지 로시스카야 가제타(RGru) 등 러시아 언론에 따르면, 랑건 기자는 세 차례(2022년 가을부터 2023년 봄까지) 러시아군이 통제하고 있는 돈바스 지역을 방문, 최전방의 군인들과 현지인들을 만났다. 랑건 기자는 르포 서두에서 "우리는 이 전쟁의 한 면만을 계속 보아왔는데, 다른 면을 보고 싶었다"며 "우크라이나 전쟁이 '러시아의 공격으로 시작됐다'는 사실을 넘어 러시아가 점령한 지역에서 현재 어떤 일이 일어나고 있는지를 보여주고자 했다"고 말했다.

취재 과정도 소개했다. 2022년 가을 처음으로 도네츠크시(市)에 도착했다는 그는 "러시아 당국이 결코 '모든 진실을 볼 수 있도록 하지 않을 것'이라는 말을 주변에서 수없이 들었다"고 고백했다. 하지만, "취재 과정에서 어려움은 비자를 받을 때뿐이었다"고 했다.

그는 "노네츠크 지역과 최전선에서 많은 러시아 군사장비와 군인들을 촬영했는데, 군인들도 얼굴을 가리지 않은 채 기자를 대하고 기꺼이 취재에 응했다"면서 "단 한 번, 러시아 특수부대원들에게 욕을 들었지만, 그도 결국에는 취재에 응했다"고 소개했다. 러시아군 병사는 카메라 앞에서 "러시아 정신은 무적이며, 이 전쟁을 끝낼 것"이라고 말했고, 러시아 저격수 중 한 명은 "그의 아내가 우크라이나 드네프로페트로프스크 지역 출신인데, 그녀의 친척들이 아내와 가족의 연을 끊었다"고 안타까워했다.

러시아 언론이 전한 다큐 내용에 따르면, 그는 도네츠크에서 큰 환대를 받았다. 현지 주민들은 며칠에 한 번씩 물이 공급되고, 우크라이나군의 포격으로 전기가 끊어진 허름한 집으로 그를 초대해 차를 대접했다. 도네츠크의 한 주민은 "우리는 포격 속에서 걷고 일한다"며 "올해로 이미 9년째로, (포격에) 익숙해져서 더 이상 두려워하지 않는다"고 말했다.

그녀의 말을 실제로 확인할 기회도 있었다. 촬영하는 동안, 도네츠크시와 주변 지역에는 우크라이나군의 포격이 계속됐고, 랑건 기자도 그 같은 상황이 처음은 아니었지만, 가끔 겁을 집어먹곤 했다. 그러나 현지 주민들은 포탄의 떨어진 지역과 날아온 방향 등을 정확하게 알아내고 행동에 흐트러짐이 없었다. 덕분에 불타고 파괴된 집과 자동차, 주검들을 다큐 영상에 담을 수 있었다.

도네츠크의 한 여성은 카메라 앞에서 "(키예프에 있는) 당국이 결코 우리를 사랑하지 않았다"고 말하는 순간, 공기를 찢는 폭음이 들려왔지만, 그녀는 눈도 깜빡거리지 않고 "우리는 이렇게 산다"며 인터뷰를 계속했다.

랑건 기자는 "'러시아인들에게 엮이지 말라'는 경고도 받았고, 일부는 '왜 우리가 러시아의 시각에서 이 전쟁 이야기를 해야 하는지' 비판도 심했다"면서 "하지만 이 다큐는 정치에 대해 말하지 않는다"고 강조했다. 나아가 "도네츠크 주민들은 우크라이나인에 대해 어떤 증오도 느끼지 않고 있으며, 그들을 형제라고 부르고, 일부는 자신을 우크라이나인이라고 생각한다. 또 많은 사람들이 스스로를 러시아의 일부로 여긴다"며 "그들을 제대로 알아야 한다"고 주장했다.

영상에 따르면, 주민들은 카메라 앞에서 전쟁에 대해 토론하는 것을 두려워하지 않았다. 또 모두 러시아어를 사용했다. 많은 사람들은 "우리는 정치와 거리가 멀고, 단순히 평화로운 삶을 원한다"며 "돈바스와 2014년 쿠데타[친러 정권을 축출한 유로 마이단]를 망각한 것은, 우크라이나인이 아니라 키예프 당국"이라고도 했다.

랑건 기자는 "현지인들은 2022년 2월 특수 군사작전이 2014년부터 돈바스에서 진행되고 있는 분쟁의 연장선에 있는 것으로 결론을 내린 상태"라며 "그곳의 생활은 내가 상상했던 것보다 훨씬 더 어려웠고, 처음에는 도네츠크시가 전쟁의 최전방에 있는 도시쯤으로 여겨졌지만, 나중에는 포위된 도시처럼 보였다"고 밝혔다.

스베틀라나 알렉시예비치를 2015년 노벨 문학상 수상자로 만든 또 하나의 역작 《세컨드핸드 타임(Время секонд-хэнд)》(김하은 역, 《붉은 인간의 최후》, 이야기장수, 2024 재발간)에는 전쟁을 보는 소련 지도부의 시각에 대해 눈길을 끄는 평가가 들어 있다. 크렘린 행정관 출신의 N[니콜라이의 N으로 추정]의 발언이다.

"스탈린부터 브레즈네프(소련공산당 서기장)까지 국가 지도자의 자리는 전쟁을 치렀던 인물들에게 돌아갔다. 테러의 시절(전쟁, 내전, 혁명 등을 총칭)을 지냈던 사람들이다. 그들의 심리는 폭력적 환경과 지속적인 공포 속에서 형성된 것이다. –중략– 우리나라(소련)는 국가가 탄생하던 순간부터 늘 전시동원 체제하에 있었다. 평화로운 삶을 살도록 설계된 나라가 아니었다."

소련에 속했던 우크라이나, 그중에서도 러시아계 주민들이 많이 사는 돈바스 지역도 원칙적으로 그 같은 평가에서 예외가 될 수는 없다. 지금까지 우크라이나계 이웃들과 아무 탈 없이 함께 살아왔지만, 러시아군의 점령 이후 남은 주민들은 거의 러시아계다. 가뜩이나 소수였던 우크라이나계 주민들은 다른 곳으로 떠났을 것이다. 전쟁 전 인구 통계를 보더라도, 러시아계 주민이 다수다. 그들은 미국 전기자동차 테슬라의 CEO 일론 머스크의 과거 제안대로 유엔 감시하에 주민투표를 실시하면 혹은 실시했더라도, 독립하거나 러시아 연방으로의 편입을 선택했을 것이다.

▲ 전쟁 전 돈바스 및 남부 지역의 인구 비율 도표. 출처: aminoapps.com

그건 또 세르비아와 알바니아계 회교도 주민들이 오랫동안 다툰, 그래서 '발칸반도의 화약고'로 불린 코소보(의 독립)를 떠오르게 한다. 미국 등 나토가 지지하는 코소보의 독립은 나토의 세르비아 폭격(1999년 3월)

이후 유엔 관리하에 들어갔다가 2008년 2월 사실상 독립했다. 러시아와 중국 등 반서방 세력은 코소보의 독립을 인정하지 않고 있는데, 어찌 보면 우크라이나의 돈바스 지역과 데칼코마니(décalcomanie) 같은 존재다.

코소보 독립에 의미를 더 부여하면, 유고 연방의 붕괴 이후 유럽의 전후 질서를 처음으로 무너뜨린 현장이다. 2014년 크림반도의 러시아 합병과 2022년 돈바스 지역 등 4개 점령지역의 러시아 연방 편입을 유럽의 기존 국경선을 변경하는 국제법 위반 행위라고 서방 측은 규탄하지만, 실제로는 코소보가 그 원조 격이다. 미국 등 나토는 코소보의 독립을 주민들의 자유 의지에 따른 당연한 결과로 여기는데, 반미 성향의 많은 국가들이 소련 붕괴 후 미국 일극체제(一極体制)의 초강대국 논리에 대놓고 반박하지 못한 결과에 불과하다. 돈바스 사태와 비교하면 참 불공평한 논리 전개다.

랑건 기자의 돈바스 지역 르포는 전쟁 2주년 직전인 2024년 2월 러시아군에 함락된 아브데예프카(아우디우카) 근처의 셰르부드스키 숲(Шервудский лес)에서 끝난다. 파괴된 군사장비와 우크라이나군 시신이 뒤엉킨 잡목들 사이에서 랑건 기자는 "왜 이 땅에서 이토록 치열하고 파괴적인 전투가 벌어졌는지 모르겠다"고 읊조린다.

다큐 〈우크라이나 전쟁: 그 반대편에선〉은 영국에서 첫 방영된 지 한 달 뒤인, 전쟁이 터진 지 무려 2년이 지난 뒤인 3월 19일 호주의 ABC TV 채널을 탔다. 흔히 말하는 오대양 육대주 중에서 가장 동떨어진 호주에서 문제의 다큐가 방영된 사실을 누구도 신경 쓰지 않았지만, 주호주 우크라이나 대사관이 ABC 방송 채널을 비판하면서 알려졌다.

▲ 〈우크라이나 전쟁: 그 반대편에선〉에서 인터뷰하는 할머니. 출처: 텔레그램 영상

주호주 우크라이나 대사관 측은 "러시아 측의 관점에서 우크라이나 전쟁을 보여준 다큐를 방영했다"며 "이것은 욕지기 나는 저널리즘에 해당한다"고 비판했다. 나아가 "노골적인 거짓말과 인종차별적 발언, 크렘린 식 홍보가 방송됐다"며 "호주 방송 당국은 이런 쓰레기 같은 방송을 부끄러워해야 한다"고 주장했다.[21]

이에 대해 ABC TV 측은 "다큐가 균형 잡힌 입장을 제시했다"며 "전 세계적으로 시청되고 있으며, 전쟁 보도에 중요한 기여를 한 것으로 간주된다"고 반박했다. 또 "호주 시청자들도 이 영상을 보고 (전쟁에 대한) 자신의 의견을 형성할 권리가 있다고 믿는다"고 밝혔다. 우크라이나 정부는 호주 방송 당국에 이 다큐의 방영 취소를 요구했지만, 호주 측은 TV 채널의 독립성을 이유로 답변을 거부한 것으로 알려졌다.

21 스트라나.ua, 2024년 3월 19일

다큐멘터리 〈우크라이나 전쟁: 그 반대편에선〉과 ZDF TV의 마리우폴 르포와 완전히 상반된 시각을 보여주는, 서방에서 찬사를 받은 다큐멘터리는 〈마리우폴에서의 20일〉(감독 므스티슬라프 체르노프)이다. 이 다큐는 2024년 3월 10일 미국 로스앤젤레스에서 열린 제96회 미국 아카데미(오스카상) 시상식에서 장편 다큐멘터리상을 수상했다. 젤렌스키 우크라이나 대통령은 "우리는 이 다큐로 우크라이나 전쟁에 대해 큰 소리로 말할 수 있게 됐다"며 "러시아 테러리즘의 진실을 보여주는 영화"라고 극찬했다.(자세한 내용은 '퓰리처상 영광의 뒤에는?' 208쪽 참조)

이 다큐는 개전 초기 러시아군에 함락된 마리우폴에서 항전했던 우크라이나의 저항 기록이다. 체르노프 감독은 오스카상 시상식에서 "이 무대에 올라와서 '이 영화를 만들지 않았더라면 좋았을 텐데'라고 말하는 첫 감독일 것"이라며 "역사가 바로 기록되고, 진실이 승리하며, 마리우폴 주민들과 거기서 목숨을 바친 사람들이 절대 잊히지 않도록 모두가 노력해야 한다"고 말했다.

그러나 엄격히 말하면, 이 다큐 역시 '두 개의 얼굴을 지닌' 전쟁의 한쪽 면만 보여준 것에 불과할 수도 있다는 점을 잊어서는 안 된다. 국내 독자들이 〈마리우폴에서의 20일〉은 잘 알고 있겠지만, 〈우크라이나 전쟁: 그 반대편에선〉은 '그게 뭐지?'라고 할 게 분명하다.

두 다큐에 등장한 인물들의 시선 차이는 단 하나다. 그 시선의 끝에 각각 서방과 러시아가 있다는 점이다. 2014년 발발한 우크라이나 동부지역 분쟁이 8년간(2014~2022년) 지속되면서 그 시선의 각도가 더욱 벌어졌을 뿐이다.

마리우폴은 러시아군에 함락되기 전까지, 우크라이나 정부의 통치하에서 지내왔고, 주도(州都)인 도네츠크시(市)는 친러시아 독립 희구

세력과 함께 그 세월을 보냈다. 8년이란 결코 길지 않은 시간이 '엊그제까지 편안한' 이웃이던 사람들에게 서로 총을 겨누고, 또 적대시하게 만들었다는 사실이다.

직접 당사자들이 아닌 제3국 언론은 이를 어떻게 받아들이고, 전달해야 할까? 단순한 전쟁 놀음 혹은 전쟁 저널리즘으로 재단하기에는 눈에 보이지 않는 변수들이 너무나 많다.

## 전쟁 저널리즘의 조건

언론, 즉 '전쟁 저널리즘'의 고민은 전쟁 과정에서 필연적으로 일어나는 파괴와 살인이 한 쪽에서는 애국 행위로, 다른 쪽에서는 범죄로 단순화된다는 데 있다. 그러다 보니, 프랑스의 AFP 통신과 같은 영향력 있는 매체도 객관성과 공정성을 아무리 유지하려고 해도 말처럼 쉽지 않고, 독일 ZDF와 영국의 ITV도 러시아 점령지를 취재했다는 것만으로도 진영 논리에 의해 욕을 먹어야 했다. 동맹이 최상의 가치로 여겨지는 우크라이나 전쟁이 보여준 저널리즘의 한계다. 전쟁은 수단과 방법을 가리지 않고 이겨야 하는 게 최고의 가치인 만큼, 어느 정도의 언론통제는 불가피하다. 그러나 기사 검열과 비판 언론인의 추방은 선을 넘는 것이고, 언론을 홍보 수단으로 삼아 심리전을 벌이는 건 언론의 미래를 위해서도 바람직하지 않다.

현실은 늘 그렇지 않다는 게 문제다. 나토의 대규모 공습에 어쩔 수 없이 두 손을 들고 코소보에서 물러난 세르비아도, 미국 주도의 다국적군의 공격에 무너진 이라크, 리비아도 서방 외신의 일방적인 홍보전에 자신들을 도와줄 우군을 구하지 못했다. 세계 질서도 소련의 붕괴 이후 미국 1극 체제였다. 소련의 뒤를 이은 러시아는 세계 지도에서 존재하는지조차 모를 정도로 영향력이 미미했다. 체제 붕괴에 따른 국내 문제를 수습하기에 급급했던 1990년대 말~2000년대 초에 벌어진 미국 주도의 전쟁들이었다. 중국의 존재감이 부각되기 한참 전이었다.

그나마 국제사회에서 러시아의 목소리가 조금씩 울리기 시작한 것은, 2008년 8월 발발한 그루지야(조지아) 전쟁이다. 친러시아 성향의 남오세티야 분리주의 세력을 진압하기 위해 조지아군이 나섰다가 오히려 러시아군에게 되치기를 당한 '5일 전쟁'이다.

러시아는 남오세티야의 러시아계 주민 보호를 명분으로 군대를 동원했고, 며칠 만에 조지아군을 남오세티야에서 몰아냈다. 러시아군은 이에 만족하지 않고 조지아를 계속 압박했고, 당시 반러·친서방 성향의 샤카쉬빌리 조지아 대통령은 계엄령을 발령하는 등 안간힘을 다 써가며 러시아에 맞서보려 했으나 역부족이라는 사실을 깨닫고 항복했다. 러시아는 군사작전 5일 만에 작전 성공 및 종료를 선언했다. 이후 프랑스가 제시한 평화안에 서명하고, 철군했다.[22]

조지아 전쟁은 러시아가 1, 2차 체첸전쟁에서 보여줬던 무기력한 모습을 지우고, 나토(NATO)에 존재감을 과시하는 계기가 됐다.

크렘린은 우크라이나 특수 군사작전(우크라이나 전쟁)도 조지아 전쟁처럼 다소 가볍게 생각했을 수도 있다. 평소에 훈련하듯, 탱크를 남오세티야로 몰고 가 포를 몇 번 쾅쾅 쏘아댔더니, 상대(조지아)가 항복한 14년 전의 짜릿한 기억이 여전히 군 수뇌부의 머릿속에 남아 있었을 수

22 나무위키 '소비에트-조지아 전쟁' 참고

도 있다. 또 진입하는 러시아 탱크를 향해 삼색기(러시아 국기)와 꽃을 흔들던 남오세티야 주민들의 환영을 예상했을 수도 있다.

하지만 우크라이나에서 그것은 착각이었다. 우크라이나군이 한 달도 채 버티지 못하고 항복할 것이라는 전망도, 주민들이 꽃을 들고 환영할 것이라는 기대도 다 부질없는 생각이었다. 우크라이나 국민의 저항은 예상외로 거셌고, 훈련하듯 유유히 줄지어 남하하던 러시아군 탱크와 장갑차, 차량들은 곳곳에서 우크라이나의 기습공격을 받아 파괴되고, 전열이 흐트러졌다.

우크라이나에는 조지아와 달리, 2014년부터 동부 돈바스 지역에서 친러 분리주의자들과 치열하게 싸운 베테랑 전투병들이 있었다. 그런 상대를 얕잡아 보고, 사전에 적진을 철저하게 때려 부수는 폭격도 생략했다. 결정적으로 20만 명 안팎(15만~18만 명)의 군 병력으로는 유럽에서 비교적 큰 땅덩어리를 지닌 우크라이나를 제압하기에는 역부족이었다. 우크라이나는 카프카스의 소국 조지아와는 근본적으로 달랐다.

군 장성 출신의 러시아 국가 두마(하원) 국방위원장인 안드레이 카르타폴로프 의원은 러시아군이 개전 한 달여 만에 키예프에서 퇴각하자 "군의 정신 상태부터 글러 먹었다"며 "우크라이나가 '어서 오십시오'라며 우리 탱크를 환영할 줄 알았느냐"며 군 지휘부를 질타했다. 전쟁 지지 강경세력들도 텔레그램을 통해 러시아군의 안이한 군사작전을 비판하기 시작했다. 쇼이구 국방장관-게라시모프 총참모장(합참의장 격)의 군 지휘체제를 근본적으로 바꿔야 한다는 주장도 거셌다.

우크라이나 현지 첩보를 담당한 연방보안국(FSB) 제5국 요원들이 줄줄이 옷을 벗었다는 외신 보도도 나왔다. 세르게이 베세다 FSB 제5국 국장은 러시아의 군사작전이 우크라이나에서 대중적 환영을 받을 것이라는 등 우크라이나의 저항 수준에 대해 오판한 책임을 지고 가택에 연금됐다는 자극적인 소식도 전해졌다. 하시만, 그는 여전히 건재한 것으로 보인다. 프랑스 정보국은 그가 하마스-이스라엘 무력 충돌(2023년 10월) 이후, 프랑스에서 벌어진 유대인과 중동 회교도 간의 갈등을 조장하는, 소위 사회적 분열 작전을 직접 지휘(FSB 제5국 국장)한 것으로 보고 있다.(자세한 내용은 '바뀐 판세를 놓고 서방-러 충돌' 243쪽 참조)

비록 단편적이지만, 전쟁의 전체 흐름을 상징하는 이 같은 역사적, 실체적 진실과 배경을 한국 언론들이 두루 꿰고 있었을까? 아니, 최소한 저널리즘의 기본 원칙을 지키며 우크라이나 전쟁을 국내 독자들에게 알렸을까?

한국기자협회는 2024년 4월 22일 서울 프레지던트호텔에서 '2024 세계기자대회'를 열었다. '전쟁 저널리즘과 세계평화를 위한 언론의 역할'이 세션 1의 주제였다. 이 행사에 참여한 세계 언론인들은 "전쟁을 보도할 때도 언론의 기본인 객관성과 중립성을 유지해야 한다"고 주문

▲ 기자협회 주체 세계기자대회 모습. 저자 촬영

했다. '전쟁 저널리즘'도 전쟁으로 초래된 숱한 어려움에도 불구하고, 저널리즘의 기본 원칙을 망각해서는 안 된다는 취지에서였다.

전쟁의 당사국보다는 제3국의 언론이 특정 전쟁을 보다 객관적으로 보기가 쉬울 것이라는 건 상식이다. 하지만 우크라이나 전쟁은 직접 참전하지만 않았을 뿐, 러시아와 우크라이나·나토(서방) 간의 전쟁이 된 지 오래다. 나토 정상회담에 3년 연속 초청을 받은 우리나라도 그 틀에서 벗어나기는 어려워 보인다. 필자가 지난 2년 6개월간 우크라이나 전쟁을 보도하는 국내 언론에서, 안타깝게도 전쟁 저널리즘에 부합하는 기사가 많지 않았다고 느끼는 가장 큰 이유일 것이다.

국내 언론계에서는 아직 전쟁 저널리즘의 기본이나 원칙이 명확히 정의된 건 없다는 생각이지만, 저널리즘 앞에 무슨 수식어가 붙든지 저널리즘이 추구하는 사실성과 객관성, 공정성을 벗어나서는 안 된다고 본다. 아무리 취재 환경이 어렵고 위험하더라도, 또 전쟁이라는 특수한 상황이 유무형의 압력을 가하더라도, 저널리즘이 지켜야 할 대원칙이다.

전쟁이 장기화하면, 개전 초기에 많이 등장하는 분쟁의 역사적 뿌리나 전생의 직접 원인, 그 타당성이나 합리성 등에 대한 보도보다는 전쟁 진행 상황에 대한 비중이 커지기 마련이다. 독자들의 관심이 이미 '전쟁이 갑자기 왜 일어났지?'에서 '어떻게 되어 가나?' '누가 이기나?' 등 현실적으로 변해가기 때문이다. 독자들의 관심 분야와 저널리즘의 당위성 사이에서 언론이 균형점을 찾아내기가 어려워지기 시작하는 시점이다.

더욱이 전쟁 당사자들은 자국 언론이든 외국 언론이든 가리지 않고

아군 전투 행위의 정당성과 적군의 전쟁 범죄를 부각시키는 수단으로 이용하기를 원한다. 자신들이 수행하는 군사적 활동은 정당하고, 상대방은 비난의 대상이 될 수 있도록 정보를 선별적으로 제공하곤 한다. 언론의 입장에서는 뉴스 가치와 사실 여부, 프로파간다 가능성 등을 놓고 고민하겠지만, 최종적으로는 언론사의 성향과 이해관계, 독자의 반응 등에 따라 보도 방향이 정해질 것이다. 교과서적인 전쟁 저널리즘은 후순위로 밀린다.

국내 언론은 우크라이나 전쟁 보도에서 더욱 열악한 상황에 처해 있었다. 현지 직접 취재보다는 서방 외신 보도에 주로 의존해야 했기 때문이다. 우리 정부가 국민의 생명과 안전을 위한다는 명분으로 기자들의 우크라이나 전쟁 현장 취재를 아예 막았으니, 더 할 말은 없다.

그렇다고 우리 정부의 입장을 이해 못 할 바는 아니다. 전쟁 취재는 한마디로 너무 위험하다. 포탄과 미사일이, 이제는 눈에 보이는 족족 파괴하는 무인항공기(드론)들이 날아다니는 전쟁터에서는 시도 때도 없이 목숨을 걸어야 한다.

국제기자연맹(IFJ)에 따르면 2023년 한해 취재현장에서 피살된 언론인이 94명에 달한다. 이 중 72%인 68명이 이스라엘-(팔레스타인) 하마스 전쟁이 벌어지고 있는 가자지구에서 목숨을 잃었다. 10월 7일 이-하마스 전쟁이 발발했으니 하루에 0.8명꼴이다. 우크라이나 전쟁이 발발한 2022년에는 67명의 언론인이 업무 중 사망했는데, 우크라이나 전쟁과 관련된 희생자는 총 12명이었다.[23]

23 《세계일보》, 2023년 12월 8일

한국 언론사에서 전쟁 취재에 나섰다가 목숨을 바친 최초의 언론인은 한국일보의 최병우(1924~1958년) 기자다. 한국일보 (편집국)에서는 영원히 잊히지 않는 종군기자의 전설로 남아 있다.

최 기자는 대만해협을 사이에 두고 벌어진 중국 공산당과 국민당 정부 간의 전쟁(포격전) 취재차, 1958년 9월 11일 최전방인 금문도(金門島)로 향하던 중 배가 침몰하면서 사망했다. 정직하게 말하면, 전쟁터에서 취재하다 쓰러진 건 아니다. 그럼에도 중견 언론인 모임인 관훈클럽이 그를 기려 1990년 최병우 기념 국제보도상을 제정한 것을 보면, 그만한 기자도 없었다.

그 이후에는 있었을까? 우리가 참전한 월남전(베트남전쟁)에서 최병우 기자에 비견될 만한 기자 이름은 나오지 않았다. 월남전 파병 반대 여론을 의식한 박정희 정권이 전쟁 참상을 알리는 언론 보도를 원하지 않았을 게 분명하다. 옛소련의 붕괴 이후 중동을 비롯해 전 세계 곳곳에서 수많은 전쟁이 터졌지만, 국내에서 종군한 기자는 손에 꼽을 정도다. 모 방송사의 여기자 외에는 기억에 남는 이름도 별로 없다.

# 보스니아 내전 취재에서 일어난 일

필자도 전쟁터(?)에 간 기자 중 하나다. 1995년 말 '유럽의 화약고'로 불렸던 발칸반도의 보스니아-헤르체코비나 내전(이하 보스니아 내전)을 현장 취재했다. 충돌 현장(전쟁터)으로 달려간 것은 물론 아니다. 그때만 해도 보스니아 내전은 강 건너편 불이었다. 국내에선 별로 관심도 없었고, 언론사도 기자도 보스니아 전쟁을 직접 취재할 생각을 하지 않았다.

우크라이나 전쟁 취재를 놓고 우리 정부와 언론(기자들)이 다툰 것을 생각하면, 국내 언론의 시야도 30년 가까운 세월만큼이나 넓어졌다고 할 수 있다. 하지만 전쟁 저널리즘이라는 측면에서는 여전히 아쉬운 점이 많고, 소위 선진국들과의 언론 국력(言論 國力, 줄여서 언력·言力)상 격차를 인정하지 않을 수 없다.

필자가 날아간 곳은 보스니아 내전의 상징과도 같은 사라예보였다. 보스니아 내전은 지금으로부터 30여 년 전인 1992년부터 4년간 20만 명에 가까운 희생자를 낸 민족·종교 분쟁이다. 세르비아 정교의 세르비아계 민족과 보스니아 회교도(무슬림) 주민들 간의 주도권 싸움이다. 미국 주도의 나토군이 이 전쟁에 개입해 세르비아 측으로부터 사실상 항복을 받고, 데이턴 평화협정을 체결하도록 했다. 이 협정의 이행 및 준수를 나토군이 담당하고 있다가 2006년 유럽연합(EU)의 평화유지군에게 넘겨줬다.

데이턴 평화협정이 체결된 1995년 12월, 필자는 모스크바에서 보스니아의 사라예보로 날아갔다. 그리고 그해 연말을 사라예보에서 보냈다. 그곳에는 유엔평화유지활동(PKO) 전문 요원인 송혜란 씨가 보스니아의 정세 분석을 담당하고, 민병석 주(駐)체코 대사가 PKO 크로아티아 단장으로 1만 5,000여 명의 다국적 평화유지군을 관장하며 역내 평화유지를 책임지고 있었다. 현장에서 활동한 한국인은 그 정도가 아니었나 싶다. 하지만 30년 전에 보스니아 내전에서 그 정도 역할을 맡았다면, 당시 '언력(言力)'과는 비교가 되지 않을 만큼, 한국이 국제사회에서 국력을 인정받았다는 뜻으로 해석하고 싶다.

사라예보는 우리에게 탁구로 가깝게 다가온 곳이다. 탁구의 전설인 이에리사·정현숙 선수 등이 여자단체전에서 사상 처음으로 우승한 제32회 세계탁구선수권대회가 열린(1973년 4월) 도시다. 1984년에는 제14회 동계올림픽이 열리기도 했다. 역사적으로는 제1차 세계대전의 도화선이 된 오스트리아 황태자의 암살 사건(1914년 6월)이 벌어진 역사의 현장이기도 하다.

사라예보 취재에 나선 필자에게 이런 기억은 너무 한가할 뿐이다. 서울의 데스크(국제부장)로부터 사라예보 출장 이야기를 들었을 때, "내가 왜요? 유럽을 담당하는 파리 특파원도 있는데요"라고 되물었던 기억은 차치하고서라도, 전쟁 취재라는 단어가 안겨주는 것은, 답답한 모스크바를 떠나 해외로 출장에 나서는 '즐거움'을 넘어선 '두려움'이었다.

전쟁 취재 준비라는 인식조차 없었다. 방탄복과 철모 등 안전 장비를 챙기고 전쟁 보험에 가입하는 것은 물론, 사전에 현지 조력자(가이드)를 구해 상황을 파악하고 (우리 외교 공관과의) 비상 연락체제와 비상시 대피로를 미리 확보하고 구축해야 하는 등 전쟁 취재의 가이드라인(혹은 매뉴얼)도 있을 리가 없었다.

보스니아 내전에 관한 기사를 써본 것도 까마득하니, 현지 정세가 어떻게 돌아가는지 파악하는 게 먼저였다. 전쟁 전문기자도, 보스니아 내전 담당도 아닌 모스크바 주재기자가 단순히 거리가 좀 가깝다는 이유로 사라예보로 날아가는 식이었다. 적어도 27년 전에는 그랬다.

모스크바에서 크로아티아의 수도 자그레브로 가는 비행기 안에서 무료로 나눠준 《인터내셔널 헤럴드 트리뷴(IHT)》을 열심히 읽었던 기억이 생생하다. IHT에 숱하게 나온 PKO의 정확한 뜻도, 우리식 표현도 정확히 모르고 현장에 갔던 것 같다. 부끄러운 일이다.

자그레브에서도 한국에서 온 기자는 삼류 취급을 받았다. 사라예보행 PKO 수송기 탑승에 몇 차례 실패한 뒤 가까스로 수송기에 올랐지만, 사라예보 공항에서 맨 먼저 맞닥뜨린 세르비아계 저격수 이야기에 가슴을 조여야만 했다. 저격수 총구에 대한 막연한 공포와 낯선 세계에 대한 두려움으로 가득했던 사라예보 출장은 아마 죽을 때까지 잊지 못할 것이다.

당시 사라예보 상황은 이랬다.

1991년 12월 소련이 해체되고 민주화 바람이 불면서 유고 연방을 구성하던 5개 공화국들도 제각기 독립하겠다고 나섰다. 그중에서 가장 몸살을 앓은 곳이 바로 사라예보를 중심으로 하는 보스니아-헤르체고비나 공화국이다. 다수 회교도 주민들과 유고 연방의 핵심인 세르비아 공화국의 세르비아계 주민들 간에 민족·종교적 충돌이 내전으로 비화한 것이다. 나토의 강력한 개입으로 내전 발발 4년 만에 데이턴 평화협정이 체결됐지만, 이미 20만 명의 희생자와 수백만 명의 피란민이 발생한 뒤였다.

우여곡절 끝에 평화협정에 관한 합의가 이뤄지자, 국내 일부 언론사들이 현지 취재를 추진했다. 그러나 사라예보로 가는 항공편은 이미 오래전부터 모두 끊긴 상태였다. 사라예보 출장 지시를 받은 필자는 수소문한 끝에, 민 대사(PKO 크로아티아 단장)와 연락이 닿았다. 사라예보로 가는 길은 크로아티아 자그레브 공항에서 PKO 수송기를 타는 방법 외에 없다는 정보를 얻었다. 국내 모 언론사는 아드리아해안 쪽에서 육로로 사라예보에 들어갔다는 소식을 나중에야 그 신문의 르포 기사를 보고 알았다.

여행용 트렁크를 끌고 찾아간 자그레브 공항의 PKO 섹터는 조용했다. 명함을 건네고, 사라예보행 수송기 탑승이 가능한지 문의했다. 담당 군인(PKO 관계자 혹은 자원봉사자)은 의외로 흔쾌히 예약자 명단에 이름을 올려줬다. 수송기는 서너 시간 후에 출발할 예정이었다. 그는 "기다리는 동안 주변에 붙어 있는 안내문을 읽어보라"고 권했다.

안내문의 핵심은 수송기 탑승 순서였다. 보스니아 정부 관리들과 PKO 업무 종사자들이 1순위, 평화유지군 병력과 세계적인 언론사 등이 2순위, 뭐 그런 식이었는데, 보통 첫 번째, 두 번째 순번의 그룹은 탑승에 아무런 문제가 없는 듯했다. 한국에서 온 기자는 맨 마지막 4

순위. 아무리 먼저 예약을 했더라도 앞 순위의 사람들이 탑승을 원하면 예약한 자리도 빼앗기는 게 그곳의 원칙이었다. 탑승 순시를 안내한 이유였다. 또 맨 끝 순서가 감당해야 하는 서러움이기도 했다. 한번 탑승에 실패하면 트렁크를 끌고 다시 자그레브 시내로 나와 호텔에 체크인해야 했다. 숙박비 할인도 받을 수 없었다.

두 번째로 자그레브 공항으로 떠나기 전에는 아예 적절한 호텔(비교적 값싼)을 눈여겨 두고 출발했다. 그렇다고 미리 예약하거나 짐을 두고 갈 수는 없었다. 운이 좋으면 바로 사라예보로 날아갈 수 있기 때문이다. 하지만, 운이 크게 좋은 편은 아니었다. 그렇게 몇 번 헛걸음을 친 뒤에야 비로소 PKO 수송기에 오를 수 있었다.

더 큰 문제는 그다음. 탑승을 최우선 목표로 삼고 '에이, 포기할까'도 생각했던 터라 막상 수송기 트랩(계단)을 밟고 올라서니 아무 생각도 없었는데, 옆자리 친구의 질문에 바로 현타(현실자각 타임)가 왔다. 수송기는 사라예보행 화물들을 가운데에 가득 싣고, 비행기의 벽면을 따라 긴 나무의자를 배치한 구조였다. 1970년대의 '입석 시내버스'를 생각하면 이해가 빠를 것 같다. 벽면을 따라 길게 좌석을 놓고, 가운데에는 많은 사람들이 서서 갈 수 있도록 만든 게 옛날의 입석 버스였다.

올라간 순서대로 자리를 잡자, 옆자리의 서양 친구가 먼저 말을 걸어왔다. 그곳에서 찾아보기 힘든, 몸집이 작은 동양인이 방탄복도 없이 혼자 자리에 앉는 게 신기했던 모양이었다. 민 대사로부터 방탄복 이야기를 듣긴 했지만, 처음 간 자그레브 어디에서 방탄복을 구하겠는가? 그렇다고 PKO 담당자가 탑승 자체를 제지하지도 않았다.

그는 "사라예보에는 무슨 일로 가느냐"고 물었다.

"한국에서 온 OOO기자인데, 평화협정 취재하러."

"그래? 저널리스트군. 어느 호텔에 묵을 건가? 좋은 호텔은 룸이 없을 텐데."

"아직 못 정했어. 이 비행기를 언제 탈 수 있을지 몰라 예약도 안 했어. 방이 없을까?"

"아 근데, 방탄복도 안 갖고 왔어? 공항에는 누가 마중은 나와?"

"자그레브에서 방탄복을 구할 수가 없어서, 일단 그냥 탔어. 사라예보 공항에 내리면 시내로 들어가는 교통편을 알아봐야지."

지금 되돌아봐도 정말 대책 없는 취재 여행이었다. '하면 된다' '안 되면 되게 하라'는 군대식 문화에 당시 한국 언론의 막무가내식 취재 관행이 뒤섞인 탓이었을 것이다. 그 친구는 '한심하다'는 표정으로 말했다.

"공항에서 시내로 들어가는 길목 길목에 (세르비아계) 저격수가 노리고 있는데, 괜찮겠어?"

그제사 '현타'가 제대로 왔다. 사라예보 공항에 착륙할 때까지 심란한 마음을 채 가라앉히지 못했다. 사라예보 공항에 착륙하기 위해 기수를 조금씩 낮추자, 눈에 들어온 산악지대에는 하얗게 눈이 쌓였고, 공항에도 눈발이 날리고 있었다.

하루에 수송기 한두 대 정도 오르내리는 조그만 사라예보 공항은 썰렁했다. 다들 마중을 나온 듯했다. 힘껏 포옹하는 모습이 마치 죽었다가 다시 살아난 사람과 만나는 것 같았다. 세워진 차량에는 거의 유엔 소속 표시가 붙어 있었다. 힘이 쭉 빠졌다. 여기까지 어떻게 왔는데…

날은 이미 어둑어둑해지고 있었다.

그러나 사라예보의 운은 자그레브와 달랐다. 옆자리의 그 친구가 두리번거리며 나를 찾아왔다. "자리가 하나 비었는데, 같이 타고 가겠느냐"고 했다. '앗싸, 이게 웬 횡재?'라는 생각도 잠깐, "땡규"를 반복하며 얼른 그의 뒤를 따랐다. 모두 방탄복을 입고 있었다. 나만 홀로 저격수 앞에 맨몸으로 서 있는 것 같아 바로 공포감에 사로잡혔다.

얼마를 달렸을까? 차량이 야트막한 언덕배기를 오를 때, 그 친구가 '저격수들이 자주 나타나는 첫 번째 장소'라고 알려줬다. 순간, 몸이 움츠려졌다. 몸을 최대한 낮췄다. 다행히 날은 더 어두워진 상태였다. 아무리 뛰어난 저격병이라지만, 전방 GOP[General OutPost의 약자, 우리 군대에서는 휴전선의 철책을 지키는 육군 경계부대를 뜻한다] 근무의 경험으로 볼 때 어두운 곳의 움직이는 표적을 맞히기는 쉽지 않으리라는 생각에 조금 안도했다.

그렇게 사라예보의 대로변에 있는 홀리데이 인 호텔의 후문 쪽에서

▲ 사라예보 홀리데이 인 호텔. 정면(대로변) 쪽이 아니라 뒤쪽(후문)이다. 출처: 부킹.com

내렸다. 대로 건너편은 세르비아계 (민병대) 장악 지역이었다. 대로변에 접한 호텔의 정면은 모래주머니로 높게 바리케이트를 쳐놓았다. 대로 반대쪽의 세르비아계 저격수로부터 호텔 숙박객들을 보호하기 위한 최소한의 안전 조치였다.

나중에 알고 보니, 대로변에 접한 건물들의 뒤쪽은 세르비아계 저격수들의 표적에서 벗어난 안전지대였다. 내전 중이라 호텔 가격이 당초 예상을 훨씬 뛰어넘었지만, 다른 선택이 없었다. 오늘 하루 생각지도 못했던 운(運)과 무사함에 감사하며 침대에 몸을 눕히니, 천국이 따로 없었다.

내일부터 뭘 어떻게 취재해서 기사를 쓰나? 답답한 생각도 잠깐, 잠에 곯아떨어졌다. 다행히 이튿날 아침에는 호텔 뒤쪽에 죽치고 있는 택시(개인 차량)와 협상(바가지를 썼겠지만)한 끝에 값싼 숙소와 차량 문제는 해결할 수 있었다. 그 차량 운전자는 우크라이나 전쟁 취재 상황에 대입하면, 운전사와 통역, 픽서(코디네이터 겸 가이드)를 겸한 1인 3역을 담당했던 대단한 능력자(?)였다.

그로부터 27년이 지난 2024년 4월, 기자협회의 세계기자대회에서 한겨레 노지원 기자의 우크라이나 전쟁 취재 발표를 들으며 '어쩌면 옛날과 달라진 게 별로 없을까'라는 감상에 젖었다. 노 기자는 대회 첫날 '전쟁 저널리즘과 세계평화를 위한 언론의 역할' 콘퍼런스에서 '한국 언론, 전쟁 보도의 현실'이란 주제 발표를 통해 △한국 정부의 언론 자유 제한과 △전쟁 취재 보도 가이드라인의 부재 △단발성 현장 취재의 문제 등을 날카롭게 지적했다.

필자의 경우에는 전쟁 취재 방식에 대한 문제 인식조차 없었는데, 이제는 조목조목 문제점을 나열할 만큼, 우리 인론의 수준이 높아진 것일까 뿌듯함이 들기도 했다. 하지만 현실적으로 달라진 건 별로 없다는 생각이다. 한국 언론계의 불편한 진실이기도 하다.

노 기자는 한국 정부의 현장 접근 금지 조치를 가장 큰 문제점으로 들었다. "2022년 상반기 국내 언론과 해외 한국 특파원들의 반발이 이어지자, 그해 6월 정부는 러시아군이 퇴각한 키이우 등 극히 일부 지역에 한해 언론인의 취재를 2주 동안 허용했다. 정부 승인을 받으면, 키이우까지는 입국 취재 보도가 가능해졌다"고 했다.

전쟁의 성격과 규모가 달라진 것도 있겠지만, 27년 전에는 보스니아 내전을 현장 취재하겠다는 언론사가 거의 없었다. 겨우 필자가 소속된 한국일보를 비롯해 한두 언론사가 평화협정 체결을 계기로 취재에 나서는 등 뒷북을 쳤을 뿐이다. 그때는 정부가 언론의 현장 취재를 막지 않았다. 취재 환경은 그때가 지금보다 더 나은 셈이다.

노 기자는 "전쟁 현장에 가는 건 처음이었는데, 전쟁 취재 보도 가이드라인이나 매뉴얼 자체가 존재하지 않았다. 회사에는 방탄모와 방탄조끼 등 안전장비 역시 구비돼 있지 않은 상태였다. 한국 기자들 대부분이 우크라이나 취재를 앞두고 안전장비를 구매하는 상황이었다. 우크라이나 국방부가 안전장비를 갖출 것을 요구했기 때문이다. 하지만 경험이 없고 매뉴얼조차 없었으니 어떤 수준의 장비를 어떻게 사야 할지도 막막했다"고 고백했다.

되돌아보면, 필자는 노 기자와 달리 휴전선 GOP 근무의 군 경험을 내심 믿고 있지 않았나 싶다. 비무장지대의 철책을 보고 살면서 수색 정찰과 매복 작전을 경험하고, 훈련 중에 발생한 수류탄 오폭 사건까지 겪은 10여 년 전의 군생활(1979~1982년)이 "까짓것, 죽기 아니면 까무러치기지"라는 무모한 용기를 내게 했을 수도 있다.

취재 요령은 노 기자보다 훨씬 뒤떨어졌다. '픽서'라고 부르는 현지 코디네이터 겸 가이드의 존재도 그날 발표장에서 처음 접했다. 돈 많은 외신기자들은 27년 전에도 차량 한 대에 여럿이 타고 다녔다. 거기에는 픽서도 있었을 것이다. 게다가 그들은 기사 전송 시에 위성 전화를 썼다.

필자가 현장에서 맞닥뜨린 숱한 어려움 속에서도, 정말로 대책 없는 것은 기사를 송고할 때였다. A4 용지에 손으로 쓴 기사를 서울로 전송(팩스)하기 위해 사라예보 전신전화국(국제 우체국)에서 서울로 국제전화를 신청하니, "피양(평양)?"이라는 질문이 날아왔다.

"노! 서울(세울), 사우스코리아."

한참 뜸을 들이던 교환원은 서울로는 연결이 안 된다고 했다.

"네? 왜요?"

"국제전화를 연결하는 (국제)코드가 없어요."

황당한 일이었다. 냉전시절 애매한 외교적 노선으로 서울보다는 평양과 교류가 더 잦았던 것은 알겠는데, 그렇다고 서울로 연결되는 국제전화 코드마저 없다니. 아니면 전쟁 통이어서 안 되는 것인지 구분은 잘 안 됐다.

방법은 하나밖에 없었다. 기사를 일단 모스크바로 전송하고, 모스크바 집에서 다시 서울로 팩스를 보내는 식이다. 모스크바 집으로 국제

전화를 연결해 '사라예보에서 서울로는 국제전화가 안 된다'는 사실을 전해달라고 했다. 기사는 모스크바를 통해 보내겠다고도 했다. 위성 전화를 쓰는 언론과 그렇지 못한 언론과의 차이는 그렇게 분명하게 구분됐다.

우크라이나에서도 비슷했던 모양이다.

노 기자는 "2022년 6월의 키이우는 이미 러시아군이 퇴각하고도 두 달이 지난 뒤였다. 시민들은 일상 회복을 위해 노력하는 중이었다. 방탄모나 조끼 등을 쓸 일이 없었다. 하지만 일부 언론이 카메라 앞에서 방탄모와 조끼를 입고 '전쟁 지역'이라는 사실을 강조하는 모습을 어렵지 않게 목격했다"고 지적했다. 아마도 서방 외신기자들은 방탄모와 조끼 따위는 입지 않고 자유롭게 키예프 시내를 다니며 고위 인사를 만나고 시민들의 이야기를 들었을 것이다.

국제뉴스를 우리와 상관없이 먼 나라에서 벌어지는 일쯤으로 여기는 한국 언론의 뉴스 감각도 27년 전이나 별로 달라진 게 없다는 느낌이다. 노 기자는 "전쟁 취재를 둘러싼 여건이 변하지 않는 근본적인 이유는, 국제뉴스의 중요성에 대한 국내 언론의 인식이 부족하기 때문"이라고 주장했다.

우크라이나 전쟁을 계기로 국내 언론의 외신(주로 서방 언론) 베끼기에 대한 문제를 심각하게 인식할 때가 된 것 같다. 우크라이나 전쟁 발발 후 한국언론진흥재단 주최로 열린 '우크라이나 전쟁과 언론 보도 세미나'(2022년 4월 27일)에서도 국내 언론의 러시아-우크라이나 전쟁 보도가 외신, 특히 서방 언론에 의존한다는 비판이 제기됐다.

대표적인 예가 개전 초기에 눈길을 끈 키이우의 유령이라는 오보다.

'키이우의 유령'으로 불리는 우크라이나의 한 공군 조종사가 개전 초기에 혼자서 러시아 전투기 수십 대를 격추시켰다는, 상식적으로 이해할 수 없는 기사가 국내 언론을 도배하다시피 했다. 우크라이나 정보국 → 우크라이나 언론 → 친우크라이나 일부 외신 → 국내 언론으로 이어진 전형적인 프로파간다(선전)용 정보였다.

국내에서는 키이우의 유령이 실재 인물이 아니라는 뉴욕 타임스(NYT)의 팩트 체크 기사도 거의 무시됐다.[24] 우크라이나 공군은 두 달 뒤인 5월 3일 키이우의 유령은 '가상의 영웅이었다'고 인정했다. 그제야 국내 언론이 또 호들갑을 떨었다.

키이우의 유령은 우크라이나의 프로파간다에 불과했다. 앞으로 전쟁 저널리즘을 다룰 때 잊지 말아야 할 가장 중요한 교훈이다. 전쟁 저널리즘이 중시하는 제1 덕목은 바로 팩트와 프로파간다 가려내기다. 하지만 키이우의 유령에서 보듯, 팩트와 프로파간다를 구분하는 게 말처럼 쉽지 않다. 서로 치고받는 전쟁에서, 그 과정과 결과가 명확하게 공개되지 않는 상태에서, 언론이 평시에는 가장 중요한 보도 원칙으로 삼고 있는 객관성, 진실성 등을 제대로 실천하기는 어렵다.

필자의 사라예보 출장 경험도 전쟁 저널리즘이라는 제목하에 거론하는 것조차 부끄럽다. 하지만 그 경험을 나누는 것은 중요하다. 잊히지 않는 것 중 하나가 자그레브 공항에 있는 '프레스 룸'이다. 보스니아 내전 취재를 위해 자그레브 공항을 오고 가는 전 세계 언론인들을 위한 방이다. 벽에는 지난 4년간 보스니아 내전 취재를 위해 이곳을

24 《서울경제》, 2022년 3월 5일

다녀간 전 세계 기자들의 명함이 꽂혀 있다. 그 많은 명함 속에 한국 기자로는 필자의 명함이 처음으로, 아니 유일하게 꽂혔는지도 모르겠다. 보스니아 내전을 취재한 모 신문 취재팀도 육로로 사라예보로 들어갔으니, 이곳을 지나지 않았을 것이다.

또 하나, 기억에 남는 것은 그곳에 걸린 사진 한 장이다. 무장한 군인(혹은 민병대 전사)이 총구를 돌리는 모습에 카메라를 든 수많은 사진기자들이 한꺼번에 땅에 엎드리는 순간을 포착한 사진이다. 그 군인과 가장 가까운 곳에 있던 기자들은 이미 땅바닥에 엎드린 상태이지만, 그 뒤에 있던 기자들은 무릎을 꿇은 정도에 그쳤고, 그다음 열은 허리를 굽혔고, 맨 뒷열의 기자들은 거의 선 자세로 카메라의 초점을 맞추고 있다. 마치 '도미노의 패'가 연이어 앞으로 무너지듯, 카메라 기자들이 위험을 느끼고 순간적으로 몸을 숙이는 연속 촬영처럼 감동적이었다. 또 그 순간을 찍은 기자는 곧바로 불을 뿜을 듯한 무장군인의 총

▲ 보스니아 내전 당시 포격전의 흔적이 그대로 남아있는 건물. 현지에는 이렇게 방치된 건물이 수두룩했다. 출처: 픽사베이

구가 두렵지는 않았을까?

필자가 첫날 밤을 보낸 최고급(?) 홀리데이 인 호텔 외에 사라예보의 회교도 지역 안전지대에는 값싸고 시설이 괜찮은 호텔이 하나 더 있었다. PKO 수송기에서 옆자리에 앉았던 친구가 추천한 보스니아 호텔이다. 이튿날 곧바로 그곳에 찾아갔더니 빈 방이 없다고 했다. 풀이 죽어 돌아서 나오는데 그날 아침에 만난 택시 운전사가 웃으며 말했다.

"미스터 리, 말했지 않느냐? 보스니아 호텔에는 전 세계 기자들이 이미 죽치고 있기 때문에 방이 없다고. 그들은 그곳에서 보름 정도 묵으면서 취재한 뒤, 다음 타자에게 인계하고 떠났다가 또 한 달쯤 뒤에 돌아온다고. 그들은 어렵게 한번 잡은 방을 절대 내놓지 않는다고."

주요 외신기자들은 그때 서로 돌아가면서 보스니아 호텔에서 머물며 취재하고, 기사를 쓰고 있었다.

노 기자가 한국 언론의 전쟁 취재 문제점을 지적한 것도 이 부분이다.

"언론사마다 조금씩 차이는 있지만 대체로 전쟁을 이벤트처럼 다루는 성격이 짙어 보인다. 여기서 이벤트처럼 다룬다는 것은 지속적인 관심을 가지고 현장에 기자를 보내 꾸준히 취재 보도하는 것이 아니라 일회성 보도에 그친다는 것이다. 예컨대 전쟁 발발 직후 언론이 폴란드 국경으로 우르르 몰려가고, 6월에는 키이우로, 전쟁 1주년을 계기로 또다시 키이우로 모이는 식이다."

현장에서 전쟁을 취재한다면, 목숨을 건 기사나 사진 한 장에 자부

심을 갖는 기자들을 존경할 수 있어야 전쟁 저널리즘을 논할 자격이 있다고 믿는다. 사라예보 방문 며칠 만에 서둘러 귀국한 필자도 보스니아 내전 취재를 '국내 언론 처음으로 사라예보를 가다'라는 제목 하나를 얻기 위한 이벤트로 여겼다고 할 수밖에 없다.

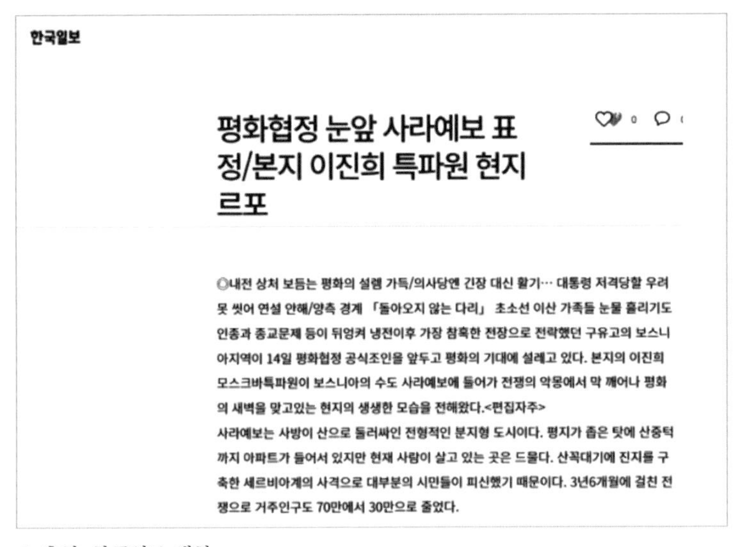

한국일보

**평화협정 눈앞 사라예보 표정/본지 이진희 특파원 현지 르포**

◎내전 상처 보듬는 평화의 설렘 가득/의사당엔 긴장 대신 활기… 대통령 저격당할 우려 못 씻어 연설 안해/양측 경계 「돌아오지 않는 다리」 초소선 이산 가족들 눈물 흘리기도
인종과 종교문제 등이 뒤엉켜 냉전이후 가장 참혹한 전장으로 전락했던 구유고의 보스니아지역이 14일 평화협정 공식조인을 앞두고 평화의 기대에 설레고 있다. 본지의 이진희 모스크바특파원이 보스니아의 수도 사라예보에 들어가 전쟁의 악몽에서 막 깨어나 평화의 새벽을 맞고있는 현지의 생생한 모습을 전해왔다.<편집자주>
사라예보는 사방이 산으로 둘러싸인 전형적인 분지형 도시이다. 평지가 좁은 탓에 산중턱까지 아파트가 들어서 있지만 현재 사람이 살고 있는 곳은 드물다. 산꼭대기에 진지를 구축한 세르비아계의 사격으로 대부분의 시민들이 피신했기 때문이다. 3년6개월에 걸친 전쟁으로 거주인구도 70만에서 30만으로 줄었다.

▲ 출처: 한국일보 캡처

물론, 사라예보 현지에서 열리는 무슨 고위급 협상 장소도 찾아가 봤다. 회의실 안으로 들어가거나 고위 인사와의 접촉을 섭외해 주는, 소위 '픽서'도 없는 상태에서 삼엄한 주변 경호를 뚫고 그들에게 접근할 엄두는 처음부터 나지 않았다. 그냥 멀찌감치 눈으로 보고 돌아가는 상황을 짐작하는 것으로 만족할 뿐이었다. 그게 전부였다.

전쟁 취재의 어려움을 직접 경험한 일은 또 있다. 사라예보를 갔다 온 지 몇 달쯤 지난 뒤 서울 데스크에서 전화가 왔다.

“어이, 이특[이 특파원의 준말]. 지난번 사라예보 대단했어. 이제 다 잊었지? 사라예보 2탄 한번 할까?”

“예? 사라예보를 또 가라고요? 왜요?”

“아니 사라예보 말고, 모스크바서 가까운 곳. 러시아 정부와 체첸반군이 평화협정을 맺으려고 한다는데, 체첸 한번 갔다 오지.”

“체첸요? 진짜 위험하다던데. 알았습니다. 가지요, 뭐.”

“오케이, 준비되면 연락해. 기대하고 있을게. 한 번 더 하자고.”

제1차 러시아-체첸전쟁이 막바지로 치닫고 있을 때였다. 체첸전 참전 병사들의 어머니회가 길거리로 나와 빠른 종전과 평화협상을 촉구하면서 러시아 여론은 협상으로 기울고 있었다. 옐친 대통령으로서는 체첸 반군을 완전히 제압하지도 못한 채, 시간만 흐르면서 병력 손실에 대한 정치적 부담감이 컸다. 전쟁을 계속하느냐, 협상에 나서느냐의 갈림길에서 체첸전 현장 취재는 기자적 본능을 자극했다. 모스크바 특파원으로서 체첸전 현장에 대한 호기심도 없지 않았다.

필자의 언론사가 입주한, 다양한 제휴관계를 맺고 있는 러시아 국영 리아 노보스티 통신사 측에 협조를 요청했다. 평소 가깝게 지내온 이 통신사의 이반[솔직히 성은 기억이 안 난다. 가까워진 뒤로는 서로 이반, 리로 불렀다]은 말을 꺼내기가 무섭게 말렸다.

“체첸은 너무 위험해. 러시아 기자들도 많이 죽거나 다쳐. 리가 정말 원한다면 러시아 정부군과 체첸 반군 측의 취재 허가증은 받아줄 수 있는데, 목숨을 버릴 각오가 되어 있지 않다면 가지 마라”.

리아 노보스티 통신도 필자가 체첸에서 어떤 변고라도 당하면 도덕적인 책임을 피할 수가 없었다. 이반은 누구 누구가 죽고 누가 누가 크게 다쳤다고 겁을 줬다. 사무실에서 필자를 도와주던 러시아인 비서도 결사반대했다. 진짜 너무 위험한 곳이라는 이유에서였다.

고민에 빠졌지만, 현장에 가고 싶은 생각은 변하지 않았다. 이반은 "그렇다면 현장에 있는 베테랑 기자와 연결해 줄 테니, 절대로 단독 행동을 금하고, 그 친구 뒤만 졸졸 따라다닐 것을 약속하라"고 강요했다. 베테랑 현지 기자는 위험한 곳과 안전한 곳을 잘 알고 있으니, 리를 절대로 위험한 곳으로 데려가지 않을 것인데, 리가 혼자 엉뚱한 곳으로 가면 바로 '빵빵' 총에 맞을 것이라고 다소 수다스럽게 겁을 줬다. 사방이 또 온통 지뢰밭이라고도 했다.

반쯤 농담이 섞여 있겠지만, 솔직히 겁은 났다. 휴전선 최전방(GOP) 수색대대에서 군 생활을 했지만, 가고자 하는 곳은 휴전지대가 아니라 전쟁터였다. 그때 나이도 마흔 전이었다. 결국 체첸전 현장 취재를 포기했다. 겁 없이 달려들었던 보스니아 사라예보 출장과는 달랐다. 전쟁 취재를 위한 생명보험이라도 듬뿍 들어야 할지 모를 일이었다. 지금도 제대로 갖춰지지 않는 전쟁 취재 매뉴얼과 안전수칙 같은 건 생각하지도 못했던 시절의 이야기다.

국내에서 전쟁 저널리즘을 거론할 수 있을 만큼 취재 경험을 지닌 기자는 거의 없다고 생각한다. 중동전쟁과 아프가니스탄 분쟁 등 전쟁터를 찾아다닌 신문·방송국 기자들은 여럿 있지만, 그들은 취재 경험을 구체적으로 공유한 적이 없다. 스스로 분쟁 지역을 찾아다니는 '전문 PD'라고 소개하는 이도 있지만, 미국과 유럽, 러시아 등의 종군기자와는 경험과 내공의 깊이가 다를 것이라는 게 개인적인 판단이다. 전쟁 저널리즘에 대한 국내 언론의 한계는 여기서 출발한다.

게다가 우리 정부는 언론을 도와주기는커녕 아예 그 싹을 잘라버리는 판이다.

우크라이나 전쟁이 터진 지 두 달쯤 지난 2022년 5월, 우리 언론계는 우크라이나 현장 취재를 놓고 시끄러웠다. 한국기자협회가 발간하는 《기자협회보》는 5월 3일 '우크라이나 전쟁 취재 막는 외교부'라는 제목의 기사에서 "유독 한국만 이렇게 (현장 취재를) 통제해 언론인들이 분통을 터뜨리고 있다"고 보도했다.

기자협회보에 따르면 분쟁 지역 전문 PD인 김영미 씨는 한 달 전(2022년 4월) 전쟁 중인 우크라이나에 들어가 현장을 취재하려고 했으나 실패했다. 가장 큰 이유는 2022년 2월 13일 우크라이나 전 지역에 내려진 여행경보 4단계(여행금지) 조치다. 여권법에 따라 극히 예외적인 경우가 아니면 그 누구도 우크라이나에 들어갈 수가 없다. 한 달 뒤인 3월 18일부터 '공익적 취재' 목적의 입국이 허가됐으나, 그것도 외교부 출입기자단에 한해서였다. 김영미 PD는 "외교부의 취재 통제는 전 세계에서 우리나라에서만 벌어지는 일"이라며 "헌법이 보장한 취재(언론)의 자유에 반하는 행위"라고 비판했다.

1995년 말 필자가 보스니아 사라예보에 입국할 때(물론 민간 항공기가 아니고 유엔 소속 화물기였다) 보스니아가 여행금지 지역이었는지 여부는 알지 못했다. 아니, 여행금지 및 예외적 여권 사용 허가 제도가 지난 2007년 시작됐으니, 그때는 그런 제도가 없었다. 설사 그런 제도가 있었다고 한들, 그 당시 언론사의 위세로 볼 때 그냥 무시하고 사라예보로 향했을 것이다. 필자가 속한 언론사 정도면, 그런 제도에 얽매여 현장 취재를 못 한다는 건 부끄러운 일(?)로 생각했을 것으로 확신한다.

여행경보 4단계, 여행금지 조치는 2007년 한국인 선교단이 아프가니스탄에서 탈레반에게 피랍된 사건이 발생한 뒤 생겼다. 여권법 제17조에 따라 외교부 장관은 천재지변, 전쟁, 내란, 폭동, 테러 등 해외 위난(危難) 상황에서 국민을 보호하기 위해 이 지역에서의 여권 사용, 방문 체류를 금지할 수 있다. 정부의 허가 없이 여행금지 지역에 들어가면 1년 이하의 징역, 천만 원 이하 벌금 등의 처벌을 받는다. 현재 우크라이나는 물론, 팔레스타인 가자지구, 이라크, 리비아, 시리아, 소말리아, 예멘, 아프가니스탄 등이 여행금지 국가로 지정돼 있다.

다만, 예외적으로 취재 및 보도 등 정부가 필요하다고 인정하는 경우에 한 해 방문 체류할 수 있도록 명시돼 있다.

## 전쟁 보도의 현실적인 어려움

전쟁 저널리즘은 인간의 행위 가운데 가장 참혹한 전쟁을 취재·보도하는 활동으로, 종군 기자들에게도 최악의 상황이 만들어진다. 상대(적)를 많이 죽일수록 영웅으로, 또 애국자로 칭송되고, 적군은 악·불의이고 아군은 선·정의로 이분화, 단순화된다. 또 적의 적은 동지이며 동맹은 최상의 가치로 받아들여지는 게 전시 상황이다. 전쟁의 피해를 최소화하고 평화적인 해결 방안을 모색하는 데 언론이 기여하는 게 당연하고, 이를 '보도 준칙(準則)'으로 삼아야 하지만, 현실은 그리 간단하지 않다.

전시에 언론은 전쟁 당사국의 이해관계와 맞물려 각종 보도 통제, 심한 경우 언론 탄압을 당하기도 한다. 게다가 전쟁 지휘부에 대한 직접 접근이나 팩트 체크가 어렵기 때문에 전쟁 당사국의 공식 발표에 의존하거나, 전쟁터의 참상과 비극을 자극적으로 전달하는 비중이 커질 수밖에 없다. 자칫하면 언론이 전쟁 홍보의 한 수단으로 변질될 수 있다는 이야기다.

이 같은 어려움 속에서 언론이 전쟁 보도에서 가장 경계해야 할 점으로는 △전쟁의 진영 논리에 휩쓸리지 않고 △편파적이고 일방적인 발표에는 팩트 체크 기능을 작동하고 △확인되지 않는 사실에는 뉴스 소스(source)를 정확히 밝힌 뒤 객관적인 평가를 추가해야 한다는 것 등이다. 또 상대의 반론도 빠뜨리지 말아야 독자들에게 '스스로 평가하고 판단할 수 있는' 기회를 제공할 수 있다.

누가 어디를 공격했고, 점령했으며, 피해가 어느 정도 났다는 등 전투 속보에 너무 치중하는 것도 전쟁 저널리즘을 새롭게 확립하는 데 큰 도움이 될 것 같지는 않다. 인간의 얼굴을 한 저널리즘이 아니기 때문이다.

언제부터인가, 우크라이나 전쟁과 관련된 국내 주류 언론들의 보도를 보면 전쟁 저널리즘이 경계해야 할 선을 넘어서는 듯한 느낌이다. 가장 우려되는 것이 전쟁의 두 당사자(러시아와 우크라이나)의 시각이 아니라 한쪽 시각에 너무 빠져 있다는 사실이다. 그것은 서방 언론을 추호도 의심하지 않고 번역해 싣는 데서 비롯되는데, 일각에서는 그에 따른 자기반성도 부족해 보인다.

서로 적대적인 두 세력이 치고받는 전쟁은 필연적으로 두 얼굴을 갖기 마련이다. 어느 한쪽 얼굴만 보고, 예쁘다 아니다, 혹은 맞다 틀렸다 얘기하는 것은 너무 일방적이다. 반대쪽 얼굴이 어떤 모습인지는 아예 관심이 없으니 더욱 문제다.

독일 ZDF 방송과 영국 ITV 측은 반대쪽의 얼굴, 즉 러시아의 시각에서 전쟁의 다른 면을 추적하면서 '인간의 얼굴을 한 저널리즘'이라고 명명(命名)했다. 전쟁 저널리즘은 궁극적으로 인간의 얼굴을 한 저널리즘, 또는 평화 저널리즘을 추구해야 한다. 우리나라에서는 지난 2년 몇 개월간 우크라이나 전쟁을 지속적으로 보도하면서 그러한 시도를 해보기나 한 걸까? 궁금하다.

러시아 측의 책임도 있다. 개전 초기부터 어차피 적대적일 수밖에 없는 서방 외신을 통제하면서 접근할 여지를 주지 않았다. 또 러시아에 비우호적인 정보가 유통되는 IT 플랫폼인 메타 플랫폼(Meta Platforms)의 페이스북, 인스타그램, 구글의 유튜브 등 서방 SNS를 비우호적 혹은 불법으로 규정하고, 일부는 접속을 차단했다.

러시아 언론은 서방 SNS를 인용할 때마다 괄호 열고 '러시아에서는 극단주의 조직으로 차단된(признана в России экстремистской организацией и запрещена)'이라고 쓴 뒤 괄호를 닫는다. 또 우크라이나 전쟁을 비판하거나 비방하는 사람, 단체를 형사처벌하고, 군의 이동 및 배치, 활동 정보 등을 밖으로 유출할 경우, 반역자로 처벌했다. 자유로운 정보 공유를 법으로 억눌렀다.

엄밀히 따지면, 러시아의 이러한 조치들은 방어적인 성격이 강하다. 설령 어느 정도 적대적인 서방 외신은 언론 통제 정책을 통해 웬만큼 차단하더라도, 페이스북이나 인스타그램, 유튜브 등 거대한 IT 플랫폼은 러시아에도 활용 가능한 정보 제공의 장(場)이었다. 그러나 압력(?)을 받은 서방 플랫폼 운영자들이 친러시아 계정을 거의 모두 '가짜 뉴스의 진원지(震源地)'로 규정한 뒤 폐쇄했다. 남은 것은 우크라이나와 서방측 주장을 그대로 옮기는 계정뿐이었다.

이런 거대 SNS 플랫폼을 그대로 둘 경우, 우크라이나(서방) 주장만 러시아 전역에 전파될 게 뻔했다. 어느 국가가 전쟁 중에 이를 그냥 두고 보겠는가?

러시아에서 서방의 IT 플랫폼이 차단되자, 그 대안으로 러시아 출신의 두로프 형제가 개발한 텔레그램이 떠올랐다. 미국 뉴욕 타임스(2022년 4월 16일)에 따르면 러시아의 특수 군사작전 직후 러시아의 텔레그램 다운로드 수는 약 440만 건으로 집계됐다. 러시아 전체 다운로드 수는 약 1억 2,400만 건. 러시아 인구가 1억 4,000만 명을 약간 상회하니 거의 모두[인터넷을 사용하지 않는 어린이·노령자들을 감안하면 전체 인구를 넘어선다]가 텔레그램을 다운받았다.

NYT는 텔레그램의 인기 상승 이유로 러시아 당국의 언론 통제를 들었다. 정부의 나팔수(?) 역할을 하는 국영 매체와 친정부 성향의 언론을 제외한 나머지 독립 언론[서방 언론들의 표현. 러시아식으로는 외국 대리인]을 통제하고, 서방의 SNS 플랫폼을 부분 혹은 전면적으로 차단했기 때문이라고 분석했다.

결과론적으로는 맞는 지적이다. 하지만 그 과정의 선후(先後)는 틀렸다. 서방의 일부 IT 플랫폼이 먼저 리아 노보스티(RIA Novosti) 통신, 스푸트니크(Sputnik) 통신, 러시아 투데이(Russia Today) 등 러시아 주요 매체들이 '가짜뉴스를 내보낸다'며 계정(혹은 채널)을 차단했다.

러시아 연방의 미디어 통신 감독기관인 로스콤나드조르는 서방 플랫폼 측에 차단한 언론 계정들을 풀어달라고 여러 차례 요청했다. 그러나 언론 채널은 끝내 풀리지 않았고, 로스콤나드조르는 보복 대응 조치로 서방 플랫폼의 접속을 통제, 혹은 차단했다.

텔레그램의 급부상은 사실 동전의 앞뒷면과 같이 이중적이다. NYT에 따르면 러시아의 독립 언론(사) 소속인 일랴 쎄펠린은 "러시아 정부가 텔레그램 채널에 침투하기 위해 열심히 노력했지만, 성공하지 못해 텔레그램은 자유롭게 의견과 정보를 교환할 수 있는 유일한 장소"라고 말했다. 반정부 성향 매체의 텔레그램 가입자가 크게 늘어난 이유라는 주장이다.

실제로 에코 모스크바[러시아어로는 에호 모스크비(Эхо Москвы). 모스크바의 메아리라는 뜻] 라디오 방송의 부편집장인 타티아나 펠겐가우어는 2022년 3월 에호 모스크비 사이트가 당국에 의해 차단된 뒤, 텔레그램 채널 가입자는 2배로 늘었다고 밝혔다. 우크라이나 전쟁 초기 반정부 성향의 매체로 주목받은 메두자(медуза, https://meduza.io)도 2022년 3월 초 접속이 차단된 뒤 텔레그램 가입자는 120만 명 급증한 것으로 나타났다. 반러시아 측면에서 본 텔레그램 애용론이다.

이게 전부는 아니다. 크렘린도 그해 4월 초 텔레그램 계정을 열었다. 러시아 인터넷 검색 중 자주 찾았던 크렘린 사이트(http://kremlin.ru)가 언제부터인가 접속이 들쑥날쑥했는데, 텔레그램 계정을 열었다니 반가웠다. 크렘린.ru 사이트에 직접 들어가는 것과 다를 바 없기 때문이다. 푸틴 대통령의 사진 캡처도 가능하다. 러시아 국영 타스 통신과 리아 노보스티 통신도 텔레그램 계정을 적극적으로 활용한다.

텔레그램은 우크라이나 전쟁을 계기로 세계적인 SNS 플랫폼의 하나로 자리를 잡았다. 텔레그램의 개발자 겸 최고경영자(CEO)인 파벨 두로프는 2024년 3월 11일 《파이낸셜 타임스(FT)》와의 인터뷰에서 "2021년 5억 명이던 월간 이용자 수(MAU)가 9억 명으로 늘었다"면서 "곧 흑자로 전환하고, 기업공개(IPO)도 검토하고 있다"고 말했다. 텔레그램의 MAU(9억 명)는 메타 왓츠앱(18억 명)의 절반 수준이지만, 이미 특화된 플랫폼으로 인정을 받고 있다.

그는 텔레그램이 크렘린의 영향을 받고 있다는 소문에는 크게 손사

래를 쳤다. "2년 전 도입한 광고 및 유료 프리미엄 구독 서비스로 연 수억 달러의 매출을 올리고 있는데, 수익화를 시작한 이유가 텔레그램의 독립성을 유지하고 싶어서였다"고 강조했다.

두로프는 원래 '러시아의 페이스북' 격인 브콘탁트(VK)를 출시해 독보적인 SNS 자리를 차지했으나 사용자의 개인정보를 공개하라는 러시아 당국의 요구를 거절하고 떠난 인물이다. 이제 와서 러시아 당국에 휘둘릴 위인은 아니다. 그는 모스크바 외곽에서 크로쿠스 시티홀 테러 사건이 발생한 지 3주 뒤인 4월 중순(내용 공개는 4월 16일), 테러범들이 텔레그램을 통해 모집됐다는 이유(?)로 다시 언론 앞에 섰다. 이번에는 터커 칼슨 전 미국 폭스뉴스 앵커와 3시간여 만났다. 칼슨 전 앵커는 우크라이나 전쟁 이후 서방 언론인으로서는 처음으로 푸틴 대통령을 만난 인물이다.

두로프 CEO는 인터뷰에서 VK 운영에 대한 러시아 정부의 과거 압력을 소개하면서, 텔레그램이 미국으로부터 당하고 치인 '눈에 보이지 않는 거친 손길'을 비판했다. 미 FBI의 과도한 관심, IT 공룡인 애플과 구글의 압력, 미 민주당과 공화당으로부터 받은 압박 편지, 샌프란시스코에서 당한 강도 사건 등을 세세히 설명했다.

그는 "미국 공항에 내리면 FBI 요원들이 우리를 붙들고 온갖 질문을 해댔고, 어느 날은 아침 9시에 숙소로 찾아왔으며, 사이버 보안 분야 요원이 우리 엔지니어를 비밀리에 포섭하려는 시도도 있었다"고 폭로했다. 또 "트위트(현 엑스) 창업자인 잭 도시와 만난 뒤, 샌프란시스코 길거리에서 세 명의 괴한들로부터 공격을 받았다"며 "이 충격으로 미국에서 사업할 생각을 접었다"고도 했다.

미국 IT 공룡들의 압력에 대한 비판도 숨기지 않았다.

"주요 압력은 미국 IT 기업인 애플과 구글에서 온다. 우리가 자신들의 요구사항을 받아들이도록 강요했다. 우크라이나의 심(SIM) 카드를 통해 텔레그램에 접속하는 사용자에 대한 모종의 조치가 곧 있을 것이라는 서한을 애플사로부터 받기도 했다. 아이폰의 앱스토어에서 텔레그램 어플(앱)이 빠지지 않으려면, 그들의 요구를 들어줄 수밖에 없다."

암암리에 이뤄지는 '보이지 않는 손'에 의한 SNS 통제다. 전쟁 저널리즘이 맞닥뜨리고 있는 21세기 IT 생태계의 현실이자, 극복해야 하는 거대한 벽이다.[25]

두로프 CEO는 인터뷰에서 미 정치권의 '웃픈' 압력을 공개하기도 했다.

"2021년 1월 6일 미 국회 의사당 습격 사건 이후, 우리(텔레그램)는 미국 민주당과 공화당으로부터 압력을 받았다. 민주당의 한 의원은 편지를 보내 시위를 주도한 사람들에 관한 정보 제공을 요구했다. '이를 거부하는 것은 미국 헌법을 위반하는 것으로 간주된다'고 경고했다. 그러나 우리는 관련 정보 제공을 거절했다. 뒤이어 미 공화당 측에서 편지가 왔다. '민주당이 요청한 데이터를 공개하면 미국 헌법을 위반하게 될 것'이라고 주장했다. 우습게도 우리는 무엇을 하든(데이터를 공개하든 안 하든), 미국 헌법을 위반하는 것이었다."

그가 러시아를 떠난 것도 그 같은 정치권의 압력 때문이었다. 러시

25 러시아 전문 사이트 바이러시아, 2024년 4월 24일

아에서 VK를 개발해 IT 천재로 이름을 날리던 2011년은 푸틴 대통령이 측근인 메드베데프 총리에게 대통령직을 넘겨주고, 4년간 총리로 물러앉았다가 크렘린 복귀를 꿈꾸고 있을 때였다. 야권 세력은 푸틴의 권좌 복귀를 반대하며 대대적인 시위를 벌였다. 두로프는 "그때 러시아 당국으로부터 (반정부) 시위를 조직한 단체의 계정을 VK에서 차단해 달라는 요구를 받았다"고 말했다.

황당한 것은 그 이후였다.

"2013, 2014년에는 VK가 보유한 우크라이나의 유로마이단(2014년 우크라이나의 반러 대규모 시위) 사건 배후 조직에 대한 개인정보를 러시아 당국이 요구했다. 우리는 '잠깐만요, 우크라이나는 다른 나라인데요'라며 그 요구를 거절했다. 결국, 크렘린으로부터 최후통첩을 받았다. 요구하는 개인정보를 제공하든지, VK 지분을 팔고 러시아를 떠나든지 택일하라고 했다. 보안 요원들도 바로 압수 수색하러 왔다."

두로프는 2014년 봄, VK를 러시아 IT 대기업인 메일닷루(mail.ru)에 매각하고 떠났다. 그는 "텔레그램이 러시아 당국에 의해 통제된다는 주장은 경쟁사의 모략에 불과하다"며 "러시아에서 받은 VK 압력을, 텔레그램 개발의 계기를 잘 모르는 사람들이나 하는 헛소리"라고 반박했다.

러시아를 떠난 뒤 개발한 텔레그램은 러시아에서 차단되기도 했다. 2018년 4월의 일이다. 모스크바 타간스키 법원은 텔레그램이 메시지 해독 키를 연방보안국(FSB)과 공유하는 것을 거부하자, 텔레그램 차단을 결정했다. 러시아 당국이 텔레그램 주 서버의 IP 주소를 차단했지만, 러시아인들은 VPN[virtual private network, 가상 사설망(私設網): 인터넷상에서 데이터를 암호화해 안전하게 운용하는 사설 네트워크]을 통해 텔레그램에 접속했다. 러시아 당국은 2년 후(2020년 6월) 텔레그램의 접속 차단에 실패한 것을 인정하고, 이를 해제했다.

이 대목에서 '발상의 대전환'이 필요하다. 러시아 당국이 페이스북 등 서방 플랫폼을 차단한다고 해서, 우회 루트(VPN)로 러시아인들의 접속이 불가능한 것은 아니다. 러시아 네티즌들은 스스로 찾아가지 않는 것이다. 페이스북과 같은 서방의 플랫폼은 러시아에서 계속 경쟁력을 잃어가고 있다고 봐야 한다.

특이한 것은 두로프 CEO의 사무실이다. 칼슨 전 앵커와의 인터뷰 영상을 보면, 그의 사무실에는 의자 두 개가 놓여 있다. 의자 하나에는 뾰족한 창끝이, 다른 하나는 남자 성기가 여럿 놓여 있다. 이 의자에는 러시아의 유명한 '감방 에피소드(죄수의 딜레마)'가 따라다닌다. 새로 온 신참(新參) 수감자에게 '두 개의 의자 중 너는 어느 의자에 앉고, 어머니는 어느 의자에 앉히겠느냐'고 물어보는데, 정답은 두 개다. '뾰족한 창끝으로 성기를 자르고 그 의자에 어머니와 같이 앉겠다'와 '창끝의 의자에 앉아, 어머니를 무릎 위에 앉힐 것'이라는 답변이다.

토체누이와 드로체누이(Tochenyi & Drochenyi)로 불리는 이 의자 세트는 러시아 비즈니스 컨설턴트인 에카테리나 쿠릴로바가 그의 파트너 보리스 야르체프와 함께 만든 것이다. 시중 가격은 24만 9,000 루블(약 2,600 달러). 이 의자 세트는 현대 미술관 에라르타(ERARTA) 등 상트페테르부르크 갤러리에 정기적으로 전시된다고 한다.

두로프가 자신의 사무실에 이 의자 세트를 둔 이유를 설명한 적은 없지만, 인터뷰 내용으로 보면 IT 비즈니스는 늘 죄수의 딜레마에 직면하고, 자기희생을 통해 극복해야 한다는 의지를 담은 것이 아닐까 싶다.

두로프 CEO는 2024년 8월 24일 프랑스 파리 외곽의 르부르제 공항에서 당국에 전격 체포됐다가 나흘 만인 28일 500만 유로의 보석금을 내고 일단 풀려났다. 표현의 자유를 억압하는 러시아가 아니라 표현의 자유를 신봉한다는 프랑스에서 그가 체포되다니 놀랍다. 아동 포르노와 사기, 마약 밀매, 조직범죄, 테러 조장 등 각종 불법 콘텐츠의 유포 및 확산을 방치한 혐의다. 그의 석방 이후, 텔레그램은 유럽연합(EU)의 관련 당국과 긴밀히 소통하기로 했다고 발표했다. 러시아 정보 당국도 일찌감치 그를 체포했으면, 텔레그램의 협조를 얻어냈을까?

## 텔레그램 등 소셜(1인) 미디어 쟁탈전

전쟁은 그 속성상 적의 기를 꺾기 위한 프로파간다(선전)전이 불가피하다. 언론 매체도 국익을 따를 수밖에 없다.

미국의 주요 언론들도 1991년 걸프전쟁에서 미군 주도 다국적군의 홍보 나팔수로 전락한 적이 있다. 미군 당국은 지상전을 앞두고 언론을 통해 은근히 가짜 작전 계획을 흘려 이라크군의 오판을 유도한 뒤 '모루와 망치 작전'으로 기선을 제압했다.(자세한 내용은 '전쟁이 바꾸는 전쟁 저널리즘' 334쪽 참조) 전쟁 저널리즘이 평상시와는 다르다고 하지만, 언론이 미군의 속임수에 사실상 넘어갔다는 것은 두고두고 반성해야 할 일이다.

베트남전쟁에서 거센 반전 여론에 철군해야 했던 미국에겐 '언론 자유'보다 '걸프전의 승리'가 더 절실했을지 모른다. 일부 기록에서 걸프전쟁의 패배자는 이라크와 언론이었다는 평가가 나오는 걸 보면, 미국 등 서방 측이 러시아 당국의 전시 언론 정책을 비판할 계제(計除)는 안 된다.

특히 전쟁 상태에서 가짜뉴스는 지극히 상대적이다. 서방의 플랫폼이 러시아 국영 매체를 가짜뉴스의 진원지로 본다면, 러시아도 우크라이나군과 군정보총국(GUR)의 소스를 받아 쓴 기사를 가짜뉴스로 여길 수밖에 없다. 프로파간다 전쟁의 기본이다. 이를 탓할 수는 없다.

전쟁이 2년쯤 지난 2024년 2월, 우크라이나 정치권에서 텔레그램을 차단해야 한다는 목소리가 나오기 시작했다. 친러시아 군사 전문 인플루언스의 영향력을 차단하기 위해서다.[26]

오죽하면 텔레그램 차단을 주장했을까? 이유는 간단하다. 각종 여론조사에 따르면 러시아의 침공 후 2년 만에 텔레그램은 우크라이나에서 통합 TV채널[우크라이나 당국은 뉴스 공급을 단일 텔레마라톤(이하 텔레톤) 프레임으로 통합했다]은 물론, 서방의 주요 IT 플랫폼보다 더 인기 있는 정보 소스로 자리를 잡은 것으로 나타났다.

일리야 쿠체리우 민주 이니셔티브 재단(Democratic Initiatives Foundation)의 2024년 4월 여론조사에 따르면, 우크라이나인의 절반 이상(53%)이 전쟁 정보를 얻는 소스로 텔레그램을 선택했고, 지인을 통해(42%)와 유튜브(40%)가 2, 3위를 차지했다. 텔레톤을 택한 응답자는 37%에 그쳤다. 또 교육 수준이 높은 사람일수록 텔레그램(61%)과 유튜브(45%)를 선택했고, 낮을수록 텔레톤(49%)과 다른 사람과의 의사소통(48%)에 의존한 것으로 드러났다.[27]

텔레그램 차단은 우크라이나 당국에게 유리한 내용들만 선별적으로 알리는 통합 TV뉴스 채널(텔레톤)로 국민의 눈과 귀를 가리겠다는 뜻이다. 명분은 러시아어의 확산 위험을 내세웠다. 주로 러시아어로 올라

26 스트라나.ua, 2024년 3월 21일

27 스트라나.ua, 2024년 4월 18일

온 텔레그램 게시물이 널리 유포될수록 러시아어의 사용 비중이 올라간다는 논리였다. 이 대목에서는 우크라이나 여야(與野)가 한목소리를 냈다.

우크라이나 당국의 진짜 노림수는 텔레그램 경영진에 대한 은근한 협박이다. 텔레그램 플랫폼을 완전히 차단할까? 우리가 원하는 걸 들어줄래? 양자택일을 강요하는 카드다. 텔레그램 통제에 관한 법안은 2024년 3월 25일 의회에 제출됐다.

의회가 비공식으로 이 법안을 심의하는 사이, 우크라이나 당국과 텔레그램 간에는 치열한 힘겨루기가 벌어졌다. 법안이 제출된 지 한 달여가 흐른 4월 말, 텔레그램은 러시아 군대 및 시설의 위치 데이터를 수집하는 우크라이나 '봇(검색 로봇)'을 전격적으로 비활성화했다. 2022년 우크라이나 디지털개발부가 출시한 챗봇 에보로그(Evorog)가 차단됐고, 보안국(SBU)과 교통경찰의 봇, 샤히드 드론의 위치를 알려주는 봇도 작동을 멈췄다. 이 같은 봇은 러시아 점령지역에서 러시아군 관련 위치 정보를 수집하고, 타격 목표물을 파악하는 데 1등 공신이었다. 우크라이나군은 '봇' 기능의 차단으로 크게 당황한 것으로 전해졌다. 다행히 곧 차단 조치가 풀렸다.

봇의 차단 이유로 우크라이나 당국이 두로프 CEO를 잘못 건드렸다는 설도 있다. 우크라이나 의회의 자유언론위원회 유르치신 위원장은 "애플을 통해 텔레그램을 어설프게 건드렸다가 두로프와 러시아 연방보안국(FSB)에게 당한 것"이라고 주장했다.[28] 두로프 CEO의 인터뷰 내용으로 미뤄보면 가능한 시나리오다. 그는 터커 칼슨 전 폭스뉴스 앵

28 스트라나.ua, 2024년 4월 29일

커와의 인터뷰에서 스마트폰 운영체계(OS)를 장악한 애플과 구글로부터 압력을 받았다며 불만을 표시한 바 있다.

우크라이나가 껄끄럽게 여기는 플랫폼은 또 있다. 중국에서 만든 틱톡(TikTok)이다.

우크라이나 국가 국방안보회의 산하의 허위정보 방지센터 알리나 본다르추크 부소장은 2024년 4월 16일 "우리는 보지 말아야 할 틱톡 계정의 목록을 이미 확보하고 있다"며 "해당 계정들을 조만간 차단할 수도 있다"고 경고했다. 또 차단된 계정의 콘텐츠가 다른 계정으로 이전되면, 그 계정도 자동적으로 차단될 것이라고 덧붙였다.

우크라이나 당국이 문제 삼은 콘텐츠는 동원 반대 혹은 동원 기피를 조장하는 영상이다. 텔레그램보다 틱톡에 더 많이 올라온다. 앞뒤를 잘라낸 쇼츠(짧은 영상)여서 악마의 편집이 주는 임팩트가 상당히 크다. 동원 담당자(군사위원, 징병관)들이 거리에서 동원 대상자를 구타하거

▲ 키예프에서 일어난 동원 반대자의 분신 모습. 출처: 텔레그램

나 강제로 차에 태우고, 총기 등으로 협박하는 장면과 강제동원에 항의하는 나이 지긋한 여성들의 모습 등을 담은 쇼츠는 동원에 대한 거부감을 일으키기에 충분하다. 일부 지역에서는 동원 대상자가 도끼 등 흉기로 군사위원에게 위해(危害)를 가하는 영상도 올라온다.

▲ 길거리 동원 모습. 출처: 텔레그램

우크라이나 당국은 이 같은 틱톡 영상을 러시아 측이 병역 기피를 조장하기 위해 만든 것이라고 주장하지만, 이 말을 믿는 우크라이나 사람은 이제 거의 없다. 나중에 사법당국의 형사 기소 등으로 영상이 사실로 확인되거나 목격담을 통해 알음알음 전해졌기 때문이다. 우크라이나 인권 옴부즈맨 드미트리 루비네츠도 참다못해 폭력적인 군사위원들의 동원 행태를 비판하고, 처벌해야 한다고 목소리를 높였다.

동원 거부 영상의 하이라이트는 새 동원법 제정(2024년 4월 11일) 이후 큰 인기를 끈 '나는 동원 기피자(Я ухилянт)'라는 영상이다. 우크라이나군 정보총국(GUR)은 "러시아가 정보 및 심리작전(IPSO)의 차원에서 이를 만들고 확산시키고 있다"고 주장했다. 그러나 영상 속 노래를 모방한 다양한 '밈'이 인터넷에 올라오고, 노래를 따라 부르는 영상을 찍어 올리는 것이 유행병처럼 번졌으니, 러시아의 작전으로 보기에는 인기가 너무 높다.

이 같은 불손한 영상의 유포를 막기 위한 손쉬운 해결책은 틱톡(과 텔레그램)을 차단하는 것이다. 우크라이나 집권 여당이 텔레그램 통제법안의 입법을 밀어붙이는 이유일 것이다. 하지만, 플랫폼 전면 차단은 2018년 러시아에서 텔레그램 차단 조치를 무너뜨린 'VPN(가상 사설망) 깔기'와 같은 국민적 저항을 불러올 수도 있다.

# 전시 언론 통제

언론은 전쟁 중에 당국의 나팔수가 되기 십상이다. 제2차 세계대전 당시 나치 독일의 요제프 괴벨스와 같은 탁월한 선전 전문가가 있다면, 전시 언론은 알게 모르게 당국의 선전전에 휩쓸려 들어가게 된다.

독일의 중앙선전국장과 국민계몽선전부 장관을 역임한 괴벨스는 인문학 엘리트의 장점을 살려 독일 국민에게 극단적인 반유대주의를 설파하며 홀로코스트 등 나치의 여러 악행에 앞장선 인물이다. 그가 사용한 선전·선동 방식은 전후 세계의 정치와 언론에 큰 영향을 주었기에 '프로파간다의 제왕'으로 일컬어지기도 한다.[29]

프로파간다라는 용어는 광고, PR의 아버지로 불리는 에드워드 버네이스(Edward Bernays)의 저서 《프로파간다(Propaganda)》로부터 시작된다. 광고 기획자로 대중의 심리를 자유자재로 조종하던 버네이스는 자신의 경험을 이론적으로 체계화했다. 괴벨스는 이 이론을 현실에 적용해 성공한 인물이라고 할 수 있다.

29 나무위키 '파울 요제프 괴벨스' 참고

전쟁은 누가 먼저 상대를 죽이느냐의 게임이기 때문에 전시 프로파간다는 필연적이다. 이를 어떻게 가려내느냐가 제3국의 언론에 맡겨진 전쟁 저널리즘의 숙제다.

우크라이나 전쟁에서 실례(實例)를 찾아보자. 우크라이나 전쟁 초기의 격전지 마리우폴. 러-우크라 양군의 격전이 치열해지자, 민간인 대피를 위한 인도주의적 조치들이 시행됐다. 인도주의적 휴전과 대피로 운용, 피란 버스의 운행이다. 하지만, 기대한 성과는 거두지 못했다.

그 원인을 놓고 양측은 설전을 벌였다. 전쟁 저널리즘의 정석에 따른다면, 양측의 주장을 모두 의심하고 검증하고, 사실 여부를 확인해야 한다.

피란 버스를 이용하는 주민들은, 인도주의적 대피로를 이용해 마리우폴을 빠져나가는 자가운전자들과는 처한 여건이 다르다. 자가운전자들은 개설된 인도주의적 통로 중에서 원하는 대피로를 따라 위험지역을 벗어나면 된다. 그러나 피란 버스 탑승객들에게는 우크라이나가 운영하는, 우크라이나 통제 지역으로 가는 버스를 타느냐, 러시아 통제 지역 행 버스에 오르느냐의 선택만 가능하다.

난민 문제를 담당하는 이리나 베레슈크 우크라이나 부총리는 2022년 4월 20일 텔레그램을 통해 "오늘 오후 2시부터 마리우폴에서 여성과 어린이, 노인들을 대피시키기 위한 인도주의 통로를 개설하고 피란 버스를 운영하기로 러시아 측과 합의했다"며 집결장소 3곳을 지정, 공지했다. 피란 목표 주민은 6천여 명이었다. 버스 90대가 마리우폴로 향할 것이라고 했다.

그다음 날 베레슈크 부총리는 "피란 버스 4대만 마리우폴 주민들을 태우고 마리우폴을 빠져나왔다"면서 "러시아 측이 약속을 어겼다"고 비난했다. 그녀의 주장은 마리우폴을 장악한 러시아군이 대피 주민들을 제때 집결장소까지 안내하지 않았다는 것이다. 러시아군의 현지 장악력이 현저하게 떨어지거나, 군기가 해이하기 때문이라고 주장했다.

러시아 측은 정반대의 논리를 폈다. "키예프 측이 마리우폴의 아조프스탈 공장에 있는 민간인들의 대피를 방해했다. 개설된 인도주의적 통로를 아무도 사용하지 않았다."

러시아군 총참모부 산하 국방통제센터(Национальный центр управления обороной Российской Федерации. 우리식으로는 종합상황실)의 미하일 미진체프 센터장[중장. 이후 국방차관을 거쳐 전역]은 당일(20일) 밤 "마리우폴에서 동쪽(러시아 관할 지역)으로 열린 대피로 외에도, 우크라이나 측과의 사전 합의에 따라 서쪽(우크라이나 관할 지역)으로 향하는 인도주의 통로를 열었으나 우크라이나군이 아조프스탈 공장 등 마리우폴 산업단지에 있는 민간인들의 탈출을 막는 바람에 아무도 나타나지 않았다"고 주장했다.

미진체프 중장은 앞서 "러시아군은 전투 행위를 중단하고 안전거리 바깥으로 물러났으며, 아조프스탈 공장 주변에는 서쪽, 동쪽, 북쪽 세 방향으로 가는 버스 각각 30대와 구급차 10대씩을 배치할 것"이라고 발표한 바 있다.

▲ 마리우폴 주민들을 태우기 위해 길게 줄 서 있는 피란 버스들. 출처: 우크라이나군 텔레그램 채널

러-우크라 양국이 사전 합의를 통해 인도주의 통로를 열고, 피란 버스까지 배치했는데, 막상 피란한 주민은 왜 겨우 버스 4대분에

불과했을까? 피란 당일, 대부분의 마리우폴 지역은 러시아군의 통제하에, 아조프스탈 공장 등 마리우폴의 산업단지는 우크라이나 저항 세력의 통제하에 있었다.

상식적으로는 대피를 원하는 A가족 앞에 두 가지 길이 있다. 우크라이나 관할 지역(산업단지)에 거주하고 있다면, 먼저 그 지역을 벗어난 뒤 러시아군의 안내를 받아 피란 버스를 타는 집결장소로 가야 한다. 러시아군 관할 지역에 있다면, 러시아군의 안내를 받아 집결지로 가면 된다. 따라서 우크라이나군이 산업단지 이탈을 막거나 러시아군이 집결지로 인도를 거부할 경우, 피란 버스를 탈 수가 없다.

러시아 측은 우크라이나군이 A가족의 산업단지 이탈을 막는 바람에 A가족을 아예 보지도 못했다고 하고, 우크라이나 측은 러시아군이 A가족을 집결지로 인도하지 않았다고 주장했다.

누구의 말이 맞을까?

미군이 아프가니스탄에서 철수한 2021년 여름, 카불 공항으로 몰려나온 수많은 피란민들이나 한국전쟁 당시 지역에 따라 부역자로 몰린 양민(良民)들의 운명을 떠올리면 의외로 쉽게 답이 나올 것 같다.

국제적십자사가 추진한 마리우폴 피란 버스도 불발됐다. 책임 논쟁도 똑같다. 국제적십자사가 우크라이나 측의 주장에 따라 피란 버스 행렬을 움직이면 러시아 측이 방해하고, 러시아 측의 친절한(?) 안내를 받으려고 하면 우크라이나 측이 아예 운행 자체를 반대했다. 누구의 잘잘못을 따질 일은 아니다. 전쟁 중이기 때문이다. 있는 그대로 보도할 수밖에 없다. 전쟁 저널리즘이 처한 태생적 어려움이다.

## 우크라이나의 언론 통제는

우크라이나에서는 모든 미디어(언론)를 텔레비전 및 라디오 방송을 위한 국가위원회(National Council for Television and Radio Broadcasting. 이하 TV라디오위원회)의 통제 아래에 두는 언론법 개정안이 2023년 3월 31일 자로 발효됐다. 이름만 TV와 라디오이지, 신문 등 인쇄매체는 물론, 온라인 매체와 블로그 등 소셜 미디어(SNS)까지 이 기관의 통제를 받도록 한 언론법이다.

우크라이나 당국이 2022년 말 이 법안을 추진하자, 서방 외신들과 미디어 단체들은 "최악의 권위주의 정권에 합당한 법안"이라고 비판했다. 그럼에도 이 법은 의회를 통과했고, 이듬해 3월 말로 발효했다.[30]

이 법에 따르면 TV라디오위원회는 모든 언론 매체의 보도 내용을 분석한 뒤 폐쇄 명령까지 내릴 수 있는 강력한 미디어 통제조직이다. 가장 중요한 기능은 언론이 금지된 전쟁 정보를 게시하지 않도록 막는 것이다. 한마디로 전시 언론의 통제기구다.

30 스트라나.ua, 2023년 4월 4일

이 위원회는 또 러시아의 특수 군사작전을 홍보하는 정보의 게재를 일체 금지했다. 이에 따라 우크라이나 언론들은 러시아 측의 다양한 온·오프라인 군사작전 선전물은 물론이고, 러시아군의 승리를 뜻하는 표식 'Z'도 쓰지 못하게 됐다.

더욱이 언론 개정법안은 침략국(러시아)의 조직 및 공무원, 침략 행위 등에 관한 부정확한 정보의 유포, 또는 그 결과가 주민을 선동해 폭력적인 요구(시위)로 이어질 경우, 헌법 질서를 어지럽히는 중대범죄로 규정했다.

이 같은 법안 개정에 앞장선 우크라이나 집권여당 '인민의 종'의 시각은 대체로 '언론도 (전시에는) 국가를 위해 일해야 한다'는 것이다. 전쟁 중에는 언론의 자유가 있을 수도 없다고 했다. 인민의 종 소속의 올레그 둔다 의원은 2024년 1월 NTA TV 채널의 토크쇼 〈위대한 리보프(르비우)가 말하다(Говорить великий Львів)〉에 군복 차림으로 출연해 "지금은 민주주의 가치에 관해 이야기할 때가 아니고, 전쟁 승리 이후에나 가능하다"며 "전쟁 중에는 언론의 자유를 보장해서는 안 된다. 모든 언론은 국가와 전쟁 승리를 위해 일해야 한다. 모든 언론은 우리의 무기다"고 주장했다.[31] 안타깝게도 전쟁 저널리즘이 설 자리는 없어 보인다.

전쟁 저널리즘을 이야기할 때 우크라이나가 개전 초기에 시도한 TV 채널들의 뉴스룸 통합(텔레톤) 운용도 빠뜨릴 수 없을 것 같다. 전쟁과 같은 재난상황에서 한 국가의 방송 운영 방식이 집약돼 나타난 가장

31 스트라나.ua, 2024년 1월 9일

최근의 모습이다. 특히 디지털 시대에 전시 방송이 갖추고 나아가야 할 모델을 보여준다고 할 수 있다.

그러나 전시라고 해서, 모든 TV 채널이 일제히 같은 콘텐츠를 내보는 게 저널리즘의 기본 원칙에 부합하는 것인지에 대해서는 논란의 여지가 있다. 우리나라의 경우, 국가기간방송인 KBS가 국가재난방송의 주축을 맡는다. 민방위의 날 훈련(이하 민방위 훈련) 시 KBS가 수행하는 역할이 '실제 상황'에서도 달라지지 않을 것이다. 미국에서는 9·11 테러와 같은 국가적 위기 상황이 또다시 닥쳐도 뉴스 통합이나 KBS와 같은 역할을 하는 재난 방송은 생각할 수 없다. 우리나라와 우크라이나와 같이 안보 위기에 직면한, 상대적으로 작은 나라에서나 가능한 시스템이다.

우크라이나 방송의 통합뉴스룸의 명칭은 텔레마라폰 통합 뉴스(Телемарафон 〈Единые новости〉, 우크라이나어로는 Єдині новини·에디니 노비니, 이하 텔레톤)다. 원래 러시아의 특수 군사작전 첫날 뉴스 속보를 우크라이나 전역에 신속하게 전달하기 위해 시작됐다. KBS와 같은 국가 재난방송이 없었던 우크라이나 정부가 비교적 시청률이 높은 TV 채널 7개를 통합하는 방식으로 전쟁 뉴스의 속보 방송 체제를 만든 것이다.

우크라이나 국영 채널인 페르쉬(Перший: 첫 번째라는 뜻. 러시아의 TV 방송 '채널-1'과 같은 의미)와 의회방송인 라다(Рада)에 민간 상업방송인 ICTV/STB(ICTV/СТБ)와 채널 1+1, 수슬필네(Суспільне), 인터(Интер), 우크라이나 24(Украина 24)가 합류한, 7개 방송 채널이 참여하는 방식으로 시작됐다. 그러나 그해 7월 돈바스 지역 기반의 우크라이나 24 방송 채널의 송출이 차단되면서 '우리는 우크라이나(Мы-Украина)' 채널이 대신 들어갔다.

운영 방식은 7개 참여 방송사가 각기 최대 6시간 분량의 전쟁 관련 콘텐츠를 만들고 공유하면서 24시간 방송하는 체제다. 우크라이나인들은 선호하는 TV 채널 어디를 틀어도 같은 프로그램만 보게 된다. 방송 제작 경비의 40%를 정부가 부담했다.[32]

텔레톤은 나중에 이스라엘의 전시 방송 시스템과 비교됐다. 2023년 10월 팔레스타인 무장단체 하마스의 가자지구 난입으로 시작된 이스라엘-하마스 전쟁에서 이스라엘 당국은 (우크라이나식의) 텔레톤 체제의 구축을 시도하지 않았다. 각 TV 채널은 자체적으로 전쟁 뉴스물을 제작하고 방영했다. 다만, 매일 전사자들과 민간인 사망자들을 위한 묵념의 시간을 갖고, 그들의 사진과 이름을 내보내는 형식과 내용은 전 TV 채널이 똑같다. 최소한의 전시 방송 기준으로 보인다.

개전 이후 거의 한 달간, 키예프를 향해 진격해 오는 러시아군 탱크와 이를 저지하기 위해 목숨을 건 우크라이나군의 투혼, 자원 입대자들의 쇄도, 자존감을 올려주는 전과들, 애국심 고취 콘텐츠 등을 보여준 텔레톤은 우크라이나인들로부터 큰 지지를 받았다. 가성비 높은 효율적인 방송 채널 운영 시스템도 각종 디지털 영상 플랫폼으로 어려움을 겪는 전 세계 방송계에 뚜렷한 인상을 남겼다.

하지만 '고인 물은 썩는다'는 교훈을 넘어서지는 못했다. 텔레톤은 2024년 들어 현실과 동떨어진 전쟁 보도를 이어가면서 국민의 신뢰를 잃어가는 조짐이 뚜렷해졌다. 미 뉴욕 타임스(NYT)가 2024년 새해 벽두(1월 3일)부터 텔레톤의 문제점을 지적하고 나설 정도였으니, 우크라

32 위키피디아 러시아어판 '통합뉴스' 참고

이나 현지 분위기는 말할 것도 없다. 유럽연합(EU)도 텔레톤의 지속적인 운영을 언론 자유에 대한 탄압으로 보고, 시청자들에게 폭넓은 선택권을 제공하라고 촉구했다.

미 국무부는 2024년 4월 발간한 〈우크라이나의 인권 상황에 관한 보고서〉에서 텔레톤의 부정적 측면을 놓치지 않았다. 보고서는 "헌법과 법률은 언론과 기타 다양한 방법을 통한 표현의 자유를 규정하고 있지만, 우크라이나 당국은 이러한 권리를 항상 존중하지는 않았다"며 텔레톤 방식의 운영을 문제 삼았다.

"예를 들어, 전쟁 보도에서 정부 노선을 따르는 TV 채널들의 플랫폼인 전국 텔레비전 마라톤(National Television Marathon, 텔레톤)은 참여 TV 채널들에게 수익[정부가 제작비의 40% 지원]을 안겨주면서 황금 시간대의 뉴스 통제력을 확실하게 장악했고, 어떤 매체(돈바스 기반의 우크라이나 24 채널)는 2022년 봄 대통령실의 압력으로 수익성이 좋은 이 시스템(텔레톤)에서 퇴출되기도 했다."

보고서는 또 "우크라이나 당국은 국가안보에 위협이 되거나 국가의 수권 및 영토 보전을 훼손하는 언론 매체와 언론인을 자의적이고 모호한 기준에 따라 판단하고 분류한 뒤, 제재했다"며 "정부를 비판하는 인플루언스도 블랙리스트에 올리고, 전쟁을 이유로 온라인 콘텐츠에 대한 검열도 도입했다"고 비판했다.[33]

현지 정치전문가 타라스 세메뉴크는 "텔레톤은 저널리즘이 아니라

33 스트라나.ua, 2024년 4월 24일

선전전의 요소에 해당한다"고 인정하면서도 "그러나 전쟁 중에는 이것도 필요하다. 우크라이나를 혼란으로 빠뜨리려는 적의 선전 신동을 막고 사회를 통합하는 길이기 때문"이라고 주장했다. 동시에 "방송 수위 조절은 필수"라고 따끔하게 지적했다.

"텔레톤은 우리에게 승리에 대한 큰 기대감과 실망감을 동시에 안겨줬다. 사람들은 2023년 여름에는 크림반도 얄타에서 커피를 마실 것이라고 믿었다. 그러나 그런 일이 일어나지 않았다. 아무도 책임을 지지 않은 채, 당국은 거꾸로 강력한 군 동원 조치를 밀어붙이고 있다. 그냥 모든 것을 포기하고 전쟁에 나설 것을 요구하니 누가 수긍하겠는가?"[34]

34 스트라나.ua, 2023년 12월 28일

# 국내 언론 보도 vs 우크라이나 언론 보도

현대전은 하이브리드 전쟁이라고 한다. 예전처럼 최전선에서 가능한 한 적을 많이 죽이고 파괴하고 땅을 빼앗는 식으로만 이기는 전쟁이 아니라는 건데, 하이브리드 전쟁에서는 프로파간다만큼 강력한 무기도 없다.

필자는 이번 우크라이나 전쟁에서 말로만 듣던 프로파간다의 위력을 실제로 체험한 것 같은 느낌이다. 개전 초기 러시아군이 우크라이나 통제하에 있는 돈바스 지역의 마을을 하나씩 점령해 갔지만, 당시 언론은 러시아군의 공격을 저지하는 우크라이나군의 단편적인(?) 활약에 초점을 맞추는 바람에, 우크라이나군이 전쟁에서 이기고 있는 듯한 착각이 들 정도였다. 전쟁의 전체 흐름이 아니라 특정 전투의 승리를 프로파간다에 이용한 우크라이나 심리전의 결과라고 할 수 있다.

서방 측이 미리 설정해 놓은 승리 기준 혹은 승리 방정식이 초기 프로파간다 전의 기본 수단이 되기도 했다. 서방 정부나 전문가들은 '러시아군이 공격 사나흘 만에 수도 키예프를 점령하고 우크라이나의 항복을 받아낼 것'이라고 예측했다. 2008년 그루지야(조지아)와의 전쟁을 생각하면, 합리적인 기준이다.

하지만 우크라이나는 땅 면적이 6,035만 5,000 헥타르(세계 44위)로, 그루지야의 697만 헥타르(세계 123위. 2021 국토교통부, FAO 기준)보다 10배 가까이 크고 인구도 3,793만 7,821명(세계 40위)으로, 그루지야의 371만 7,425명(세계 131위. 2024 통계청, UN, 대만통계청 기준)보다 10배나 많다. GDP는 1,605억 274만 달러(세계 58위)로, 그루지야의 246억 538만 달러(세계 107위. 2022 한국은행, The World Bank, 대만통계청 기준)보다 6배, 7배 가까이 많다.

객관적인 국력이 10배 가까이 차이 나는데, 사나흘 만에 수도 키예프를 점령할 것이라는 기준은 애초부터 잘못 설정됐다. 러시아와 그루지야 휴전을 중재한 니콜라 사르코지 전 프랑스 대통령과 같은 인물도 이번에는 아예 없었다. 무엇보다도 나토의 엄청난 군사지원을 배제해야만 가능한 시나리오였다.

이런 객관적인 지표들과 주변 상황은 처음부터 깡그리 무시됐다. 러시아는 세계 2대 군사강국이니 우크라이나를 쉽게 이길 것이라고 주장했다. 나토가 본격적으로 군사지원을 시작하기 전까지 수개월을 잘 버틴 우크라이나군이 사실상 승리한 것이나 다름없다는 논리는 순전히 서방 측이 미리 설정한 기준에 따른 것이다.

그렇다고 해서 우크라이나가 이번 전쟁에서 이길 것으로 전망하는 것은, 좀 섣부른 판단이었다. 전쟁이 채 100일도 지나기 전인 2022년 5월 말쯤 국내 언론에서 정보를 얻은 주변 사람들은 '나토가 본격적으로 우크라이나를 지원하면, 러시아가 전쟁에서 질 것'이라고 굳세게 믿고 있었다. '경제력으로 보나, 인구로 보나, 영토로 보나, 우크라이나가 어떻게 러시아를 이기겠느냐'는 필자의 주장은 친러시아 전문가의 단견으로 평가절하됐다. 벌써 2년 전 이야기다.

러시아는 몇 번의 고비를 넘기는 했지만, 2024년 9월 현재 우크라이나 전쟁을 안정적으로(?) 이끌어가고 있다. 이제는 우크라이나가 이 전쟁에서 승리하리라고 믿는 전문가들은 거의 없다. 가장 유리한 전략적 위치에서 러시아와 평화협정을 맺는 것이 우크라이나에게는 승리나 다름없다며 그 기준을 바꿔나가고 있다.

서방 외신들은 그동안 우크라이나 국방부(정보부)가 만든 프로파간다식 정보를 단서 몇 개를 달아 거의 검증 없이 많이 내보냈다. 그것을 국내 언론은 그대로 번역했다. 어떤 경우에는 외신이 단 단서마저 생략하기도 했다.

프로파간다형 언론 보도 혹은 SNS 정보는 러시아 언론 혹은 우크라이나의 독립 언론에 대입해 보는 순간, 그 전말을 어렴풋하게나마 짚어볼 수 있다. 우크라이나에도 다양하고 많은 언론 매체가 있다. 온라인 기반의 언론이 활성화하면서 그 수도 폭발적으로 늘었다. 친러시아계, 친우크라이나계 매체의 성향은 서로 극과 극이다. 그러나 어느 순간 친러시아계 매체는 반역자 프레임에 묶여 문을 닫았다.

그나마 러시아어-우크라이나어 두 개의 언어로 서비스하는 매체는 양쪽의 독자들을 의식하다 보니 비교적 중립을 지키려는 성향을 보인다. 또 두 개의 언어로 서비스를 하려면 일정 규모의 조직이 필요하다. 팩트 체크할 만한 인력을 최소한의 수준이나마 갖추고 있는 것 같다. 아무거나 베끼고 쓰는 작은 조직의 매체와는 다르다.

우크라이나어를 구사하지 못하는 필자는 러-우크라어로 서비스하는 매체를 주로 참고할 수밖에 없었다. 러시아에서 대표적인 온라인 매체로 인정받는 rbc(러시아어로는 РБК) 통신의 경우, 우크라이나에서 rbc-우크라이나(РБК-Украина, 우크라이나판)를 운영하고 있었다. 러-우크라 두 개 언어로 서비스를 하지만, 전쟁 이후 친우크라이나 성향이 두드러졌다.

필자가 자주 인용한 스트라나.ua[러시아어로 страна. 나라, 국가라는 뜻이다]도 두 개의 언어로 뉴스를 전한다. 스트라나.ua는 2016년 2월 창간됐지만, 전쟁 발발 전인 2021년 8월 우크라이나 국가 국방안보회의(우리의 국가안보실 격)에 의해 접속이 차단됐다. 우크라이나 매체이니 당연히 러시아에서도 추방됐다. 현재는 미러 사이트를 통해(через зеркала сайта, 거울이라는 뜻) 콘텐츠를 내보낸다.

미러 사이트란 원본과 똑같은 콘텐츠를 보유한 사이트로, 대체로 △데이터 보호 △웹사이트 차단 시 대체 △비용 절감 등의 이유로 만들어진다. 중국 당국이 2002년 검색 엔진 구글(Google)의 접속을 차단했을 때, 구글은 미러 사이트인 elgooG[구글의 철자를 뒤집은 것이다]를 통해 중국 네티즌들을 공략했다. 스트라나.ua도 러-우크라 양국에서 접근이 차단되자 미러 사이트를 개통해 서비스하는 중이다.

스트라나.ua의 보도를 바탕으로 우크라이나 전쟁 개전 초기와 2024년 들어 부각된 주요 이슈가 왜 (서방 외신의) 오보로 끝났는지, 전후 맥락을 되짚어 보자.

우선, 발레리 게라시모프 러시아군 총참모장(합참의장 격)의 해임 건이다. 서방 측이 미리 설정한 기준에 의거, 러시아군의 우크라이나 군사작전이 실패했다며 러시아군 최고 지휘부인 세르게이 쇼이구 국방장관과 게라시모프 총참모장에 대한 해임설은 잊을 만하면 나왔다.

2022년 5월 중순, 올렉시 아레스토비치 우크라이나 대통령실 고문이 게라시모프의 직위 해제를 주장했다. 영국 일간지 《인디펜던트》는 13일 아레스토비치 고문의 주장을 인용, "푸틴 러시아 대통령과 그의 측근들이 게라시모프 총참모장에게 군 지휘권을 계속 맡겨야 하는지를 평가하고 있다"며 "이는 게라시모프가 평가받는 동안 직위를 떠나 있음(직위 해제)을 시사한다"고 보도했다.

그러나 게라시모프 총참모장은 2023년 1월 특수 군사작전을 통괄하는 총사령관에 임명된 후, 푸틴 대통령의 최측근인 쇼이구 국방장관이 2024년 5월 푸틴 연임 5기 취임식에 맞춰 경질된 것과 상관없이 계속 총사령관(군 총참모장 겸임) 권한을 행사하고 있다.

▲ 최전선을 시찰하는 게라시모프 러시아군 총참모장. 출처: 텔레그램

또 하나의 예는 '세베로도네츠크강 도하에 나선 러시아군이 전멸했다'는 영국 일간지 《더 타임스》의 5월 12일 자 보도다. 러시아군과 루간스크인민공화국(LPR)의 연합군이 세베로도네츠크강에 부교를 설치하고 도하 작전을 시도하던 중, 우크라이나군의 매복 공격을 받아 대대급 병력을 한꺼번에 잃었다는 게 주요 내용. 부교 주변의 항공사진도 첨부됐다.

이 매체에 따르면 전투는 보도 나흘 전인 8일 벌어졌다. 우크라이나군은 70대 이상의 러시아군 탱크·장갑차를 파괴하고 약 1,000명의 병력을 전멸시켰다고 주장했다. 우크라이나 측은 "러시아군이 세베로도네츠크 강을 건너 보예보도프카 마을을 점령한 뒤 세베로도네츠크와 리시찬스크를 포위하고, 나아가 리만으로 향할 것이라는 작전 계획을 미리 입수해 매복 작전을 짰다"고 강조했다. "우크라이나군이 돈바스

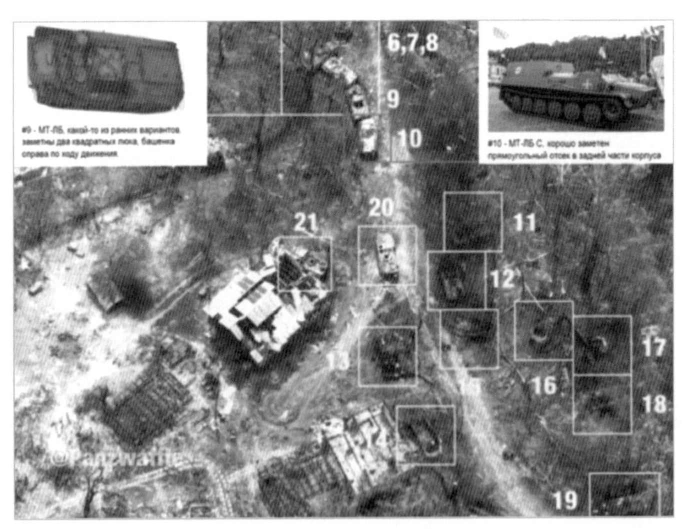


▲ 현지 매체 아비아 프로는 파괴된 군사장비들에 순번을 부여하며, 패인을 분석했다. 출처: 아비아 프로 캡처

지역에서 의미 있는 성과를 얻으려던 러시아군에 치명적인 타격을 입혔다"는 게 《더 타임스》의 평가였다.

러시아·LPR 연합군이 공격 중 그 같은 패배를 당했을 수도 있다. 아비아프로 등 러시아 매체도 러시아군이 도하 작전 중 매복 공격을 받아 49대의 군사장비가 파괴됐다고 확인했다. 위성 사진을 분석한 결과, T-72 탱크와 장갑차, 보병 전투 차량 BMP-1 및 BMP-2, 군수물자 차량 등 49대가 강 주변에 파괴된 채 방치돼 있다고 밝혔다.

하지만, 더 타임스 보도가 나온 시점에는 러시아군이 이미 세베로도네츠크강을 건너 당초 공격 목표인 보예보도프카 마을을 장악한 뒤였다. 구문(舊聞)이었던 셈이다. 러시아 매체 N(노보스티vl)은 "우크라이나군과 영국 국방부가 (이미 과거가 된) 러시아군의 도하 작전 실패는 대대적으로 알리면서, 도하 작전의 목적인 보예보도프카 마을이 점령됐다는 사실은 왜 발표하지 않는지 궁금하다"고 비꼬았다.

우크라이나군은 러시아군에 밀려 패주하고 있으면서도 내부적으로는 '적을 섬멸하고 있다' '우리는 이기고 있다 혹은 이길 수 있다'고 세뇌시키는 프로파간다 작전을 펴고 있었다고 할 수밖에 없다.

시점을 2년 후로 돌려 2024년 6월의 첫 번째 주말이었던 1일과 2일(시차를 감안해 3일까지) 한-우크라 언론 보도가 어떻게 다른지 살펴보자.

우크라이나 매체 스트라나.ua는 평일에는 매일 그날의 뉴스를 정리하는 기획기사 'X월 X일의 이토기'[X월 X일 결과 보고, 혹은 결산이라는 뜻, 이하 '이토기']를 올리지만, 주말에는 주말 치를 한꺼번에 정리한다. 기사를 끊임없이 생산하는 국내 뉴스통신사인 연합뉴스와 뉴시스를 보면, 주말(6

월 2일, 3일)의 우크라이나 전쟁 주요 이슈는 다음 몇 가지로 추려졌다.

#1

연합뉴스는 3일 모스크바의 최인영 특파원 발로 "2일(현지시간) 우크라이나에 전국적인 긴급 정전 조치가 시행됐다고 AP 통신이 보도했다"고 전했다. 주요 내용은 두 가지로, 다음과 같이 요약된다.

"이번 전력 차단 조치는 러시아가 우크라이나의 에너지 인프라를 드론·미사일로 폭격한 지 하루 만에 우크라이나 3개 지역을 제외한 모든 지역에서 시행됐다. 우크라이나 전력망 운영사 우크레네르고는 텔레그램에서 이번 정전이 산업·가정 전기 소비자 모두에게 영향을 미쳤다."

"러시아 국방부는 지난 24시간 동안 우크라이나군 5개 여단에 패배를 안기고 5건의 반격을 격퇴했다고 밝혔다. 그러나 하르키우에서 가까운 러시아의 접경지 벨고로드주에서는 우크라이나 공격에 인명 피해가 발생했다고 뱌체슬라프 글라드코프 벨고로드 주지사가 주장했다."

#2

뉴시스는 영국 일간 텔레그래프를 인용해, 우크라이나가 3일 미국산 로켓시스템 하이마스(Himars)로 러시아 영토를 처음으로 공격했다고 보도했다. 텔레그래프는 2일(현지시각) 러시아 소식통을 인용해 "우크라이나가 2022년 러시아와 전쟁을 시작한 이후 처음으로 러시아 영토 내 목표물을 향해 미국산 무기를 발사했다"고 전했다. 또 러시아 군사 블로거의 주장을 그 뒤에 붙였다.

"러시아 종군기자이자 군사 블로거인 에브게니 포두브니는 자신의 텔레그램에 '적'(우크라이나)은 러시아 본토를 공격하기 위해 서방 무기 시스템을 사용하기 시작했다. 그는 러시아 영토에 떨어진 엠(M)142 하이마스 포탄의 파편 사진 여러 장을 근거로 제시했다."

#3

'젤렌스키, "중국, 평화정상회의 참석 말도록 종용하며 러시아 도와"'라는 제목의 기사도 2일 연합뉴스와 뉴시스에서 나란히 나왔다. 대략 이런 내용이다.

"젤렌스키 대통령은 2일 싱가포르 아시아안보회의에서 우크라이나 주도의 스위스 평화 정상회의와 관련해 중국이 러시아의 회의 방해 공작을 돕고 있다며 중국을 비난했다. 젤렌스키 대통령은 샹그릴라 방위 포럼 마지막 날 기자회견에서 '중국이 다른 나라와 이들의 지도자들에게 스위스 평화회의에 참석하지 말도록 압력을 가하고 있다'고 주장했다. 그는 '러시아는 이 지역에서 중국이 행사하고 있는 영향력, 또 중국 외교관들을 이용해 평화 정상회의를 방해하기 위해 온갖 짓을 하고 있다'고 비난했다."

스트라나.ua는 3일 '이토기' 코너에서 주말 이슈를 5가지 항목으로 나눠 정리했다.[35]

여느 때와 마찬가지로 최전선 상황(Ситуация на фронте)을 가장 먼저

35 스트라나.ua, 2024년 6월 3일

정리한 뒤,

#1. 에너지 기반 시설에 대한 새로운 타격(Новый удар по энергетике)으로 넘어갔다.

"토요일(1일) 밤, 러시아군은 우크라이나 에너지 부문에 새롭게 큰 타격을 가했다. 칼리브르, 이스칸데르 등 다양한 미사일 총 53기가 드론과 함께 우크라이나로 날아왔다. 미사일 35기는 격추됐으나, 최소한 화력 발전소 2곳과 수력 발전소 2곳이 타격을 받았다. 특히 자포로제의 드네프르 수력 발전소의 피해는 매우 컸다."

"에너지 부문에 대한 러시아군의 공격으로 정전 상황이 악화했다. 월요일(3일)부터 우크라이나 대부분 지역에서는 예고 없이 하루 종일 정전됐으며, 화요일에도 비슷할 것으로 예상된다. 우크르에네르고의 블라디미르 쿠드리츠키 대표는 '우크라이나 에너지 상황은 이번 주 내내 악화될 것'이라며 '원전 2기가 수리 때문에 가동을 중단한 데다, 5월 31일과 6월 1일 에너지 시설에 대한 러시아군의 공습이 주원인'이라고 설명했다."

"러시아는 우크라이나 에너지 인프라에 대한 체계적인 공격을 계속하고 있다. 추운 날씨가 시작될 때까지 공습이 계속되면 어떻게 될까? 정확한 예측은 아직 나오지 않고 있지만, 전력 상황은 분명히 2022~2023년 겨울보다 훨씬 더 나쁠 수 있다는 것이다."

"모스크바는 '키예프 정권이 러시아 에너지 및 운송 시설을 손상시키려는 시도에 대응해 군산복합체 기업의 운영을 보장하는 우크라이나 에너지 시설에 타격을 가했다'고 주장했다."

#2. (우크라이나가) 서방 무기로 러시아를 공격한(Удары западным оружием по РФ)데 대해 길게 정리했다.

"지난 토요일(1일), 러시아의 군사 텔레그램 채널은 격추된 것으로 추정되는 하이마스 로켓의 잔해 사진을 공개했다. 라틴어 표시가 또렷하다. 하지만 러-우크라 어느 쪽도 이를 공식적으로 확인하지 않았다."

"미국 잡지 포브스는 우크라이나군이 바이든 미 대통령의 사용 허가를 받은 지 몇 시간 만에 벨고로드로 하이마스 공격을 가했다고 보도했다. 포브스에 따르면 미 백악관은 금요일(5월 31일)에 (미국산 무기로 러시아 본토 공격을 금지하는) 레드 라인을 철회했다. 그날 밤, 우크라이나군은 하이마스 발사대 중 일부를 러시아 벨고로드주(州)로 겨냥했다."

"러시아와 우크라이나 온라인 정보에 따르면 벨고로드 지역의 S-300 방공 시스템이 하이마스 로켓에 맞았다. 지금까지는 서방 무기를 (러시아 본토 공격에) 사용하지 않았다. 러시아 본토 공격이 가능한 무기가 하이마스에만 국한되지 않을 것이라는 보도도 나왔다. 영국 BBC 방송은 익명의 군 공군 장교를 인용해 '프랑스는 우크라이나가 스칼프 장거리 미사일[영국식 표현으로는 스톰 섀도]로 벨고로드 지역의 비행장을 공격할 수 있도록 허가했다'고 밝혔다. 프랑스는 이를 공식적으로 발표하지 않았다."

"독일은 우크라이나가 제공받은 패트리어트 방공미사일로 러시아 영공에 있는 항공기를 격추할 수 있다고 공식 발표했다. 독일-우크라이나 상황센터 소장인 크리스티안 프레이디그 독일군 소장은 '패트리어트 시스템이 앞으로 하르코프 지역에서 사용될 가능성이 매우 높으며, 러시아 상공에서 에어 폭탄(활공 폭탄)을 투하하는 러시아 항공기와 싸우는 데 탁월하다'고 주장했다."

"젤렌스키 대통령은 싱가포르 안보 포럼에서 '그것으로 아직 충분하지 않다'며 우크라이나를 끊임없이 공격하는 러시아 공군기의 출격 기지를 그 예로 들었다. 공군 기지를 타격할 수 있는 장거리 미사일의 사용을 미국이 여전히 금지하고 있다는 뜻이다."

"랴브코프 러시아 외무차관은 오늘(3일) 미국산 무기의 러시아 영토 공격 허용에 대한 러시아의 경고를 최대한 심각하게 받아들일 것을 촉구했다. 특히 러시아의 핵 레이더 기지 공격에 대해서는 비대칭적 대응[더 큰 피해를 안겨주는 보복행위] 가능성을 시사했다."

"모스크바는 이미 레드 라인의 존재를 공식 발표했다. 지난 5월 6일, 데이비드 캐머런 영국 외무장관이 우크라이나군은 영국제 장거리 미사일로 러시아 영토를 공격할 수 있다고 발언하자, 러시아 외무부는 그 경우 러시아가 영국군의 군사 목표물을 공격할 수 있다고 경고

했다. 서방 측은 아직 이 레드 라인을 넘지 않았다. 젤렌스키 대통령은 영국으로부터 장거리 미사일의 러시아 본토 공격을 승인받지 못했고, 미국도 이를 공식적으로 허용하지 않았다. 프랑스가 이를 허가했다는 언론 보도만 나왔을 뿐이다."

#3은 스위스 정상회의, 향후 과제(Саммит в Швейцарии. Проблем все больше)였다.

"글로벌 사우스(남반구 개발국가)의 몇몇 핵심 국가들은 우크라이나가 스위스에서 개최하는 평화 정상회의에 참가를 거부하거나 참가 수준을 축소했다. 사우디아라비아와 파키스탄은 참석하지 않을 예정이고, 인도는 외무부 장관이나 국가안보보좌관 등 고위급 관리를 파견할 계획이다."

"젤렌스키 대통령은 싱가포르와 필리핀을 잇달아 방문했다. 글로벌 사우스 국가들에게 정상회의 참석을 요청하려는 시도에서다. 하지만 그곳에서도 실망을 감추지 못했다. '중국이 전 세계 파트너들이 스위스로 가는 것을 막고 있다'고 그는 비난했다."

"젤렌스키 대통령은 '중국은 푸틴(대통령)의 손안에 있는 도구이며, 중국은 다른 나라들이 스위스 정상회의에 참가하는 것을 막기 위해 노력하고 있다'고 비판했다. 우크라이나 전쟁 이후 처음으로 중국을 공개적으로 비난한 것이다. 그는 또 룰라 다 실바 브라질 대통령을 겨냥했다. 러시아의 스위스 정상회의 참석을 요구한 중국과 브라질의 공동성

명에 대해 '중국이나 브라질, 그 누구도 러시아가 우크라이나에 대해 전쟁을 시작했다는 사실을 잊은 것 같다'고 비난했다."

"마오닝 중국 외교부 대변인은 젤렌스키 대통령의 비판에 대해 '스위스 평화회의에 대한 중국의 입장은 매우 개방적이고 투명하다'며 '중국은 불(전쟁)을 붙이거나 부채질한 적이 없다'고 반박했다."

"워싱턴 포스트(WP) 등 미국 언론은 젤렌스키 대통령의 아시아 투어가 글로벌 사우스 국가들의 태도를 바꾸는 데 성공하지 못했다고 보도했다. 그 이유로 '서구 열강들이 자신들의 이익을 위해 일방적으로 행동한 지난 세기(20세기)의 아시아 역사'를 들었다. (일부 아시아 국가의) 현실주의자들은 서방이 말하는 것과 행동하는 것 사이에 차이가 있다는 점을 알고 있었기 때문에, 서방의 번드르르한 주장을 결코 믿지 않았다고 WP는 분석했다. 젤렌스키 대통령은 아시아에서 그 같은 서방의 이익을 대변하는 대표자로 받아들여졌다."

"젤렌스키 대통령은 바이든 미 대통령의 스위스 정상회의 불참에 대해서도 비판적이다. 그는 '미국 대통령이 참석을 거부하면 푸틴 대통령이 그에게 기립박수를 보낼 것'이라고 주장했다. 그러나 미 백악관은 그에게 귀를 기울이지 않았다. 스위스 정상회의 준비에 관한 여러 가지 문제를 상징적으로 보여준 장면이다."

스트라나.ua는 마지막으로 키예프의 강압적인 동원문제(Мобилизация в Киеве ужесточилась)를 다뤘다. 국내 언론은 러시아의 (2022년 9월) 부분동원령 후유증에 대해서는 비교적 세세하게 비판적으로 다뤘으나, 우크라이나 동원 문제에는 큰 관심을 보이지 않았다. 거의 '동원 전쟁'을 치를 만큼 사회적 혼란이 지속되고 있음에도 눈을 감았다.

# 퓰리처상 영광의 뒤에는?

언론계 최고 권위의 상으로 불리는 퓰리처상(Pulitzer Prizes)은 매년 4월 말~5월 초에 수상자가 발표된다. 미국의 저명한 언론인 조셉 퓰리처(Joseph Pulitzer)의 유지에 의해 1917년 창설됐으니 벌써 100년을 훌쩍 넘겼다. 퓰리처상은 이제 저널리즘 외에 문학과 음악 분야(총 23개 부문)에서도 수상자를 뽑는다.

저널리즘 분야는 그동안 인쇄매체에 실린 뉴스나 기획 기사, 사진, 만화 등을 대상으로 공공 서비스, 심층 취재, 해설, 국내와 국제분야 등 14개 부문에 걸쳐 수상자가 발표됐으나 이제는 온라인 뉴스 분야도 추가됐다.

지난 2년간 전 세계 거의 모든 매체가 우크라이나 전쟁에 매달렸으니, 퓰리처상 저널리즘 수상자도 대부분 여기에서 나왔다. 하지만 수상 기준이 미국적, 반러시아적이라는 사실은 숨길 수가 없다. 러시아 언론이 퓰리처상 수상자들에게 내심 불만을 갖는 이유다.

우크라이나 전쟁 발발 이후 첫 번째 수상자가 발표된 2023년 5월 8일, AP 통신 기자들이 러시아의 우크라이나 침공 현장을 취재한 성과로 퓰리처상 보도 부문 수상자로 선정됐다. 보도 부문이 퓰리처상의

23개 부문 중 최고 권위의 상으로, 우리가 흔히 퓰리처상으로 부르는 그 상이다. 개전 초기 최대 격전지인 마리우폴의 참상을 전한 AP 통신 영상기자 므스티슬라브 체르노프(Чернов, Мстислав Андреевич), 사진기자 예브게니 말롤레트카(Малолетка, Евгений Константинович), 영상 프로듀서 바실리사 스테파넨코(Степаненко, Василиса Ильинична), 취재기자 로리 힌넌트(Lori Hinnant)가 수상의 영예를 안았다.

이름에서 짐작하듯이, 로리 힌넌트 취재기자가 현지 우크라이나 출신 영상 카메라와 사진, PD와 함께 작업했음을 알 수 있다. 이들은 러시아군의 포위 공격을 받은 마리우폴의 참상을 현장에서 직접 취재한 유일한 팀이었다고 했다.

줄리 페이스 AP 수석부사장은 "우리 기자들은 우크라이나에서 용기 있고 중요한 일을 했다"며 "러시아의 가짜뉴스를 반박하고, 인도주의적 지원 경로를 개척함으로써 그들의 작업은 공익에 크게 기여했다"고 치켜세웠다.

그의 평가는 지극히 미국적이다. 동전의 양면 중 앞면만을 강조한 발언이다. 동전의 뒷면은 어떤 모습이었을까? 전쟁 저널리즘은 동전의 앞뒷면을 편견 없이 공정하게 보도할 것을 요구한다. 보도 과정도 최대한 정의로워야 한다.

젤렌스키 대통령의 2022년 6월 17일 대국민 연설로 거슬러 올라가 보자. 그는 이날 "러시아군으로부터 석방된 타이라(Taira)는 무사히 집으로 갔다"라며 "이 결과를 위해 애써주신 모든 분에게 감사 드린다"고 말했다. 대통령이 직접 대국민 연설에서 석방을 언급할 정도로 중요한 인물인 타이라는, 우크라이나 전쟁의 최전선에서 의료진으로 활약한 율리야 파예우스카(53)다. 타이라는 그녀가 온라인에서 사용한 이름(우리 식으로는 ID)이다.

그녀는 전쟁 발발 직후인 2022년 3월 러시아군에 체포됐다. 원래 체육관에서 여성들에게 자신의 몸을 보호할 수 있도록 호신술을 가르친 트레이너였다. 2018년부터 2년간은 우크라이나 육군 의무병으로 마리우폴 이동병원에서 일했다. 전역 후, 그녀는 자원봉사 구급대인 '타이라의 천사들(Taira's Angels)'을 만들어 (2014년 발발한 뒤 그때까지도 계속된) 우크라이나 정규군과 돈바스 지역 러시아계 민병대 간의 유혈 충돌로 부상한 사람들을 돌봤다.

'우크라이나판 나이팅게일'로 이름이 널리 알려지자, 영국 찰스 3세의 둘째 아들인 해리 왕자 측이 그녀에게 바디 캠(몸에 부착할 수 있는 소형 카메라) 한 대를 보냈다. 해리 왕자에게 영감을 준 인물들을 다룬 넷플릭스 다큐멘터리 시리즈 촬영용이었다.

그녀는 이에 보답이라도 하듯, 해리 왕자 측이 창설한 상이용사들의 올림픽인 '인빅터스 게임'에 우크라이나 대표로 출전하기로 했다. '인빅터스 게임'은 2022년 4월로 예정돼 있었다. 그러나 전쟁이 터지자 그녀는 영국으로 가는 대신 바디 캠을 차고 마리우폴로 향했다. 그녀의 바디 캠에는 격전지 마리우폴에서 벌어진 잔혹한 전쟁의 현장이 고스란히 담겼다. 고통과 출혈로 일그러진 병사의 얼굴과 울부짖음, 다급한 심폐소생술, 무너진 건물과 폐허 속 생존 투쟁, 한 생명을 살려냈다는 안도의 목소리 등 인간 세상에서 가장 잔인하고 지옥 같은 순간들이 그 어느 필름보다 생생하게 담겼다. 누군가가 그녀에게 "러시아군 포로도 치료하실 건가요?"라고 묻자, "그들이 우리에게 친절하지는 않았지만, 그들도 전쟁의 피해자입니다"라고 답하는 장면도 나온다.

파예우스카(타이라)는 약 2주 동안 256GB(기가바이트) 분량을 촬영했다. 그리고 그해 3월 15일 마리우폴에 남아있던 AP 취재팀에게 전달했다. AP 취재팀은 이 메모리카드를 숨겨 마리우폴을 빠져나갔다. 이튿날(16일) 그녀는 러시아군에 의해 체포됐고 3개월 뒤에 석방됐다. 그녀의 석방 소식을 젤렌스키 대통령이 직접 대국민 연설에서 알렸다.

마리우폴 영상은[AP통신이 전부 독자적으로 찍은 것인지, 타이라 영상도 포함됐는지 궁금하다] 이후 〈마리우폴에서의 20일(20 Days in Mariupol)〉이라는 다큐멘터리 영화로 제작됐다. 국내에서도 2024년 6월 5~9일 열린 제4회 서울락스퍼국제영화제에서 개막작으로 상영됐다. 이 다큐 영화는 2024년 3월 제96회 아카데미(오스카상) 시상식에서 다큐 부문 수상작으로 선정됐다.

눈썰미가 있는 독자라면 이미 눈치를 챘을 법하다. 이 다큐 영화의 감독 므스티슬라브 체르노프 감독은 퓰리처상 수상자인 AP통신의 영상(카메라) 기자로, 제작자 바실리사 스테파넨코는 AP통신의 영상 프로듀서(PD)로, 사진작가 예브게니 말롤레트카는 AP통신의 사진기자로 이미 이름을 올렸다는 사실이다. 퓰리처상에서 오스카상까지 우크라이나인들이 촬영, 제작한 영상물이 상을 휩쓸었다.

미국에서 열리는 최대 영화 축제답게 오스카상은 전년(2023년)에도 반푸틴 러시아 야당 인사인 알렉세이 나발니의 독살 시도를 다룬 〈나발니〉에게 다큐 부문 상을 안겼다. 2년 연속 반러시아 성향의 다큐 영화가 오스카상을 받은 것이다. 반러시아적인 정서가 반영되지 않았다고 주장하기에는 뒷골이 얼얼하다.

해를 넘겨 2024년 퓰리처상의 논평 부문 수상자로 러시아에서 반역 혐의 등으로 수감 중인 블라디미르 카라-무르자[미국 등 서방과의 수감자 교환으로 2024년 8월 풀려나 해외에 체류중이다]가 이름을 올렸다. 카라-무르자는 널리 알려진 러시아 반체제 인사다. 야당 정치인이자 언론인이다. 피살된 야당인사 넴초프 전 부총리를 기리는 넴초프자유재단의 이사장을 맡았으며, 반정부 성향의 라디오 에흐 모스크비(에코 모스크바)에서 우크라이나 전쟁 직전까지 시사 프로그램을 진행하기도 했다. 노바야 가제타 등 반정부 성향의 러시아 매체는 물론이고, 워싱턴 포스트(WP)와 월스트리트저널(WSJ), 파이낸셜 타임스(FT) 등 서방 언론 기고에도 시간을 아끼지 않았다.

그의 수상 공적은 옥중에 있으면서도 WP에 기고한 칼럼이다. 그 내용은 굳이 읽지 않아도 알 것 같다. WP는 "카라-무르자는 2022년 4월 이후 수감됐음에도 불구하고, 워싱턴 포스트의 칼럼니스트 역할을 계속했다"며 "푸틴 대통령의 러시아를 제대로 분석했다"고 밝혔다.

그가 수감 중에도 WP 기고를 무려(?) 7개나 쓰고, 그 기고문이 WP에 전달됐다는 사실도 흥미를 끈다. 우리가 흔히 생각하는 전체주의, 독재국가라면 그게 가능할까 싶다. 한두 편이라면 가능할지 몰라도 무려 7편이라니. 러시아가, 푸틴 대통령 체제가, 서방 외신(국내 언론)이 지금까지 우리에게 심어놓은 푸틴 독재 체제가 어떻게 이를 허용했을까? 궁금하다.

그의 퓰리처상 수상 소식에도 고개가 갸웃거려진다. 수감 중에도 WP에 반체제 내용의 기고를 7편이나 쓴 용기와 열정 또는 그에 대한 보답일까? 아니면 (러시아의) 현실과 미래에 대한 통찰력 있는 기고문 내용이었을까? 전자라면, 저널리즘의 평론 부문이 아니라, 노벨 평화상과 같은 평화상 성격의 언론 관련 상을 수여하는 게 맞을 것 같다.

카라-무르자는 국가 반역과 러시아 군대에 대한 가짜뉴스 배포, 극단주의 조직과의 연계 등 여러 가지 혐의로 두 자릿수(25년 형)의 징역형을 선고받았다. 그는 2023년 4월 모스크바시 법원에서 열린 1심 최후 진술에서 유명한 말을 남겼다.

"이것이 지금 러시아에서 침묵하지 않은 데 대한 대가라면 후회하지 않는다. 비록 나에게 불리하게 작용한다고 하더라도, 여전히 내가 한 말을 철회할 수 없다."

미국과 EU, 영국 등은 카라-무르자 체포에 대한 보복 조치로 러시아에 또 제재를 가했다.[36]

36 러시아 온라인 매체 rbc 2024, 5월 7일

## 러시아의 반체제 인사, 반체제 언론

서방 외신은 전쟁 초기부터 러시아의 반전 여론 차단, 야당 인사 탄압 등에 상당한 주의를 기울였다. 전쟁에서 흔히 일어날 수 있는 사소한(?) 사건에도 상당한 비중을 두고 보도했다.

대표적으로 러시아 상트페테르부르크의 한 마트에서 가격표를 떼고 반전 구호를 붙였다는 혐의로 체포된 알렉산드라 스코칠렌코(당시 31세) 사건이다. 개전 직후 러시아 당국이 반전 구호의 확산을 막기 위한 시범 케이스로 스코칠렌코 등을 체포했고, 서방 외신이 그녀를 집중 조명함으로써 그녀는 일약 세계적으로 유명 인사가 됐다. 그리고 2024년 8월 서방과의 수감자 교환 대상자로 풀려나 독일에 머물고 있는 것으로 알려졌다.

사건 전만 해도 그녀는 언론의 주목을 한 몸에 받을 만큼 유명 인사는 아니었다. 상트페테르부르크 연극 아카데미 영화 및 TV 연출학과를 중퇴하고 온라인 매체 프리랜서로 일했다. 이후 다시 대학으로 돌아가 인류학을 전공했으나, 마땅한 일자리를 찾지 못해 영상 촬영 및 편집, 일러스트레이터 등으로 일하고, 생활비를 벌기 위해 택배와 유

모 아르바이트, 집수리 공사판을 돌기도 했다.[37]

전쟁이 터지자, 그녀는 2022년 3월 초 반전 시위에 참여했다가 처음으로 체포됐다. 당시 유행한 반전 시위 중 하나가 반전 전단을 뿌리거나 붙이는 '그림자 시위'였다. 피켓을 들고 얼굴을 드러내는 게 아니라 은밀하게 이뤄지는 것이어서 심리적으로 보다 안전한 방법으로 여겨졌기 때문이다. 실제로, 2022년 5월 초까지 러시아 전역에서 슈퍼마켓의 가격표를 반전 쪽지로 바꾼 혐의로 체포된 사람은 7명에 불과했다.

스코칠렌코는 그해 3월 31일 슈퍼마켓에서 반전 쪽지 몇 개를 가격표와 바꿨다가 당국의 추적 끝에 체포됐다. 쪽지에는 "러시아군이 400명이 숨어 있는 마리우폴 예술학교를 폭격했다" "전쟁으로 인플레이션이 1998년 이후 최고치를 경신했다" "전쟁을 멈춰라" 등의 글귀가 쓰여 있었다. 이를 본 한 손님의 신고를 받은 경찰은 폐쇄회로TV(CCTV) 영상 등을 통해 그녀를 용의자로 특정했고, 4월 11일 그녀를 체포했다. 스코칠렌코는 그해 6월 허위 정보를 유포한 혐의로 징역 7년형을 선고받았다.

이 사건과 비교하면, 뉴스 생방송 도중 반전 구호를 적은 종이를 카메라에 노출시킨 러시아 최대의 TV 채널 '채널-1' 사건은 국제적으로 주목을 끌 만하다.

2022년 3월 14일 저녁 9시, 채널-1의 뉴스 프로그램 〈브레미야(시간)〉가 시작됐다. 얼마쯤 지났을까. 브레미야를 시청하고 있던 러시아

37 위키피디아 러시아어판·Википедия 참고

전역의 시청자들은 자신의 눈을 의심했다. 여성 앵커 뒤로 “NO WAR. 프로파간다(정치 선전)를 믿지 말라. 당신에게 지금 거짓말을 하고 있다”라고 쓴 종이를 든 여성이 나타났다. 생방송 중에 반전 포스터를 든 여성이 스튜디오로 들어온 것이다. 방송사로서는 이전에도 이후에도 없을 방송사고였다.

▲ 뉴스 생방송 도중 반전 구호를 펼친 오브샤니코바. 출처: 텔레그램

생방송 스튜디오에 침투한 여성은 이 방송국의 편집 여기자 마리나 오브샤니코바였다. 그녀는 방송 제작을 방해하고 러시아군의 명예를 훼손한 혐의로 현장에서 경찰에 체포돼 장시간 조사를 받고 일단 벌금 3만 루블(약 40만 원)을 선고받았다. 그녀는 방송국에 사표를 냈으나 “러시아를 떠나지는 않을 것”이라고 말했다. 또 당국이 자신에 대해 형사 소송을 제기하지 않기를 희망하기도 했다.

이후 채널-1은 자체 조사 결과를 바탕으로 “오브샤니코바가 사전에 주러 영국대사관 측과 연락했다”고 주장했다. 또 “그녀의 변호사가 불과 몇 분 만에 방송국에 나타났다"며 "서방 측과 짜고 한 계획된 행동"이라고 비판했다. 그러면서 그녀를 배신자로 몰아갔다.

그녀의 과감한 반전활동에 전 세계 언론 매체들이 관심을 보였다. 독일의 미디어 그룹인 벨트 미디어는 다음 달(4월) 11일 오브샤니코바를 소속 일간지 디벨트(Die Welt)의 프리랜서 특파원으로 채용했다고 발표했다. 벨트 미디어 그룹의 공식 발표는 "오브샤니코바가 디벨트에 기고하고 정기적으로 벨트 TV의 뉴스 준비에 참여하는 프리랜서 특파원으로 활동할 것이며, 주로 러시아와 우크라이나와 관련된 문제를 다루게 될 것"이었다.

그녀는 《디벨트》에 실린 첫 번째 칼럼에서 자신의 (반전 포스터) 행동을 '한 시민의 심정적 항의'라고 설명했다. 또 "소셜 네트워크(SNS)에서 괴롭힘을 당하고 있으며 자동차에 펑크가 나고, 피트니스 클럽에서 출입을 금지 당했다"는 사실도 털어놨다. 드미트리 페스코프 크렘린 대변인은 그녀의 행동을 훌리건(불량배, 과격 축구팬)의 일종이라고 비난했다.

벨트 미디어 그룹의 울프 포르샤르트 편집국장은 그러나 "오브샤니코바는 국가의 탄압에도 불구하고 저널리즘의 가장 중요한 가치를 지켜냈다"고 환영했고, 그녀는 "자유를 위해 계속 싸울 것"이라고 다짐했다.

몇 달간 독일에 머물며 디벨트의 프리랜서 기자로 일하다 귀국한 그녀는 푸틴 대통령을 직접 겨냥한 가두시위에 나섰다. 그해 7월 우크라이나에서 희생된 어린이들의 사진이 담긴 피켓을 든 오브샤니코바의 모습이 크렘린 근처에서 포착됐다. 피켓은 '푸틴은 살인자. 그의 군대는 파시스트'라는 내용을 담고 있었다. 그녀가 가택 연금 처분을 받은 것은 당연한(?) 수순이었다.

반전은 몇 달 뒤에 일어났다. 그해 10월 1일 그녀의 전남편 이고르가 RT(러시아 투데이)에 "오브샤니코바가 딸과 함께 (가택 연금에서 벗어나 해외로) 도망쳤다"고 주장하고 나선 것이다. 그리고 얼마 후 그녀는 진짜 프랑스에서 모습을 드러냈다. 프랑스로 도주한 것을 확인한 모스크바 바스마니 법원은 그녀에게 러시아 군대에 대한 허위 정보를 유포한 혐의로 8년 6월의 궐석 징역형을 선고했다. 그녀는 "푸틴 대통령이 사법부의 독립을 파괴했기 때문에, 이 판결은 가짜 정의에 불과하다"고 반박했고, "가까운 친척들도 이제 나에게 등을 돌렸고, 심지어 (법정에서) 불리한 증언까지 했다"고 해외 도피의 정당성을 주장했다.

스코칠렌코와 오브샤니코바는 보통 사람의 예상을 훨씬 능가하는 중형을 선고받았다. 개전 직후(2022년 3월 4일 푸틴 대통령 서명) 러시아가 개정한 형법 207조 3항에 따른 것이다. 이 조항은 허위로 러시아의 군대 및 인권 침해에 대한 정보를 만들고 유포할 경우 최대 3년 징역형을, 해당 정보가 중대한 결과를 초래할 경우 징역 10~15년을 선고할 수 있게 했다. 검찰은 스코칠렌크와 오브샤니코바에게 '중대한 결과를 초래했다'며 각각 징역 10년을 구형했다.

국제앰네스티는 그해 6월 스코칠렌코를 양심수로 규정하고 러시아 당국에 무조건 즉각 석방할 것을 요구했다.

서방 외신을 통해 널리 알려진 두 사건은 반전활동에 관한 것으로, 언론의 본질적인 행위, 즉 전쟁 저널리즘과 연관성은 별로 없다. 그렇다고 전쟁에 반대하거나 비판적인 보도가 러시아에서 없었을까? 아니다. 많았다. 반체제 성향의 매체들은 개전 초기부터 대놓고 푸틴 대통령의 특수 군사작전을 비판하고 군사작전 중단을 요구했다. 친정부 매체들은 취급하지 않았지만, 전투 과정에서 발생한 러시아군의 피해와 전쟁범죄 정황, 크렘린과 군부 내 동향 등 숨겨진 진실을 과감하게 파헤치며 반전 여론의 확산을 꾀했다.

국내에도 많이 알려진 러시아 반정부 성향의 매체로는 2021년 노벨 평화상을 받은 드미트리 무라토프 편집장의 노바야 가제타[새로운 신문이라는 뜻]와 미디아조나, 메두자, TV채널 도쥐[비라는 뜻], 라디오 방송 에흐 모스크비(에코 모스크바) 등을 들 수 있다.

이중 노바야 가제타와 메두자, 도쥐는 개전 초기에 젤렌스키 우크라이나 대통령과 화상 인터뷰를 갖기도 했다. 당시 메두자와 도쥐는 러시아의 미디어·통신 감독기관인 로스콤나드조르(Роскомнадзор, 우리식으로는 방송통신위원회)에 의해 이미 외국 에이전트(대리인)로 지정돼 러시아에서 접속이 차단되거나(메두자) 방송이 중단된(도쥐) 상태였다.

반정부 성향의 매체들이 젤렌스키 대통령과 접촉을 시도한 것은, 러-우크라 간의 협상 분위기가 고조됐던 2022년 3월 하순이다. 러시아 유력 경제지인 코메르산트도 여기에 합류할 정도였다. 도쥐의 티혼 드쟈드코 기자는 3월 27일 젤렌스키 대통령과 인터뷰가 성사됐다는 사실을 처음 공개했다.

로스콤나드조르는 즉각 이들 매체에 인터뷰 내용을 보도하지 말 것을 촉구(혹은 경고)했고, 러시아 검찰은 인터뷰 성사 과정 및 내용을 조사할 계획이라고 밝혔다. 러시아 당국이 공개적으로 언론 보도 통제를 시도한 첫 번째 사례다. 물론 그전에도 크고 작은 언론 통제가 없지 않았겠지만, 젤렌스키 대통령 인터뷰의 보도 금지 조치는 대외적으로 확

인된 첫 번째 사례로 기록된다.[38]

반정부 성향의 매체 중에서 가장 널리 알려진 매체는 노바야 가제타다. 두 명의 노벨 평화상 수상자인 드미트리 무라토프 초대 편집장과 미하일 고르바초프 전 소련 대통령이 1993년 창간한 매체다. 그러나 전쟁 반대에 앞장서다가 러시아 당국의 탄압을 가장 많이 받았다.

무라토프 편집장(2023년 9월 자진 사퇴)은 2022년 4월 7일 모스크바에서 기차를 타고 사마라로 가던 중 정체불명의 한 남성으로부터 페인트 투척을 당하기도 했다. 이 괴한은 "이건 우리 아이들을 위한 것"이라며 무라토프에게 준비해 온 붉은 페인트를 퍼부은 것으로 전해졌다.

5개월 뒤인 2022년 9월, 러시아 대법원은 로스콤나드조르의 제소에 따라 노바야 가제타의 온라인 매체 허가를 취소했다. 외국 에이전트(대리인)로 지정된 NGO 단체 두 곳을 온라인 기사에서 외국 에이전트로 명시하지 않았다는 게 공식 이유였다. 인쇄매체 라이선스는 그 전에 규정된 기간 내에 편집 요강 및 규칙에 관한 보고서를 제출하지 않았다는 이유로 이미 취소된 상태였다.

노바야 가제타는 2024년 9월 기준, 모든 정보를 누구나 자유롭게 올릴 수 있는 플랫폼 사이트(Конструктор сайтов. 정식 명칭은 Novaya.media)로 변신했다. "이 사이트는 자유로운 공간(Свободного пространства)이며, 노바야 가제타의 러시아 편집실에서 준비하는 새로운 미디어이자 서비스"로 소개하고 있다. 직원은 총 80여 명. 현재 편집장은 콤스몰스카야 프라우다(KPru)에서 일하다가 노바야 가제타 창간 시 합류한 세

38 러시아 인터넷 매체 rbc, 2022년 3월 27일

르게이 소콜로프다. 그는 2023년 11월 무라토프의 뒤를 잇는 편집장으로 선출됐다.[39]

반정부 성향의 TV 채널 도쥐는 2022년 2월 러시아의 특수 군사작전 개시 이후 러시아 당국의 방송금지 조치에 맞서 그해 여름 발트해 연안의 라트비아 리가로 근거지를 옮겼다. 그러나 그해 12월 라트비아에서도 방송금지 조치를 당했다. 라트비아 미디어 감독기관인 미디어 위원회(National Council of Latvia on Electronic Media)는 도쥐가 라트비아어 사용 문제와 크림반도 지도, 방송 앵커의 부적절한 어휘 구사 등 방송 규정을 다수 위반했다는 이유로 방송 면허를 취소했다고 발표했다.

해외로 떠난 매체들의 가장 큰 고민거리는 역시 재정문제다. 러시아 기업의 광고는 물론, 유튜브를 통한 수익 확보도 서방의 대러 제재로 쉽지 않은 상황이다. 크라우드펀딩이나 유료 구독도 비자와 마스터와 같은 신용카드의 사용이 러시아에서 차단돼 거의 불가능하다. 남은 것은 외국 자선단체의 도움이다. 외국 에이전트라는 주홍 글씨의 이미지를 러시아에서 벗지 못하는 이유다.

반정부 성향의 언론 매체 외에도 크렘린과 러시아군 당국의 신경을 곤두세우게 만든 건 유튜브와 텔레그램 등 소셜 미디어(SNS)에서 수십만, 수백만 명의 팔로워(가입자)를 거느린 인플루언스다.

러시아에서 정부 고위 관리들의 부정부패를 폭로하는 블로거로 시작해 푸틴 대통령의 최대 정적으로 부상한 알렉세이 나발니[2024년 2월 47세로 옥사]는 더 이상 설명이 필요 없는 인물이다. 그는 약물 중독으로

39 위키피디아 러시아어판, 인터넷 매체 rbc, 2023년 11월 16일

죽을 고비를 넘긴 뒤에도 치료받은 독일에서 푸틴 대통령을 직접 겨냥한 영상물 〈푸틴 궁전〉(2021년 1월)을 공개하는 등 푸틴 체제에 대한 저항을 멈추지 않았다.

러시아의 특수 군사작전에서 혁혁한 공을 세운 예브게니 프리고진도 만만치 않은 온라인 인플루언스였다. 그는 휘하에 거느린 다수의 군사전문 텔레그램 계정을 통해 자신이 지휘하는 용병 기업인 바그너 그룹의 전과를 홍보하고, 러시아 국방부와 군 지휘부, 크렘린을 비판해 왔다. 그러나 6·24 군사반란 실패 뒤 두 달 만에(2023년 8월) 비행기 추락 사고로 세상을 떴다.

나발니가 감옥에 가 있고, 바그너 그룹의 6·24 군사반란이 터진 2023년 6월과 7월엔 푸틴 대통령의 사임을 요구하는 인플루언스가 유독 주목을 받았다. 소련 KGB를 이어받은 러시아 정보기관 FSB(연방보안국) 특수부대 출신의 이고르 기르킨[본명 이고르 이바노비치 스트렐코프, FSB 대령 예편]이다. 크렘린에 대한 비판적인 목소리로 인기를 얻은 건 좋은데, 은근히 푸틴의 퇴진을 요구하는 글과 발언은 누가 봐도 위험 수위를 오르내리고 있었다.

바그너 그룹의 군사반란에 대한 마무리가 끝난 그해 7월 21일, 러시아 사법당국은 기르킨을 러시아 연방 형법 282조(극단주의 위험)를 위반한 혐의로 구속, 기소했다. 그는 4년 징역형을 받고 수감 중이다. 그가 걸어온 길은 반체제 인사 나발니와는 정반대다. FSB 출신답게 극우 민족주의 성향을 지녔으나 푸틴 대통령을 비판한 괘씸죄는 법망을 피해가지 못했다.

인터넷 인플루언스의 제거는 러시아 권력에 의해서만 진행된 게 아니다. 우크라이나 정보기관도 전쟁 옹호론자의 입막음에 나섰다. 전쟁 발발 6개월이 지난 2022년 8월 20일 밤 모스크바 외곽 고속도로를 달리던 도요타 SUV 차량 한 대가 폭발하면서 화염에 휩싸였다. 운전자는 현장에서 사망했다. 피해자는 20대 여성 다리야 두기나. 이 사건은 고속도로 주행 중 자동차가 폭발한 사건 자체보다 희생자의 아버지가 러시아의 유명 철학자 알렉산드르 두긴이었다는 사실에 더 주목을 받았다.

▲ 중대 사건을 수사하는 러시아 연방수사위원회 요원들이 두기나 자동차 폭발 사고 현장에서 증거물을 수집하고 있다. 출처: 연방수사위 텔레그램

서방 외신은 두긴을 '푸틴의 두뇌(멘토 혹은 철학자)이자 러시아의 우크라이나 침공에 대한 이념적 기반을 제공한 러시아 민족주의자'로 표현했다. 그러나 러시아의 반정부 성향의 매체 미디아조나는 "그가 크렘린에 실제로 어떤 영향을 미쳤다고 믿을 만한 이유가 없다"고 외신 보도를 부인했다. 또 다른 반정부 매체 메두자도 "그가 고위 FSB 장교들

과 대화하고 있으니 그의 견해는 간접적으로 푸틴에게 도달할 수는 있을 것"이라고 부분적으로 인정했을 뿐이다.

두기나 사건은 그 후 전쟁의 배후에서 비밀리에 활약한 미 CIA와 영국의 Mi-6을 다룬 미국의 워싱턴 포스트(2023년 10월 23일)와 뉴욕 타임스(2024년 2월 25일)에 의해 재조명됐다. 두 매체에 따르면 우크라이나 보안국(SBU)은 어느 정도 시간이 지난 뒤 작전을 짜고 실행했음을 인정했다. 또 공격 목표는 다리야의 아버지 알렉산드르 두긴이었다고 밝혔다. (자세한 내용은 '미 CIA의 우크라 전쟁 개입은 어디까지?' 326쪽 참조)

다리야 자동차 폭파 사건에 못지않게 사건 자체만으로도 눈길을 잡은 인플루언스는 상트페테르부르크의 한 카페에서 폭사한 러시아 강경 군사전문가 타타르스키(본명 막심 포민)다. 그는 2023년 4월 2일 밤 카페에서 팬 미팅을 갖던 중 한 여성 팬(?)이 선물한 자신의 흉상(조각상)이 폭발하면서 즉사했다. 선물을 건넨 20대 여성 다리야 트레포바는 테러 혐의로 구속 기소됐고, 이듬해 1월 징역 27년형을 선고받았다.

이 사건들은 누가 봐도 전문가의 소행이다. 달리는 차량이, 선물로 받은 조각상이 결정적인 순간에 폭발하는 것은 아무나 할 수 있는 일이 아니다. 러시아 FSB가 우크라이나 정보기관이 기획한 테러 공격으로 규정한 것은, 어쩌면 당연하다.

배후로 지목된 우크라이나 측은 사건 직후 연루설을 부인했다. 미하일 포돌랴크 우크라이나 대통령 고문은 "항아리에 갇힌 거미는 서로 잡아먹는다"며 "전쟁을 계기로 시작된 러시아 내부의 정치 투쟁이 이번 폭파 사건으로 구체화했다"고 주장했다. 또 "러시아는 우크라이나를 테러 국가로 낙인찍기 위해 안간힘을 쓰고 있다"고 강조했다. 그러나 우크라이나 SBU가 나중에 배후설을 인정했으니, '중요한 사건의 진실'은 어느 정도 시간이 지나야 밝혀지는 법이다.

# 오브샤니코바 응급실행 해프닝

자라 보고 놀란 가슴 솥뚜껑 보고도 놀란다고 했던가? 반전 활동가 오브샤니코바 전 러시아 국영 TV 채널-1 편집 여기자가 망명한 프랑스 파리에서 황당한 언론 뉴스에 휩쓸렸다. 그녀의 지명도와 러시아의 테러 가능성에 초점을 맞춘 현지 언론의 과도한 추측 보도가 주된 원인이었다.

2023년 10월 12일 오브샤니코바가 파리의 응급구조대에 긴급 도움을 요청했다. 급히 병원으로 후송 조치됐다. 현지 AFP 통신은 "파리 검찰청이 그녀에 대한 (러시아 측의) 독살 시도 가능성을 수사하고 있다"고 타전했고, 《르 파리지엥(Le Parisien)》은 "그녀가 현기증을 느끼고 쓰러졌다"며 "중독을 우려해 병원으로 즉각 후송을 요청했다"고 전했다. 또 《르 피가로(Le Figaro)》 지는 "그녀가 파리 중심가에 있는 집의 문을 열고 들어갈 때 (흰색) 가루를 발견했으며, 몸에 이상을 느꼈다"고 보도했다.

이후 대부분의 서방 외신은 오브샤니코바가 '문 손잡이에 흰색 가루가 묻혀 있었다' '집에 들어온 뒤 중독 증세를 느꼈다'는 등의 진술을 했으며, 이에 따라 파리 경찰청은 법의학팀을 아파트로 파견하는 등

(독살 가능성에 대한) 수사에 착수했다고 전했다.

파리 검찰청도 러시아 국영 타스 통신에 "그녀가 아파트를 떠날 때 몸이 아프다며 그들(러시아 측)이 자신을 독살하려 했다고 믿었다. 현재로선 그 말을 (현장 처치팀으로부터) 통보받았다고 할 수 있다. 수사는 사법경찰에 맡겨졌다"고 말했다.

그러나 사건의 진실은 달랐다. 이튿날 오브샨니코바가 텔레그램을 통해 직접 입을 열었다.

"길거리에서 갑자기 아프기 시작했다. 병원에 입원했는데, 밖으로 알려지기를 원치 않아, 언론 등 누구에게도 연락하지 않았다. –중략– 내가 말할 수 있는 것은, 익명의 소식통들과 언론에 의해 보도된 '문 손잡이에 흰색 가루가 있었다'는 것은 사실이 아니다. 내 상태가 갑자기 악화되자 프랑스 경찰이 '이게 뭔가 이상하다'면서 수사를 하기로 결정한 것이다. 다만, 푸틴 대통령의 러시아는 오랫동안 정치인·언론인 독살에 연루돼 있기 때문에 프랑스 경찰의 수사 결정은 결코 놀라운 일이 아니다. –중략– 난 이미 기분이, 컨디션이 좋아졌으며, 피 검사에서도 독성 물질이 나오지 않았다."

언론이 오브샨니코바에 대해 호들갑을 떤 것은 과거의 경험 때문이다. 2018년 3월 초, 러시아의 이중스파이 세르게이 스크리팔(전 러시아 군정보국·GUR 대령)의 부녀가 망명지인 영국에서 신경작용제 노비촉에 노출돼 쓰러진 사건이 결정적이었다. 문 손잡이의 흰색 가루 같은 추측은 스크리팔 사건에서 유추했거나, 언론이 소위 '소설을 쓴 것'이라고 할 수 있다. 전시일수록 단순한 사건을 자극적으로 몰아가는 건 전쟁 저널리즘이 탈피해야 할 나쁜 구태(舊態)의 하나다.

Chapter 3

# 2년 만에 드러나는 진실들

## 가짜뉴스가 횡행하는 이유

전쟁이 2년 몇개월쯤 지나면 많은 것들이 새롭게 보이기 시작한다. 개전 초기의 대혼란 속에서 자국민들의 사기 진작을 위해, 또 적에 대한 프로파간다 전략에서 쏟아낸 발언이나 약속들이 어떻게 끝을 맺었는지 드러나기 때문이다. 2년 몇개월이란 세월은, 또 그 발언을 전한 언론 보도의 진실성을 들춰보기에도 충분하다.

정치인들의 말은 국내에서나 해외에서나 '콩으로 메주를 쑨다'고 해도 한 번쯤 체크해 봐야 할 정도로 뻥(과장)이 심하다. 언론(여론)의 주목을 끌기 위해, 혹은 상대(국민이나 동맹국)를 안심시키기 위해 1년 후에나 일어난 일을 미리 내뱉는 발언도 적지 않다. 한때 우리 언론계에도 '어떤 정치인은 부음을 잘못 써도 신경 쓸 것 없다'는 말이 전설(?)처럼 떠돌았다. 정정 기사를 내면서 그 정치인의 이름 석 자와 사진을 제대로 써주면, 오히려 좋아한다는 것이었다. '설마 그렇게까지?'라는 의문도 들지만, 예전의 정치권 일부(?) 인사는 그만큼 자신의 이름이나 발언이 지면이 귀한 신문에 오르는 것을 좋아했다고 한다.

언론도 당연히 그 책임에서 벗어날 수는 없다. 2년 6개월을 훌쩍 넘긴 우크라이나 전쟁에서도 언론은 사실 여부를 제대로 확인할 길이 없다손 치더라도, 최소한의 상식으로도 말이 안 되는 전쟁 당사자들의 일방적인 발표를 의도적으로(혹은 편견을 갖고) 받아쓴 일은 없는지 반성할 때가 됐다. 러-우크라의 정부 당국자(정치인, 정보기관, 특정 군부대 대변인 등)가 내민 자극적인 자료를, 비록 외신 보도를 인용했다고 할지라도, 한 치의 의심도 없이 받아쓰는 바람에, 나중에 창피를 당하지나 않았는지(오보) 되돌아볼 일이다.

가장 경계해야 할 것은 가짜뉴스다. '발 없는 말이 천리를 간다'는 고사는 인터넷이 없던 시절의 이야기다. 이제는 인터넷을 타고 전 세계를 돌아 다시 제자리로 돌아오는 시대다. 인터넷을 타고 흐르는 '말'이 과거엔 사람들끼리 주고받는 소문이고, 유언비어이고, 흑색선전이었는데, 이제는 문자로 또 영상으로 '실체'라는 모습도 갖췄다. 공통점은 진위를 확인하기 어렵거나 불가능하다는 점이다.

전쟁을 승리로 이끌기 위해 활용한 가짜뉴스는 생각보다 역사가 길다. 아예 중국 병법에서는 이간책(離間策), 반간계(反間計) 혹은 반간책(反間策)으로 불렸다. 중국 사대기서(中國四大奇書: 《삼국지》《수호지》《서유기》《금병매》)의 《삼국지》와 함께 천하의 쟁패(爭霸)를 다룬 대서사시 《초한지(楚漢志)》에서도 유언비어를 퍼뜨려 상대 진영을 혼란에 빠뜨린 뒤 승리를 쟁취하는 장면들이 여럿 소개된다.

대표적인 사례가 한나라 유방 휘하에 있던 진평이 쓴 이간책이다. 그는 초나라 항우의 충성스런 책략가인 범증을 제거하는 것이 승리의 첫 번째 단계라는 점을 알고 이간질에 들어간다. 진평은 황금 4만 근을 써 항우의 인색한 인사조치를 비판하는 소문을 퍼뜨렸다. 항우를 따라다니며 숱한 공을 세웠는데도 한 봉토(封土)의 왕으로 봉해주지 않는 것에 불만을 품은 장수들이 유방과 내통하고 있다는 가짜뉴스였다. 이 소문을 들은 항우는 한나라 진영에 정탐을 겸한 사신을 보냈다.

쾌재를 부른 진평은 유방에게 "상대가 미끼를 물었으니, 사신이 오면 이러 저러 하라"고 일렀다. 유방은 초나라 사신이 오자 정[鼎: 중신들을 대상으로 연회를 열 때 가운데 놓은 솥으로, 왕의 상징이다. 여기서 나온 말이 정담(鼎談)]을 중심으로 연회장을 꾸미고 태뢰(太牢: 소·양·돼지고기로 만든 성대한 요리)를 준비했다.

유방이 사신을 맞았다.

"잘 오셨소. 근데 아보(亞父: 범증)께선 곧 왕이 되신다고?"

"아니, 누가 그런 말을 해요?"

"그럼, 당신들은 아보의 사절로 온 게 아닌가?"

"큰일 날 소리를 하십니다. 저희는 초왕(항우)의 사신들입니다."

"아니라고? 에이, 그럼… 별로 할 말이 없겠네. 여봐라, 저기 정과 차려놓은 음식들을 싹 치워버려라. 다른 요리로 다시 내오너라!"

화려한 연회가 초라한 밥상으로 바뀌었다. 사신들은 크게 기분이 상했지만, 속으로는 '옳다구나' 싶었다. 범증의 역모를 확인한 것이다. 사신들이 돌아가 항우에게 보고 당한 그대로 고(告)했다. 진평이 깔아놓은 가짜뉴스에 정탐 확인까지 더해졌으니, 항우의 다음 수는 뻔했다. 이후 항우는 범증을 내친 것을 두고두고 후회했다.

《삼국지》에서는 조조가 동오의 책략가 주유에게 당한 적이 있다. 그 유명한 적벽대전을 앞두고 주유의 동문수학 친구인 장간이 조조의 명을 받고 주유를 설득하러 왔다. 주유는 오히려 그를 이용해 조조의 수

군 도독인 채모가 자신과 내통해 은밀히 조조를 제거하려 한다는 거짓 내용을 꾸민다. 장간은 주유의 잠꼬대를 듣고, 또 채모가 주유에게 보냈다는 거짓 편지에 속아 조조에게 이를 보고한다. 화가 머리끝까지 뻗친 조조는 채모와 장윤의 목을 치라고 명령한다. 참수 보고를 받는 그 순간, 조조는 "아뿔사 당했구나" 하고 땅을 쳤다.

세월이 흐르고 또 흐른 뒤, 40년 이상 지속된 20세기 후반의 미-소 냉전 시기에는 상대의 비밀 정보를 빼내는 치열한 첩보전 못지않게 가짜뉴스를 동원한 팩트 확인 수법이 흔했다. 브레즈네프 소련 공산당 서기장과 그 뒤를 이은 안드로포프 통치 시절에 자주 목격됐다.

그 방식은 요즘 유행하는 가짜뉴스 만들기와는 질적으로 달랐다. 1994년 7월 8일 북한 김일성이 사망하기 전까지, 국내 언론 매체에 가끔 등장했던 '김일성 사망설'을 떠올리면 된다. 영향력 있는 주요 언론 매체가 그 한가운데 있었다. 소위 특종 경쟁을 해야 하는 언론사(혹은 기자들) 사이에선 오보라는 평가 한마디로 끝나지만, 수십만 수백만 독자들에게 전달되는 순간, 오보는 끔찍한(?) 가짜뉴스였다. 멀쩡히 살아있는 사람을 죽었다고 했으니, 법적으로 따지면 명예훼손도 그런 명예훼손이 없었다.

하지만 오보에 따른 뒤끝은 없었다. 명예훼손으로 고발당해 수백억 원, 수천억 원의 배상금을 물 일도 일어나지 않았다. 남북한은 휴전했을 뿐 공식적으로는 여전히 전시 상태이니, 전쟁 저널리즘(?)이 작동하고 있었다. 그것도 나쁜 쪽이다.

전시에는 적을 아무리 비난하고 공격해도 죄가 되지 않는다. 오히려 많이 죽이거나 공격의 칼날을 더욱 예리하게 벼려야 애국자 소리를 듣는다. 적의 최고위 장수인 김일성은 '열 번 스무 번 죽여도' 언론사에는 어떤 피해도 오지 않았다.

그 당시, 언론의 신뢰도와 영향력은 요즘의 페이스북이나 엑스, 유튜브 등 소셜 미디어(SNS)나 카카오톡과 같은 메시징 플랫폼과는 차원이 달랐다. 시중에 나도는 입소문도 '신문에 났다더라'는 말 한마디로 신뢰도가 쑥 올라가던 시절이었다. 요즘은 '네이버에서 찾아보자'든가, '챗GPT에 물어보자'고 하지만, 그때는 '신문사에 전화해 보자'였다. 실제로 신문사 편집국에는 떠도는 소문이나 옛날 사건에 대한 사실 확인을 위해 시시때때로 전화벨이 울리기도 했다.

영향력 있는 신문이 '김일성 사망설'을 보도하면, 그 뉴스는 외신을 타고 전 세계로 퍼졌다. 오보로 확인되더라도, 왜 그런 몹쓸 기사를 썼느냐고 항의하는 외신도 없었다. 냉전(冷戰)을 함께 치르고 있었으니, 동병상련(同病相憐)이었는지도 모를 일이다.

미국 뉴욕 타임스(NYT)와 워싱턴 포스트(WP), 영국의 로이터 통신, 파이낸셜 타임스(FT) 등 내로라하는 유력 매체들도 미-소 냉전시절 그 같은 오보를 낸 경험들을 다 가진 것으로 보면 된다. 그들은 '철의 장막' 뒤에 숨겨져 있는 소련의 내부 사정을 확인하기 위해 'XXX 서기장 실각설' 'OOO 서기장 사망설'을 내보내곤 했다.

뉴스 소스(정보원)는 '김일성 사망설'과 크게 다를 바 없었을 것이다. 정부의 고위 소식통[알고 보면 대부분 정보기관]을 인용하든, 내부 소식에 정통한 반정부 인사들이나 여행객들의 전언, 평소와는 다른 내부 분위기와 같은 정황 증거가 대부분이었다. 물론 그만한 이유도 있었다. 흐루쇼프 공산당 제1서기가 최고 권력자에서 실각한 바 있으니, 소련의 권력 구조상 그런 일이 또 없으라는 법은 없었고, 브레즈네프 서기장이나 안드로포프 서기장은 나이나 건강 상태로 미뤄 언제든지 죽을 수 있었다. 그런 낌새가 보이기만 하면, 일단 '지르고(보도)' 보는 게 당시의 특종 경쟁이었다고 할 수 있다.

서방의 정보기관들이 교묘하게 언론의 경쟁을 이용한 측면도 없지 않았다. 유력 매체에 (오보를) 한 번 띄우고 소련 당국의 반응을 보기 위해서였다. 소련의 최고 지도자(공산당 서기장)가 일정 기간 공식 석상에 나타나지 않을 때, 사망설이나 실각설, 입원설 등을 흘리는 게 가장 흔한 수법이었다. 언론은 확인되는 객관적인 사실(정확하게는 정황)과 전문가 발언, 또 다른 소스(주로 정보기관으로 추정) 등을 근거로 소련의 최고 지도자를 죽이거나 권좌에서 끌어내리고, 병원에서 곧 죽을 사람으로 만들곤 했다.

레오니트 브레즈네프 서기장(1906~1982년)의 경우, 그가 사망한 해 3월 23일 우즈베키스탄 공화국 타슈켄트에서 항공기 공장을 시찰하던 중 시설물 일부가 무너지는 사건이 발생했다. 브레즈네프는 부상을 입었으나, 모스크바 귀환 설득에도 불구하고 이튿날 기념 연설을 하겠다고 고집을 부렸다.

TV 시청자들의 눈에 비친 브레즈네프의 얼굴은 엉망진창이었고, 시상식에서 결국 쓰러지고 말았다. 그는 그해 11월 사망했다. 그러니 그 사이에 얼마나 많은 사망설이 나돌았을지 추측 가능하다. 하지만, 그는 서방 언론의 사망설이 나올 때마다 공식 석상에 나와 자신의 건재함을 과시했고, 그의 그 같은 과시욕은 사망 사흘 전인 10월 공산혁명 65주년 기념식까지 이어졌다.[40]

40 나무위키, '타슈켄트의 트라우마' 참고

브레즈네프의 뒤를 이은 유리 안드로포프 서기장(1914~1984년)은 KGB 의장 출신이었지만, 신장병 악화로 15개월가량의 짧은 기간 크렘린의 주인으로 불리는 데 만족해야 했다. 브레즈네프 서기장 시절, XX설로 재미를 본 서방 측은 안드로포프 집권 시절에도 '추측성 확인' 기사를 소련으로 띄우곤 했다. 재임 기간의 절반 이상을 병원과 크림반도의 흑해 요양소에서 보냈으니, 서방 언론으로서도 그의 사망 여부가 최고의 관심사였다.

그는 1983년 8월 헝가리 공산당 제1서기를 접견한 이후 공식 석상에서 사라졌다. 그리고 이듬해(1984년) 2월 사망했으니 그에 대한 추측성 유고(有故) 기사는 어쩌면 당연하다고 할 수 있다. 그는 소련에서 가장 중요한 행사인 1983년 11월 7일 '10월 공산혁명' 기념식에도 불참했다. 그해 12월에 열린 공산당 중앙위 총회에서도 그의 모습은 찾을 수 없었다. 궐석 상태에서 인사권을 행사한 것으로 관측됐다. 포스트 안드로포프를 향한 공산당 내 권력 투쟁은 불을 보듯 뻔했고, 서방 언론도 그때그때 추측성 기사로 그 한 축을 담당했다고 할 수 있다.

지나간 일이니, 좋게 표현해서 추측성 기사이지, 엄밀히 말하면 다분히 의도가 있는 허위 정보다. 요새 말로 하면 전형적인 가짜뉴스다.

# 찰스 3세 사망설과 푸틴 가짜뉴스

철의 장막 뒤에 가려져 있는 소련 최고 지도자의 건재 여부를 확인하기 위한 주요 언론의 추측성 기사에 비하면, 요즘의 가짜뉴스는 선의라고 할 수 있는 의도는 '1도' 없다. 상대를 깎아내리고 파괴하기 위해 별의별 얄궂은 짓까지도 서슴지 않는다. 가장 민주적인 절차로 일컬어지는 선거에서도 횡행한다. 일각에서는 이 역시 선거전의 일부로 받아들이는 듯한 태도를 보이니, 가짜뉴스가 근절될 수 없다는 생각이다.

가짜뉴스에 대한 경고는 꾸준히 이어지고 있다. 2024년 3월 18~20일 서울에서 열린 제3차 민주주의 정상회의에서 윤석열 대통령이 강조한 것도 이 부분이었다. 윤 대통령은 정상회의의 세션 2에서 '기술, 선거 및 가짜뉴스'를 주제로 한 모두 발언을 통해 올해가 '슈퍼 선거의 해'임을 겨냥해 "보편적 가치를 공유하는 민주주의 국가들이 연대해 (선거철에 등장하는) 가짜뉴스에 함께 대응하자"고 촉구했다.

하지만 공교롭게도 그 시기에 중국과 미국은 대놓고 가짜뉴스 공방전을 벌였고, 영국 찰스 3세 사망 뉴스가 세계를 강타했다. 영국 일간지 가디언은 당연히(?) 즉각 찰스 3세의 사망 가짜뉴스 뒤에는 러시아 매체가 있다고 보도했다. 러시아 온라인 경제매체인 베도모스티가 텔레그램 채널에 '사망 소문'을 공유하면서 널리 확산됐다는 것이다. 특히 235만 명 이상의 구독자를 보유한 친러시아 정부 성향의 리도프카 뉴스(Readovka.news, 러시아어로는 Ридовка) 등이 사망설을 널리 퍼뜨렸다고 가디언은 지적했다.

러시아 입장에서만 생각하면, 냉전시절 소련 최고 지도자에 대한 의도적인 사망설 보도에 당했던 수모를 영국에게는 깨끗이 되돌려준 셈이 됐다. 또 사망설이 확산됐음에도 불구하고, 버킹엄궁에서 공식 입장이 나오지 않으니, 찰스 3세의 사망을 더욱 확신했을 수도 있다.

찰스 3세 사망설도 냉전시절 소련 최고 지도자의 유고와 유사한 정황 증거로 시작됐다. 영국 왕실은 한 달 전에(2024년 2월 5일) 찰스 3세가 전립선 비대증 치료 중 암 진단을 받았다고 발표한 뒤, 찰스 3세는 한동안 공식 석상에 나타나지 않았다. 내부적으로 왕실 공무는 계속 수행해 온 것으로 전해졌으나 대외활동을 중단했으니, 냉전시절과 같은 논리로 '사망설'을 던져볼 여지는 충분했다고 할 수 있다.

게다가 인스타그램과 엑스(X) 등에도 찰스 3세의 사망 소식이 올라왔고, 일부 게시물은 "왕이 17일 오후 서거했다"는 영국 왕실 버킹엄궁 홍보실 명의의 허위 문서를 공유하기도 했다. 우크라이나 전쟁의 여파로 사실 확인이 거의 불가능한 러시아 언론으로서는 일단 지르고 볼(기사화) 만한 공간이 없지 않아 있었다.

전파 경로만 조금 다를 뿐, 그 유통 방식은 수십 년 전과 똑같았다. 냉전시절, 미국과 유럽의 유력 언론이 브레즈네프 서기장이나 안드로포프의 사망설을 보도하면, 즉각 AP, AFP, 로이터, UPI 등 4대 뉴스 통신사들이 이를 전 세계로 타전하고, 한국 등 지구촌 언론들은 의심 없이 받아썼다. '찰스 3세 사망설'은 인터넷에 떠돈 소문이 러시아 언론의 텔레그램과 엑스(X) 등 SNS에 공유되고, 한국 등 지구촌 언론의 받아쓰기로 전 세계에 퍼진 것이다.

그 과정에서 영국 왕실이 언론 대응을 잘못한 측면도 없지 않았다. 찰스 3세의 사망설 직전(3월 10일), 영국 왕실은 찰스 3세의 장남인 윌리엄 왕세자의 캐서린 왕세자빈이 두 달 전(1월)의 복부 수술 후 불거진 위중설을 진화하기 위해 세 자녀와 함께 찍은 사진을 올렸는데, 조작 논란에 휩싸였다. 왕실은 편집(조작)을 시인한 후 사과했다. '내 눈으로 보기 전에는 왕실의 발표도 믿지 못하겠다'는 사람들이 많아진 상태였다. 찰스 3세의 사망설에 대한 진화도, 결국 소련 당국의 대처 방식을 따를 수밖에 없었다.

찰스 3세는 19일에야 공식 석상에 모습을 나타냈다. 이날 버킹엄궁에서는 한국전쟁 참전 군인들을 초청하는 행사가 열렸는데, 찰스 3세는 동생 앤 공주를 본행사에 대신 내보내고, 참전용사 4명만 따로 불러 대화를 나눴다. 이 모습을 찍은 사진 여러 장을 영국 왕실의 공식 페이스북 계정에 올림으로써 사망설은 진화됐다.

이 같은 소동에 비하면 푸틴 대통령에 대한 악소문(가짜뉴스)은 늘상 일어나는 편이다. 영국의 옐로우 페이퍼(황색언론)인 타블로이드 신문 발(發) 가짜뉴스는 냉전시절과는 그 차원이 달라 보인다. 영국의 대표적인 타블로이드 신문 더 선을 네이버에서 검색하면, 1면에 스캔들 기사를 주로 싣는 선정적인 타블로이드판 대중지라고 소개돼 있다. 선정적인 옐로우 저널리즘의 성격을 보이고 있다고도 했다. 데일리 메일 등 다른 타블로이드지도 비슷하다.

영국 타블로이드지는 2020년 11월 '푸틴 대통령, 건강 문제로 내년 초 조기 사임'설을, 탐사 전문매체를 지향하는 영국의 디 인사이더가 비슷한 시기에 리듬체조 올림픽 금메달리스트 카바예바 등 푸틴 대통령의 여자 문제를, 2021년 1월 2일 '푸틴 대통령의 숨겨진 딸' 이야기를, 우크라이나 전쟁 발발 이후에는 러시아의 특수 군사작전을 지휘하는 현장 사령관의 사망 혹은 경질을 다루더니, 급기야는 2023년 10월 '푸틴 대통령의 심정지' 소식을 전했다.

이중 푸틴 대통령이 침실에서 심정지 상태로 발견돼 심폐소생술을 받았다는 영국 타블로이드지의 쇼킹한(?) 뉴스는, 당시 국내에서도 큰 화젯거리가 됐다. 신문과 방송, 인터넷 매체 가릴 것 없이 네이버에 등록된 거의 모든 매체가 이 소식을 전했고, 카톡과 SNS를 통해서도 널리 퍼졌다.

푸틴 대통령이 10월 22일 밤 심정지를 일으켜 구급요원들로부터 긴급 심폐소생 조치를 받고 간신히 살아났다는 내용인데, 전직 러시아 정보요원이 운영하는 것으로 알려진 반정부 텔레그램 채널 제너럴SVR이 첫 발신지였다. 영국 타블로이드지(이름이 중요하지 않다)는 '얼씨구나' 하고 받아 썼다. 그리고 국내 언론도 이를 크게 보도했다.

러시아 안팎에서 제너럴SVR 텔레그램 채널은 이미 가짜뉴스로 유명한 곳이다. 푸틴 대통령의 암 수술설, 파킨슨병 진단설, 계단 실족 후 대변 실수설 등을 제기했고, 러시아군에 점령된 도네츠크주 마리우폴을 야밤에 방문한 푸틴 대통령의 대역설을 퍼뜨리기도 했다. '웃프게도' 국내 언론이 모두 크게 받아 쓴 기사들이다.[41]

이 같은 보도를 계속한 영국 타블로이드지는 가짜뉴스 진원지가 아

41 바이러시아, 2023년 10월 24일

니고, '찰스 3세의 사망'에 관한 SNS 포스팅을 공유한 러시아 매체는 가짜뉴스의 진원지라고 규정하는 건 공평하지 않다. 하물며 푸틴 대통령에게 무슨 변고가 생기기를 학수고대하는 우크라이나 언론도 가릴 건 가릴 줄 안다. 러시아어로 검색이 가능한 우크라이나 매체 스트라나.ua와 rbc-우크라이나에서는 '푸틴 심정지' 기사를 한 줄도 찾아볼 수 없었다.

푸틴 대통령과는 절대로 평화협상을 하지 않을 것이며, 그가 사라져야 전쟁이 끝날 것이라고 강조하는 젤렌스키 우크라이나 대통령과 언론은 왜 입맛에 딱 맞는 기사를 인용하고 받아쓰지 않을까? 영국 타블로이드지가 노리는 덫에 걸리지 않기 위해서다. 독자가 믿을 수 있는 언론을 추구한다면, 전시라고 해서 한쪽의 일방적인 주장을 그냥 싣는 것은 저널리즘의 원칙에 위배된다.

서방 외신들의 전쟁 보도는 2023년 여름의 우크라이나군 반격 이전과 이후로 바뀌는 경향을 보였다. 개전 이후 러시아의 무력 침공에 규탄하는 편에 서서, '무조건 우크라이나가 이겨야 한다'고 정의를 강조했던 외신들도 어쩔 수 없이 현실을 인정하고, 받아들이는 쪽으로 기운 것으로 판단된다.

저널리즘의 나쁜 속성 중 하나이겠지만, 언론계에서만 통하는 소위 '먼저 치고 나간다' '우리가 아젠다[화제가 될 만한 문제나 쟁점]를 만든다'는 생각에서 과열된 이슈 선점 혹은 특종 경쟁은 서로 죽고 죽이는 우크라이나 전쟁 보도에서도 변하지 않았다는 느낌이다. 오히려 더 심해진 것은 아닌지 생각해 볼 일이다. 이를 이용하는 전쟁 당사자들의 프로파간다식 홍보 전략은 독자(시청자)들에게 그릇된 편견을 심어줄 수밖에 없다.

하지만 전장에서 우열이 분명히 가려지면서, 특히 우크라이나군이 야심차게 준비한 반격 작전으로도 러시아군에게 빼앗긴 땅을 되찾을 수 없다는 사실이 확인되면서, 대다수 서방 외신은 비로소 세계 2대 군사강국의 힘을 인정하기 시작했다. 러시아군의 초기 공격을 성공적으로 막아내고, 반격을 총지휘한 우크라이나군 총참모장 발레리 잘루즈니 장군이 영국 경제 주간지 이코노미스트와의 회견과 특별 기고로 '전선의 막다른 길'을 인정한 게 결정적인 계기가 됐다. 2023년 11월 말~12월 초, 우크라이나군이 반격을 시작한 지(6월 초) 5개월쯤 지난 뒤였다.

뒤돌아보면 5개월간 사력을 다해 반격했으나, 러시아군이 구축한 방어망을 어느 한 곳에서도 제대로 돌파하지도 못한 채 공격에 따른 손실만 눈덩이처럼 불어났으니, 총사령관으로서는 난감한 일이었다. 잘루즈니 총참모장은 당시 "(전쟁은) 제1차 세계대전과 같은 참호전 중심의 교착 상태에 빠졌고, 대규모 병력 보충과 신기술의 새로운 무기[지금까지 전쟁의 판도를 확 바꾼 화약이나 탱크] 공급이 이뤄지지 않으면 앞으로도 돌파구를 찾기 어렵다"고 솔직히 인정했다.

발언의 파문은 컸다. 잘루즈니 본인은 군사작전 방향을 놓고 젤렌스키 대통령과 티격태격하다가 2개월 뒤 경질됐고, 승산 없는 게임임을 일부 눈치챈 미국 공화당은 바이든 대통령의 우크라이나 추가 군사지원안에 이런저런 핑계를 대며 수개월간 몽니를 부렸다.

## 바뀐 판세를 놓고 서방-러 충돌

2년 6개월이란 세월은 결코 짧지 않았다. 세상을 뒤집어 놓을 것만 같은 태풍도, 그런 유의 자연재해도 어느 정도 시간이 지나면 비록 부서지고 찢긴 땅이지만, '공포와 혼란 뒤의 세상'을 우리에게 보여주듯이, 우크라이나 전쟁도 2년 몇개월쯤 지나자 새로운 모습으로 우리에게 다가왔다. 그동안 믿어왔던 정보들이 팩트(진실)였는지, 아니면 (여론) 조작이었는지, 언론 보도는 팩트에 근거한 것이었는지, 주요 군사 전문가들의 전망이 얼마나 정확했는지 등등 되짚어 볼 만큼 시간이 흐른 것이다.

개전 직후부터 관심을 끌었다가 들통이 난 '키이우(키예프)의 유령'과 같은 전형적인 프로파간다들을 제외하고, 러-우크라 양측에서 진지하게 주장한 주요 전황들을 되짚어 보자.

러시아군은 진격 한 달여 만에 우크라이나의 수도 키예프 외곽 지대에 도착해 수도를 포위했다. 그러나 3월 30일 포위망을 풀고 물러났다. 양측의 주장이 팽팽하게 맞선 첫 번째 사건이다.

우크라이나 언론과 서방 외신들은 "우크라이나가 키예프를 포위한 러시아군을 (힘으로) 몰아냈다"며 키예프 외곽 도시로 진입한 우크라이나군의 위용을 과시하며 승전 무드(분위기)를 고조시켰다. 우크라이나군 총참모부는 2022년 4월 2일 "우크라이나군이 키이우 북부의 러시아군을 밀어내면서 이르핀과 부차, 호스토멜, 이반키우 등 수도권 도시와 마을 30개 이상을 탈환했다"고 발표했다. 또 "키이우 동북쪽 150㎞에 있는 체르니히우(체르니고프)에 대한 포위도 풀렸다"고 밝혔다. 러시아군은 개전 직후 가장 먼저 점령했던 키예프 외곽의 안토노프 공항에서도 철수했다.

안나 말랴르 우크라이나 국방차관은 당시 페이스북을 통해 "키이우가 침략자인 러시아군으로부터 완전히 해방됐다"며 해방이라는 단어를 썼다. 해방은 러시아군이 개전 직후 돈바스 주둔 우크라이나군을 특정한 경계선 밖으로 밀어내면서 처음 쓴 용어다.

러시아 측은 그러나 키예프에서 군대를 물린 것은 이미 계획된 군사작전에 따른 것이라고 주장했다. 러시아군 총참모부의 세르게이 루드스코이 부참모장은 3월 25일 "우크라이나 군사작전의 1단계 목표는 거의 이행됐다"며 "이제는 돈바스 지역 해방이라는 주요 목표를 달성하는 데 주력할 것"이라고 알렸다.

나흘 후인 29일 이스탄불에서 열린 러시아-우크라이나 3차 평화협상(만남으로는 다섯 번째)이 끝난 뒤 러시아 대표단은 "우크라이나에 대한 신뢰를 보여주기 위해 2가지 양보 조치를 취하기로 했다"고 강조했다. 그중 하나가 키예프와 체르니고프(체르니히우)를 겨냥한 군사 활동을 중단하겠다는 약속이었다. 그리고 30일부터 키예프 외곽에 주둔 중이던 러시아군이 철군을 시작한 것으로 전해졌고, 위성사진 등을 통해 사실로 확인됐다. 우크라이나군의 도시 진입은 그 이후다.

러시아 특수 군사작전의 주요 목표가 돈바스 지역(과 그 주민들의 안전)을 보호하기 위해 돈바스의 일부 지역을 점령한 우크라이나군(혹은 우크라이나 민족주의 세력)을 제거하는 데 있었다고 한다면, 키예프 주변에서 군대를 물리는 건 당연한 수순이다. 그동안 키예프를 포위, 봉쇄한 것은 우크라이나를 협상 테이블로 끌어내고(실제로 3차 협상까지 했다), 우크라이나군 최고 지휘부와 돈바스 전투 현장을 분리시킨 뒤, 돈바스 주둔 우크라이나군을 무력화하기 위한 작전이었다는 사후 분석도 가능하다. 러시아군은 그 사이에 우크라이나 곳곳에 있는 군사 기반 시설들을 폭격, 파괴했다.

◀ 러시아 연방에 편입된 우크라이나 4개 주 개황. 위로부터 루간스크주(인구 220만 명), 도네츠크주(400만 명), 자포로제주(160만 명), 헤르손주(100만 명). 총인구 약 880만 명. 4개 지역과 우크라이나 접촉면은 1,100km에 이른다. 출처: 리아노보스티 통신 텔레그램

2014년 크림반도를 병합한 러시아가 돈바스는 물론, 크림반도와 이어지는 흑해 및 아조프해 연안 지역을 장악할 경우 우크라이나는 북서부와 남동부 지역, 둘로 쪼개지게 된다. 남동부 4개 주의 상당 부분을 장악한 러시아로서는 군사작전의 1차 목표를 달성했다고 할 수 있다.

푸틴 대통령은 나아가 점령한 4개 주에서 우크라이나군의 완전 철수를 목표로 한 평화협상을 주장한다. 이는 평화협정 체결 직전까지 간, 이스탄불 제3차 평화협상의 합의 초안과 완전히 달라진 대목이다.

러시아군이 키예프 포위망을 풀고 퇴각한 뒤 그곳에는 그야말로 전쟁의 참상만 남았다. 전쟁이 이 지구상 어디서든 절대로 일어나지 말아야 하는 이유들이 그곳에 펼쳐졌다. 하지만 이 것을 프로파간다에 이용하고, 상대를 공격하는 것은 또 다른 차원의 전쟁이다. 전쟁 당사국들이 자국에 불리한 정보를 가짜뉴스로 정의하고, 보도 자체나 전파를 차단하는 것은 당연하다. 하지 않는다면 오히려 담당자들에게 직무유기의 형사 책임을 물어야 하지 않을까?

현장에 간 종군기자들에게는 폭탄이 터지고 사람이 죽고, 건물이 무너지는 판에 실체적 진실을 따져볼 만큼 여유롭지 않다. 일단 무엇이든 질러야(기사를 써야) 한다. 문제는 누구의 말을 듣고, 믿고 보도하느냐다. 같은 사안을 놓고 정반대의 기사가 나오는 이유일 것이다.

대표적인 사안으로 키예프 인근의 부차 민간인 학살 사건을 들 수 있다. 실체적 진실은 시간이 많이 흐른 뒤, 아니 전쟁이 끝나야 밝혀질 것이다. 우리나라의 신원식 국방장관(현 국가안보실장)도 2024년 3월 18일 외신기자 간담회(회견)에서 "(우크라이나 전쟁에서) 부차 학살은 아직 사실로 명백히 드러나지 않았다"고 지적하기도 했다.(발언 내용은 '이스탄불 평화협정 파기의 불편한 진실' 51쪽 참조)

이 사건을 보면서 우리가 잊지 말아야 할 것은, 우크라이나 전쟁의 성격이다. 1990년대 중반 발칸반도에 일어난 보스니아-헤르체고비나 내전과는 성격이 좀 다르다. 민족과 종교가 다른 두 세력(세르비아계와 보스니아 회교도)이 서로 상대를 죽이지 못해 안달하는 바람에 벌어진 발칸 반도의 인종 청소를 떠올리는 것은 좀 과하다. 개인적으로는 한국전쟁 당시, 서로 밀고 밀리는 과정에서 '빨갱이' '배신자' '부역자' 등으로 몰리면서 나온 수많은 민간인 희생을 되돌아보고 싶다. 누가 왜 그들을 죽였는가?

더욱 안타까운 것은 실체적 진실을 접어둔 채 벌이는 양측의 프로파간다가 몰고 온 파괴력이다. 부차 사건에 대한 국제사회의 일방적인 우크라이나 지지는, 급피치를 올리던 러시아와 우크라이나 간의 협상(이스탄불 제3차 협상)을 교착 상태에 빠뜨렸다. 나중에 알려지기로는, 존슨 영국 총리가 그즈음 급히 키예프로 달려와 "우리(서방)가 도와줄 테니 계속 싸울 것"을 종용했다지만, 우크라이나 측으로서도 부차 사건을 내세워 국제사회의 전폭적인 지지를 이끌어내며 승기(?)를 잡았다고 확신하지 않았을까?

양 당사자가 서로 치열한 설전을 벌일 때, 제3국의 저널리즘이 가져야 할 태도는 엄정한 객관적 판단이다. 지정학적으로 또 국제정치학적으로 미국과 중국, 미국과 러시아 사이에서 줄타기 (외교)를 할 수밖에 없는 게 우리의 현실이라고 한다면 저널리즘은 어느 한 편으로 너무 기울어서는 안 된다.

하지만, 국내의 주요 정치 이슈에서 확연히 다른 보도 성향을 보여주는 소위 조·중·동(보수)과 한겨레·경향 등 진보 온·오프라인 언론이 우크라이나 전쟁 보도에 관한 한, 거의 다르지 않았다. 서방 외신이라는 뉴스 소스(출처)가 똑같았기 때문이다.

개전 초기에 확인되지 않은, 객관적으로 믿기 어려운 러시아 관련 기사들이 크게 다뤄질 때마다 필자는 러시아 포털사이트 얀덱스(yandex.ru)에서 그 출처를 뒤져봤다. 대개 이런 식이었다. 한 독립 언론인(정확하게는 러시아의 반정부 군사전문 텔레그램 계정, 블로거)이 서방 언론에 솔깃한 소식을 자신의 SNS 계정에 올리면, 우크라이나 안팎의 인터넷 매체가 이를 기사화하고, 일부 미국과 영국 언론이 마치 확인된(?) 사실처럼 보도했다. 국내 언론은 그 기사를 또 그대로 옮겼다.

개전 첫해(2022년) 4월 국내 언론에도 크게 보도된 러시아 연방보안국(FSB) 제5국의 숙청설을 추적해 봤다. 국내 언론은 영국의 대표적인 정론지 《더 타임스》를 인용해 그 사실을 보도했다. 더 타임스는 4월 11일 "FSB의 고위 관료 150여 명이 해임됐다"며 "푸틴 대통령이 우크라이나 군사작전에서 손쉽게 승리를 거두지 못한 군사작전의 실패에 대한 희생양을 찾았다"고 분석했다.

그 대상은 푸틴 대통령이 FSB의 수장 시절에 직접 만든 제5국과 세르게이 베세다 국장이다. 베세다 국장은 2009년부터 10여 년간 제5국을 맡아왔으니, 그에 대한 푸틴 대통령의 신뢰를 짐작할 수 있다. 그는 2014년 2월 친러 성향의 빅토르 야누코비치 당시 우크라이나 대통령이 소위 유로마이단 사건으로 키예프를 탈출하기 직전까지 시위 현장에 있었다고 한다.

얀덱스에서 FSB 숙청설의 출처를 따라가 보면, 러시아의 기획탐사 사이트 아겐투라의 안드레이 솔다토프 편집장을 만나게 된다. 구소련 붕괴 직후 등장한 상업신문 시보드냐(오늘이라는 뜻)의 기자를 거쳐 유력지 이즈베스티야에서 일하다 지난 2000년 9월 아겐투라(Агентура.ru) 사이트를 열었다. 일찌감치 온라인 매체에 관심을 가진 셈이나 크게 성공하지는 못했다. 다만 비밀스런 FSB 소식을 사이트에 올리면서 관심을 끄는 데는 성공했다.

제5국 숙청설도 그가 다룬 소식 중의 하나다. 팩트 체크는 이를 받아쓰는 언론 매체의 몫이다. 더 타임스와 같은 매체가 자체적인 팩트 체크도 없이 아겐투라의 정보를 받아썼을 리는 없을 것이다. 그 내용의 폭발력에 검증을 다소 소홀히 한 것일까? 푸틴 대통령이 직접 만든 FSB 제5국의 숙청, 군사작전에 대한 책임론, 악명높은 레포르토보 교도소 수감 등 자극적인 내용 일색이었기 때문일까? 1930년대 스탈린의 대숙청 시절 사용됐던 레포르토보 교도소는 '푸틴의 철권통치'를 연상시키는 데 더없이 좋은 소재였다.

아니면, 우크라이나 내정 담당 하급 첩보원들이 실제로 제5국에서 쫓겨난 걸까? 그 정보를 국장까지 쫓겨난 것으로 확대해석한 것일까? 분명히 확인 가능한 것은, 솔다토프가 4월 8일 자신의 페이스북에 이 글을 소개하고, 친우크라이나 성향의 인터넷 매체들이 이를 공유하고, 급기야 11일에는 영국의 더 타임스가 기사화했다는 사실이다.

재미있는 것은 러시아 영자지 《더 모스크바 타임스》의 4월 12일자 러시아어판이다. 《모스크바 타임스》는 솔다토프의 기고를 실으면서 "이 견해는 본지(모스크바 타임스)의 편집 방향과 일치하지 않을 수 있습니다(Мнение автора может не совпадать с позицией редакции The Moscow Times)"라는 단서를 달았다. 《더 모스크바 타임스》도 그로부터 2년여가 지난 뒤인 2024년 7월 러시아 당국에 의해 비우호적인 매체로 지정됐다.

솔다토프가 이 기고문에서 주장한 것은, 영국의 더 타임스 보도와는 결이 좀 다르다. FSB 제5국이 우크라이나 정세를 오판했거나, 키예프 정권에 반대하는 친크렘린 세력을 만들고 자금을 조달하는 데 실패한 책임을 졌다는 분석도 들어있지만, 보다 근본적인 이유를 다른 데서 찾았다.

그는 FSB 제5국이 미 정보기관 CIA와의 공식 연락 통로였다는 점에 주목한 뒤 "모스크바 (지휘부)는 군사작전 개시 후 미국의 정보가 왜 그렇게 정확했는지 의아해했다"며 "푸틴 대통령은 CIA와 접촉하는 부서에서 적과 내통한 반역자를 찾고 있다"고 주장했다.

그로부터 2년 가까이 지난 2024년 2월 프랑스 일간지 《르몽드》는 프랑스 국내보안국(DGSI)의 조사 결과를 인용해 "FSB 제5국이 프랑스에서 반이스라엘 공작을 폈다"고 보도했다. 이스라엘과 하마스 간의 전쟁 발발 직후인 2023년 10월 말, 파리 10구 등 프랑스 곳곳의 건물에는 유대인의 상징인 다윗의 별이 그려졌는데, 바로 FSB 제5국의 작품(?)이었다는 것이다. 이 사건에 정통한 프랑스의 한 고위 외교관은 《르몽드》에 "2022년 3월 축출설이 돈 세르게이 베세다 5국장이 여전히 재직 중인 것으로 안다"고 말했다.

러시아판 위키피디아(Википедия)에서 베세다 국장을 검색하면, 솔다토프(아겐투라 사이트 편집장)와 이리나 보로건(아겐투라 사이트 부편집장)에 대한 미확인 정보로는, 그가 2022년 4월 8일 레포르트토보 구치소로 이송된 것으로 나와 있다. 그러나 당시에도 중대범죄를 수사하는 러시아 연방 수사위원회가 그의 체포를 확인하지 않았고, 10개월 뒤인 2023년 2월 8일 러시아 유력 경제지 코메르산트는 베세다 국장이 니콜라이 파트루셰프 당시 국가안보회의 서기(우리 식으로는 국가안보실장)가 주재한 러시아-(탈레반이 장악한) 아프가니스탄 안보 관련 회의에 참석했다고 보도했다. 이 신문은 회의에 참석한 그의 사진도 함께 실었다.

# 뒤틀린 러시아군 고위급 인사 보도

아주 내밀한 정보기관에 관한 보도가 이런 식이라면, 금방 확인이 가능한 전쟁 관련 기사들은 더 말한 것도 없다.

푸틴 대통령의 최측근 쇼이구 국방장관이 실각했다는 외신 보도는 여러 차례 나왔지만, 모두 사실이 아닌 것으로 밝혀졌다. 그는 푸틴 대통령의 집권 5기 새 정부가 출범할 때 비로소 국방장관에서 국가안보회의 서기로 자리를 옮겼다. 국가안보회의 서기도 권력 실세가 가는 자리다.

특수 군사작전의 성과가 지지부진하다는 이유로, 러시아군 현지 주둔 최고 지휘관의 경질 소식도 심심찮게 들려왔다. 러시아군이 돈바스 지역을 조금씩 장악해 가고 있던 첫 해(2022년) 6월 25일, 영국 일간지 《텔레그라프》는 "푸틴 대통령이 군사작전의 지지부진함을 이유로 작전 총사령관인 알렉산드르 드보르니코프 장군(대장)을 경질했다"고 보도했다. 그는 4월 초 영국 BBC 등 서방 외신들에 의해 '우크라이나 군사작전을 총괄하는 총사령관으로 임명됐다'는데, 두 달여 만에 해임된 것이다. 4월 초라면 이스탄불 평화협상을 계기로, 또 제1단계 군사작전의 완료를 이유로, 키예프를 포위한 러시아군이 돈바스로 옮겨갈 즈음이다.

BBC 등의 보도가 사실이라면, 푸틴 대통령은 돈바스 지역 장악을 겨냥한 제2단계 군사작전의 최고 지휘관으로 드보르니코프 장군을 임명했다고 할 수 있다. 돈바스 지역 군사작전에는 러시아 정규군 외에도 현지의 기존 친러 민병대, 군사기업 바그너 그룹, 체첸 전사들, 자원병 등이 두루 참전하고 있었으니, 이를 통합 지휘할 사령관이 필요하기도 했다.

드보르니코프 장군은 임명(?)설 당시, 서방 외신의 큰 주목을 받았다. 2015년 러시아의 시리아 공습 작전에서 민간인 피해를 일체 고려하지 않고 군사작전을 밀어붙인 당사자로 지목됐기 때문이다. '(시리아) 알레포의 도살자'로 불린다고 했다. 또 2022년 1월 대규모 유혈 시위가 벌어진 카자흐스탄 수도 알마티에도 공수부대원 2,000명을 데리고 들어가 시위대를 무자비하게(?) 진압했다고 비난을 받은 인물이다.

안타깝게도, 드보르니코프 장군의 총사령관 임명이 러시아 측에 의해 공식 확인된 것은 한 번도 없다. 그의 전임자가 누구였는지도 알려진 바 없다. 누군가가 맡았던 총사령관 자리에 드보르니코프 장군이 올랐다가 두 달 만에 물러났다면 다소 황당한(?) 이야기이고, 그 직책을 처음 만들어 드보르니코프 장군에게 맡겼다면, 러시아 언론도 주목하지 않았을까 싶다.

그런 면에서 영국 언론(BBC 방송)이 그를 총사령관으로 임명했으니, 또다른 영국 언론(텔레그라프지)이 그를 해임할 수밖에 없다는 생각이다. 그 정보 소스가 영국 군사정보 관련 부서에서 나왔다면, 당연히 그래야 앞뒤가 맞다.

다만, 해임의 근거는 좀 옹색해 보인다. 새뮤얼 라마니 영국왕립합동군사연구소 연구원은 《더 타임스》에 "푸틴 대통령이 전쟁 초기 수도 키예프 점령에 실패한 뒤, 드보르니코프 장군을 앞세워 돈바스 지역 장악을 새 목표로 내세웠는데, 성과가 만족스럽지 않다고 판단한 것"이라고 분석했다. "최근 격전을 벌인 루간스크주(州)의 전략 요충지인 세베로도네츠크를 6월 10일까지 점령하라고 (푸틴 대통령이) 지시했으나, 드보르니코프가 이를 완수하지 못한 것"이라고도 했다.

러시아와 루간스크인민공화국(LPR) 연합군[러시아 정규군과 LPR의 기존 민병대]은 그러나 (그의 경질 보도가 나온) 6월 25일 세베로도네츠크를 점령했다고 발표했다. 그가 물러나니 러시아군이 사력(?)을 다해 목표 지역을 바로 점령했다는 이야기인데, 어쩐지 미덥지 않다.

더 타당해 보이는 근거가 있기는 하다. 텔레그래프지가 드보르니코프 사령관의 경질 기사를 내기 바로 전날(24일), 러시아 국방부가 처음으로 우크라이나 군사작전을 지휘하는 최고 지휘관 두 명의 실명을 공개했다. 두 명의 지휘관에는 그의 후임자로 (서방 언론에서) 언급된 겐나디 지드코 중장은 포함돼 있지 않다.

특수 군사작전의 지휘체계 조직도상, 러시아 국방부가 공개한 두 명의 현장 지휘관을 통괄하는 총사령관이 존재했을 수도 있다. 그 위에는 러시아군 최고 사령관인 총참모장(합참의장 격), 국방장관, 대통령이 있는 지휘체계다. 그러나 통괄 총사령관이 없었다면? 영국 군사정보기관과 언론은 얼른 총사령관을 해임해야 (러시아 국방부의 공개로) 비로소 확인된 '러시아의 군사작전 지휘체계'와 맞아떨어진다.

더욱이 러시아가 공개한 두 명의 장군 중 한 명은 몇 개월 뒤에 정식으로 특수 군사작전의 총사령관으로 임명된 (그래서 러시아 언론과의 인터뷰에서도 나온) 세르게이 수로비킨(Сергей Суровикин) 장군이다. 그의 계급은 대장급이었다. 경질됐다는 드보르니코프 장군과 같다.

수로비킨 장군은 그러나 3개월 뒤 총사령관 자리를 러시아군 총참모장 게라시모프에게 넘겨주고 부사령관으로 물러났으며, 바그너 그룹의 6·24 군사반란에 연루됐다는 이유(혹은 프리고진 바그너 그룹 수장과 가까웠다는 이유)로 군복을 벗었다. 수로비킨 장군이 임명 3개월 만에 경질됐으니, 드보르니코프 장군도 2개월 만에 물러났을 수도 있다. 하지만 수로비킨 장군의 경우, 지휘체계를 '총사령관 아래 3명의 부사령관'을 두는 체제로 확대 개편하는 타당한 이유가 있었고, 옮겨간 자리도 분명했다. 그러나 드보르니코프 장군은 경질 이후 바로 옷을 벗었는지, 다른 자리로 옮겨갔는지도 명확하지 않았다.

2024년 9월 현재 위키피디아 러시아판에서 검색하면, 드보르니코프 장군은 2024년 1월 러시아군과의 상호협력을 위한 민간협회(Добровольное общество содействия армии, авиации и флоту России, ДОСААФ России) 협회장에 임명됐다. 군복은 일단 벗은 것으로 보인다. 이 단체는 러시아 육·해·공군 3군과 협력해 국민의 애국심을 고양시키는 활동을 주도적으로 하는 단체다. 굳이 우리와 비교한다면, 대한민국 재향군인회 정도가 아닐까.

러시아 국방부가 특수 군사작전의 지휘라인을 처음 공개한 날(2022년 6월 24일), 이고르 코나셴코프 대변인은 "수로비킨 장군이 돈바스 지역의 남쪽을 공략하는 남부 군단을 지휘하고, 알렉산드르 라핀 장군(중장)이 중앙 연합 군단[러시아 정규군과 DPR, LPR의 기존 민병대, 바그너 그룹 등 군사

용병 부대를 모두 합친 개념]을 이끌고 있다"고 설명했다. 구체적으로는, 수로비킨 장군의 남부 군단이 돈바스 지역 중 도네츠크주(州)와 그 남부 전선(헤르손 지역과 자포로제 남쪽 일부)을 맡고, 라핀 장군의 중앙 군단은 루간스크주(州)와 도네츠크주 북부, 하르코프주 남부 지역 공략을 담당하고 있다는 뜻이다.

수로비킨 장군은 2017년 10월 러시아 항공우주군 사령관에 발탁됐으며, 2021년 8월 대장으로 진급했다. 반면, 기갑부대 출신인 라핀 장군은 2014~2017년 동부군관구 제1부사령관을 거쳐 2017년부터 중앙군관구 사령관을 맡고 있었다.

이즈음 나온 황당한(?) 뉴스 중 하나는, 배가 산만큼이나 나온 퇴역 장군을 러시아군이 우크라이나 전선으로 다시 불러들였다는 영국의 타블로이드지 데일리 스타의 기사다. 이름도 정확하게 밝히지 못한 채, 그냥 파벨 장군(67)이라고 부르면서 사진도 실었다. 러시아는 이미 전투 현장에서 부대를 이끌 장군급 지휘관이 없어 전역한 장성을, 그것도 걷잡을 수 없이 불어난 몸에 맞춰 군복을 특별 제작하고, 방탄복 두 개를 이어 붙여야 하는 장성급 지휘관을 최전선으로 부를 정도로 화급하다는 점을 부각하려는 의도로 보인다. 한마디로, 해외토픽성 기사도 이 정도면 금메달감이다.

▲ 우크라이나 전선으로 다시 불렀다는 퇴역장군 파벨사건 게시물 캡처 출처: 트위트

해를 넘기면서, 러시아 국방부는 1월 11일 특수 군사작전 지휘체계의 확대 개편 인사를 발표했다. 수로비킨 총사령관이 부사령관으로 물러나고, 그 자리에 발레리 게라시모프 러시아군 총참모장이 발탁됐다. 그동안 갖가지 이유로 게라시모프 총참모장의 경질설을 유포했던 서방 언론[정보 원천지는 주로 미·영 정보기관과 우크라이나]에는 깜짝 놀랄 만한 인사 발표였다. 그는 쇼이구 국방장관과 함께 군사기업 바그너 그룹의 도전에도 꿋꿋이 맞선 군 서열 3위 인사다.

군 최고위급 인사가 특수 군사작전의 총사령관에 발탁됐다는 게, 전쟁을 치르는 러시아 입장에서는 당연하게 받아들여질 터이지만, 우크라이나에서는 진짜 뜻밖이었던 모양이다. 우크라이나 매체 스트라나.ua는 발표 당일, '게라시모프가 (기존의 총사령관인) 수로비킨을 대체했다. 무슨 일이지?(Герасимов заменил Суровикина. Что происходит?)'라는 제목으로 러시아군 인사의 의미를 분석했다. 무엇보다도 서방 외신 등에 의하면, 그동안 크렘린의 신뢰를 완전히 잃은(?) 것으로 여겨진 그가 총사령관직에 오른 배경을 궁금해했다. 그는 2024년 9월 현재까지도 총사령관직을 수행하고 있다.

군사작전을 책임지는 최고 지휘관의 급이 높아진다는 것은, 그만큼 현장의 권한이 확대되고, 최종 결정 또한 빨라진다는 뜻이다. 총사령관을 보좌하는 부사령관으로 이전 3개월간 현장 총사령관을 맡았던 수로비킨 대장 외에도, 올레그 살류코프 지상군 사령관(육군 참모총장 격)과 군수 담당의 알렉세이 김 부(副)총참모장(합참차장 격, 중장)이 임명됐으니, 두말할 것도 없다.

러시아군은 이 진용으로 우크라이나 반격에 대비한 방어선을 철통

같이 구축하고, 2023년 여름의 우크라이나군 총반격을 거뜬히 막아냈다. 러시아 방어진지는 수로비킨이 총사령관 시절에 기획, 설계하고(부사령관 발령 뒤) 공사를 직접 진행했다는 의미에서 '수로비킨 방어선'으로 불린다. 또 한 명의 부사령관인 고려인 출신의 알렉세이 김 장군은 병참 전문가로서, 방어진지 구축을 지원한 것으로 알려져 있다.

뒤이어 한 달 뒤(2월 17일)에는, 게라시모프 총참모장 휘하의 4대 군관구 신임 사령관들의 면모도 확인됐다. 재미있는 것은 이날 발표로 서방 외신(우크라이나 매체)의 추측성 인사 보도가 거의 모두 허위로 드러났다는 점이다.

러시아군 중앙군관구 새 사령관에는 안드레이 모르드비쵸프 중장이 임명됐다. 그는 하르코프 지역 방어에 실패한 라핀 장군(중앙 연합 군단 사령관)이 2022년 11월 해임(임명 발표는 6월)되자, 그 자리를 차지했다는 게 서방 언론의 보도였는데, 정작 문책 해임된 라핀 장군은 지상군 사령관(육군 참모총장 격)으로 승진했다. 라핀 장군이 방어 실패로 경질된 게 맞다고 해야 하나?

더욱 웃기는 것은 모르드비쵸프 중장의 신상에 관한 보도다. 스트라나.ua에 따르면 우크라이나 국가보안국(SBU)은 2022년 9월 모르드비쵸프 장군을 개전 초기의 격전지 마리우폴의 아조프스탈(아조우스탈) 공장에 대한 공격 명령을 내린 장본인으로 지목했다. 그러나 그때 그는 이미 '이 세상 사람'이 아니었다. 마리우폴 공방전이 치열했던 2022년 3월 말, 우크라이나군은 모르드비쵸프 장군을 제거했다며 SNS를 통해 대대적으로 홍보했다.

죽은 사람이 6개월 뒤(9월)에 SBU에 의해 아조프스탈 공장 진압 명령자로 거론되고, 8개월 뒤(11월)에는 서방 언론에 의해 중앙 연합 군단

사령관으로 임명됐으니, 러시아군 고위급 인사와 관련한 우크라이나 측 발표(서방 언론 보도)는 믿을 게 거의 없었던 셈이다.

중장으로 승진해 동부군관구 사령관으로 임명된 루스탐 무라도프 장군도 비슷한 경우다. 그는 2022년 11월 해병대원 수백 명을 소위 '지옥불' 속으로 빠뜨리고, 2023년 초에는 우글레다르에서 탱크 수십 대가 파괴되는 무모한 군사작전을 펴는 등 서방 언론에 의해 가장 무능한 지휘관으로 평가됐다. 하지만 문책을 당하기는커녕 오히려 중장으로 승진해 동부군관구를 맡았다니, 외신 보도에 맞선 푸틴 대통령의 오기 인사로 봐야 할까? 아니면 가짜뉴스로 봐야 할까?

러시아 측에서만 서방 외신의 가짜뉴스를 추적하고 분석했을까? 아니다. 서방 외신도 러시아 언론 보도의 팩트를 검증하는(소위 팩트 체크) 기획기사를 내보기도 했다. 개전 초기의 혼란과 양측의 프로파간다, 전선의 안개가 어느 정도 걷힌 2022년 5월 6일, 미국 《뉴욕 타임스(NYT)》는 러시아 TV 방송에 등장한 우크라이나 전쟁 관련 보도를 50여 시간 분석한 뒤 그 결과를 보도했다.

우선, 지금까지 논란이 계속되는 키예프 외곽의 부차 학살 사건(2022년 4월 2일)에 대해 NYT는 엄격한 검증의 잣대를 들이댔다. 러시아군이 부차에서 철수한 뒤, 도로 위에 널려 있는 민간인 시신 사진(영상)들이 온라인에 올라오면서 국제사회의 분노를 산 사건이다.

"러시아 국영 TV는 '(부차 사건) 영상에 조작된 흔적이 있다'며 '일부 시신의 옷이 도로에 며칠 동안 방치된 것 치고는 너무 깨끗하고, 시신이 부패한 흔적이 없으며 상처에 있는 혈흔이 응고돼 있지 않다'는 등 러시아 국방부의 성명을 반복적으로 내보냈다. 또 '러시아군 점령 시기에 숨진 시신들이 아니라, 우크라이나 정부가 서방 매체에 제공하기 위해 급조한 현장'이라고 반박했다."

NYT는 그러나 "서방 언론 매체들이 찍은 원본 사진들에는 시신들의 부패 흔적이 역력히 나타났다"며 러시아 TV 보도를 재반박했다. 또 '일부 시신들이 움직이고 있다'는 러시아 측 주장도, 자동차의 사이드 미러(side mirror, 옆면 거울)에 보이는 영상이 왜곡돼 시신이 움직이는 것처럼 보였을 수 있다고 했다.

NYT는 러시아 국영TV 채널-1이 동영상 촬영 시간을 조작했다는 의혹까지 제기했다. 시신으로 발견된 민간인들을 실제로 죽인 사람들은 (러시아군의 철수 후) 부차로 들어온 우크라이나 군인들이었다고 주장하기 위해 채널-1은 동영상 촬영 시간을 조작한 뒤, 러시아군이 부차에서 철수할 때까지 사망한 사람이 한 사람도 없다고 발뺌했다는 것이다.

NYT는 국제적으로 크게 비판을 받은 마리우폴 산부인과 병원 폭격 사건(2022년 3월 9일)에 대해서도 팩트 체크를 시도했다. 채널-1은 부상한 임신부가 들것에 실려 파괴된 병원 앞을 지나거나, 병원 계단을 급히 내려오는 장면 등은

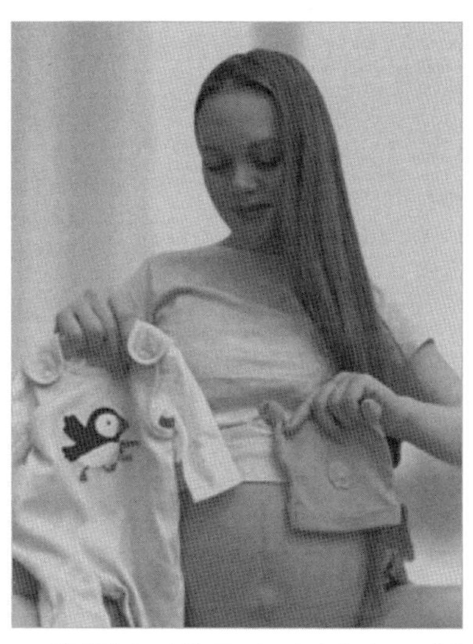

▲ 산부인과 병원 폭격 과정에서 부상한 임신부로 알려진 현지 뷰티 인플루언스
출처: @gixie_beauty 인스타그램

'조작된 것'이라고 목소리를 높였다. 두 여성은 서로 다른 사람이 아니라, 동일 인물이며 현지의 뷰티 인플루언서인 마리안나 비셰미르스카야로 밝혀졌다는 게 러시아 측의 주장이었다.

그러나 NYT는 (퓰리처상 속보사진 부문상을 수상한) AP통신을 인용해 "두 여성 중 계단을 내려오는 사람은 나중에 딸을 출산한 비셰미르스카야가 맞지만, 들것에 실린 인물은 신원이 확인되지 않았고, (출산 중) 숨졌다"고 반박했다. 나아가 "비셰미르스카야가 스스로 자신은 들것에 탄 적이 없다고 말했다"며 "채널-1의 동일인물 주장은 억지"라고 몰아세웠다.

러시아 TV(채널-1)는 또 병원에서 옮겨지는 희생자들을 우크라이나 민족주의 성향의 아조프(아조우) 연대 소속의 신나치들이라고 주장했다. 그러나 서방 언론이 촬영한 영상을 보면, 희생된 여성들의 일부가 카키색의 옷을 입고 있어, 마치 군복을 입은 것처럼 보인다고 NYT는 지적했다.

## 병력 손실 규모 신경전, 숫자 전쟁

전장에서 발생한 병력 손실의 진실 공개를 막기 위해 러-우크라 양측은 초반부터 사력을 다했다. 병력 손실은 곧바로 군의 사기와 직결되기 때문이다. 그만큼 가짜뉴스가 횡행하는 분야다.

푸틴 대통령은 2024년 6월 5~8일 상트페테르부르크에서 열린 상트페테르부르크 국제경제포럼(SPIEF)의 일환으로 가진 전 세계 16개 뉴스통신사 대표들과 가진 간담회에서 서방 측 뉴스통신사 대표로부터 '병력 손실 규모를 숨기는 이유'에 대해 묻자 이렇게 답변했다.

"분쟁(전쟁) 중에는 그러한 정보(병력 손실)가 일반적으로 공개되지 않는다. 우크라이나와 러시아의 병력 손실(사상자) 비율은 대략 5(명) 대 1(명)이다. 우크라이나는 매달 대략 약 5만 명의 사상사를 낸다. 회복 불가능한 손실[전사자와 중상으로 인한 전역자 합계]과 위생적인 손실(경상자)이 50 대 50이다. 포로의 규모는 정확하게 말할 수 있다. 우크라이나 측에 잡힌 러시아군의 포로는 1,348명, 우리에게는 우크라이나군 포로가 6,465명이 있다. 이 역시 (사상자와 비슷하게) 1 대 5의 비율이다."

이 발언을 놓고, 러시아군의 병력 손실이 어느 정도에 달할 것이라는 추측 보도가 서방 외신에 나오기도 했다. 언론이 전쟁의 승패를 가늠할 수 있는 병력 손실 규모에 그만큼 관심이 높다는 증거다.

우크라이나군 참모부의 일방적 주장을 전하는 우크라이나-영어판 매체 키예프 포스트(Kyiv Post) 사이트의 메인 페이지 최상단에는 날마다 러시아군 사상자 수, 우크라이나 군이 파괴한 러시아군의 탱크, 대포, 장갑차, 헬리콥터, 전투기, 함정 등 전과(戰果)를 업데이트하는 도표가 실린다.

푸틴 대통령의 사상자 발언이 알려질 즈음(2024년 6월 11일), 러시아군 사상자는 52만 850명으로 올라와 있었다. 푸틴 대통령의 표현대로 회복 불가능한 손실과 위생적인 손실을 합친 통계인지, 회복 불가능한 손실인지 여부는 분명하지 않다. 또 젤렌스키 대통령은 2024년 2월 우크라이나 전사자를 3만 1,000명이라고 말했다.

푸틴 대통령, 젤렌스키 대통령의 주장과 언론 추정 사이에는 늘 엄청난 격차가 난다.

누구의 말을 얼마나 믿을 수 있을까?

전쟁이 1년쯤 지난 2023년 2월 17일 영국 국방부는 러시아군이 우크라이나 전선에서 4만~6만명의 병력을 잃었다고 추정, 발표했다. 이 수치는 당시 우크라이나군 합참이 발표한 14만여 명보다 2~3배나 적었다.

미국 《뉴욕타임스(NYT)》는 6개월 뒤인 8월 미국 당국자를 인용해 러시아군 사망자가 12만 명에 이른다고 보도했다. 이 손실 규모는 10개월쯤 지난 2024년 7월 초까지도 그대로다. 러시아 반정부 성향의 매체 메두자(Meduza)는 7월 5일 러시아의 상속 등록부(RND)와 공개된 사망 기사를 바탕으로 전사자를 집계한 결과, 2023년 말에는 7만 5,000명, 2024년 6월 말에는 12만 명에 달했다고 보도했다.[42]

하지만 영국 BBC 방송은 두어 달 전인 4월 17일 러시아의 또 다른 반정부 성향의 매체 미디아조나(Mediazona)와 함께 러시아 측의 공식 발표와 언론 보도, SNS 게시물, 묘지 현황 등을 종합적으로 분석·집계한 결과, 러시아군의 사망자가 5만 명을 넘어섰으며, 전쟁 첫해보다 두 번째 해(2년 차)에 더 많았다고 보도했다. 여기에는 러시아가 점령한 돈바스 지역 민병대의 사망자는 포함되지 않았다.

언론에 나오는 러시아군 손실 규모가 제각각인 것은, 예상 가능하듯이 집계하는 방식과 그 대상 기준이 서로 다르기 때문이다. 무엇보다 중요한 것은 대상 기준이다. 푸틴 대통령이 주장한 '회복 불가능한 손실' 규모로 따질 것인지, 전사 통보가 간 순수 전사자만 대상으로 할 것인지, 실종자는 어떻게 할 것인지, 또 부상자와 사망자를 합친 개념으로 할 것인지 등 다양한 기준이 있다. 또 러시아 정규군인만 대상으로 할 것인지, 도네츠크·루간스크주의 기존 민병대를 포함할 것인지, 체첸 전사 등 용병들을 어떻게 분류할 것인지 등에 대한 차이도 존재한다.

마찬가지로 서방 진영에서 추정하는 우크라이나군의 병력 손실도 들쭉날쭉하다. 2022년 11월 말 우르줄라 폰데어라이엔 유럽연합(EU) 집행위원장은 우크라이나군의 손실을 10만 명이라고 발표했다가 우크라이나 측의 거센 항의를 받고 부상자도 포함한 숫자라고 물러서는 해

42 스트라나.ua, 2024년 7월 5일

프닝을 벌이기도 했다. EU의 얼굴(수장)이라는 체면도 많이 손상됐다.

병력 손실에 관한 한, 러-우크라 양국은 일관된 자세를 견지(堅持)하고 있다. '적군 손실은 최대한 많게, 아군 손실은 가능한 한 적게'라는 노선이다.

우크라이나 매체 스트라나.ua는 개전 1주년 특집 기사에서 "러시아와 우크라이나는 지난 1년간 상대의 전력 손실은 아주 많게, 자국의 손실은 매우 적게 추정, 발표했다"며 "전쟁 상태에서는 아주 당연한 일이지만, 실제와는 많이 다를 수 있다. 그렇지 않다면, 이미 한 쪽이 승리했을 것"이라고 지적했다. 어느 한쪽의 주장대로라면, 상대는 이미 궤멸됐어야 한다고 비꼰 것이다. 또 병력 손실에 대한 발표를 어느 쪽도 믿을 수 없다고 대놓고 선언한 셈이다. 이런 접근 자세야말로 전쟁 보도에 임하는 언론(전쟁 저널리즘)의 기본이 아닐까 싶다.

흥미로운 건, 우크라이나 내부에서 삐져나온 손발 안 맞는 발표다. 젤렌스키 대통령은 전쟁이 한 달 보름 정도 지난 2022년 4월 15일 미 CNN 방송과 인터뷰에서 "우크라이나군의 사망자를 2,500~3,000명, 부상자는 약 1만 명"이라고 말했다. 그러나 잘루즈니 우크라이나군 총참모장은 그해 8월 22일 약 9,000명의 우크라이나 군인이 전선에서 사망했다고 발표했다. 약 4개월 사이[러시아군이 키예프 포위를 풀고 퇴각한 이후다]에 전투가 그렇게 치열했던가? 사망자가 무려 3배나 늘어났다.

그 당시 주목을 끈 사람은 우크라이나 대통령실의 '입' 역할을 한 알렉세이 아레스토비치 고문인데, 잘루즈니 총참모장과 비슷한 1만 명 사망설을 주장했다. 그러나 그 기준 시점이 두 달이나 빠른 6월이었다. 그러니 잘루즈니 총참모장과 아레스토비치 고문, 둘 중의 하나는 틀렸다. 이미 죽어 나간 병사가 6월~8월 사이에 1,000명이나 다시 살아나지는 않았을 것이기 때문이다.

아레스토비치 고문은 또 우크라이나군과 러시아군의 병력 손실 비율을 1 대 10으로 추정했는데, 그해 가을 우크라이나 국방부는 1 대 6.5라고 공식 발표했다. 누구의 말을 믿어야 할까? 반면, 푸틴 대통령은 2024년 6월 손실 비율을 러시아 1 대 우크라이나 5라고 주장했으니, 서로가 해도해도 너무 한다는 생각이다.

## 사상자가 의외로 적은 진짜 이유는?

필자는 전쟁 발발 4개월쯤 뒤인 2022년 6월 22일 대통령 직속 북방경제위원회에서 우크라이나 전쟁에 관해 특강을 한 적이 있다. 준비기간은 한 달쯤으로 기억된다. 그 당시 러시아 국방부는 러시아군[구체적으로는 러시아 정규군과 DPR·LPR 민병대, 용병부대 등을 통합한 연합군]이 하루 10km에도 못 미치는 속도로 진격하고 있다고 솔직하게 인정했다. 그 이유로는 2014년 돈바스 분쟁 발발 이후, 우크라이나군 최정예 부대가 지난 8년간 현지에 구축한 단단한 방어적 요새(要塞)가 가장 먼저 꼽혔다.

서방 측은 러시아군의 더딘 진격을 군사작전의 실패로 보고 있었다. 하지만 일부 우크라이나 매체는 러시아군이 더디지만 '단단하게 진격중'이라는 보도 방향을 유지했다. 군사적 점령 → 현지 긴급구호 → 친러 군민(軍民)정권 수립 및 민심 수습 → 러시아 루블화 경제권 편입이라는 순서로 실효지배 체제를 구축해 나가고 있다는 이유에서다. '빠른 영토 점령이 반드시 능사(能事)가 아니다'는 러시아 측의 장기전 전략도 일부 반영된 것으로 파악된다.

실제로 그해 9월 러시아는 우크라이나 점령 4개 지역을 연방에 편입했다. 실효지배에 이어 최종 병합(倂合) 단계로 들어선 것인데, 현재 러시아 연방 정부의 전폭적인 지원하에 재건 작업이 진행되고 있다.

특강의 결론은 역시 '전쟁이 언제 끝날까'였다. 관건은 전쟁을 빨리 끝내는 방법을 찾는 일이었다. 이스탄불 제3차 평화협상은 실패로 돌아갔고, 소위 부차 학살 사건으로 국제사회의 분노는 펄펄 끓고 있었다. 러시아에서는 키예프 포위망을 푼 것이 군사작전 1단계에서 2단계로 넘어가는 러시아군의 중단기 전략에 따른 것이라기보다는 패퇴한 것이라는 주장이 힘을 얻고 있을 때였다. 군 장성 출신의 러시아 국가두마(하원) 의원들이 앞장서 군 후배 지휘관들을 질타했다. 러-우크라 어디를 둘러봐도 전쟁을 끝내는 길이 보이지 않을 때였다.

그때 눈에 띈 기사가 뱌체슬라프 볼로딘 러시아 하원의장의 4월 25일 발언이다. 그는 "러시아군도 처음부터 유고(세르비아)와 이라크, 리비아 등에서 미군이 보여준 대로 키예프 등을 무자비하게 때려 부수는 공습과 폭격을 가했더라면, 전쟁은 이미 끝났을 것"이라고 주장했다. 미군의 군사작전과 달리, 러시아는 우크라이나의 민간 기반 시설과 민간인들에게 최대한 피해를 주지 않도록 선택적이고 신중하게 접근한 게 실책이라는 논리였다.(자세한 내용은 '전쟁이 바꾸는 전쟁 저널리즘' 334쪽 참조)

그의 발언은 푸틴 대통령의 2월 24일 특수 군사작전 개시 TV 연설을 겨냥한 것으로 추측된다. 푸틴 대통령은 작전 개시 명령을 내리면서 "우크라이나는 단순한 이웃 나라가 아니다. 우리(러시아)의 역사, 문화, 정신적 공간에서 떼어놓을 수 없는 일부이며 동료, 친구뿐만 아니라 혈통, 가족관계로 연결돼 있다"며 진격하는 군 부대에 우크라이나의 민간인 및 민간시설 보호를 주문했다.

러-우크라 관계는, 솔직히 우리가 생각하는 것 이상이다. 현재 우크라이나군을 지휘하는 시르스키 총참모장 등 고위 지휘관 대부분은 소련 군사학교 출신으로, 러시아군 최고 지휘부와 서로 아는 사이이다. 시르스키 총참모장의 부모와 형은 지금 러시아 블라디미르에 살고 있다. 아버지는 러시아(소련)군 대령 출신이다. 시르스키의 총참모장 발탁 당시, 그의 부모와 형이 러-우크라 양국 언론의 관심을 집중적으로 받기도 했다.

또 반러시아 성명을 앞장서 내는 미하일 포돌랴크 우크라이나 대통령 고문의 형 블라디미르의 장례식이 2024년 5월 러시아에서 열렸다. 그는 러시아군 예비역 대령(군 정보총국·GRU 근무)으로, 특수 군사작전 참전 중 사망했다고 친우크라 군사 텔레그램 채널이 주장했다. 포돌랴크 고문도 2023년 말 형(블라디미르)이 러시아에 살고 있다는 사실을 인정한 바 있다. 형제는 과거 러시아군 정보총국에서 함께 근무했다는 설이 파다하다.[43]

푸틴 대통령은 또 개전 초기의 최대 격전지인 마리우폴의 아조프스탈 (제철)공장에서 결사 항전하는 우크라이나군을 섬멸하기 위한 군 지휘부의 총공격 요청을 내치고, 봉쇄 명령을 내렸다. 순전히 서로 간에 너무 많은 피를 흘린다는 이유에서였다. 아조프스탈 공장 봉쇄 작전은 정면 공격보다 훨씬 많은 시간을 필요로 했지만, 러-우크라 관계로 볼 때 어쩔 수 없는 선택이었지 않나 싶다.

아조프스탈 공장에 대한 봉쇄 명령[2022년 4월 21일 푸틴 대통령과 쇼이구

43 스트라나.ua, 2024년 7월 6일

국방장관 독대]을 신호로 마리우폴 주민들의 피란 작전이 시작됐고, 결사 항전하던 아조프 저항군 2,000여 명도 더 이상 버티지 못하고 5월 16일 스스로 무기를 버리고 투항했다. 사실상 폐허가 되다시피한 마리우폴을 좀 더 일찍 장악하기 위해 우크라이나 저항군의 근거지인 아조프스탈 공장을 더 철저하게 때려 부쉈다면, 모르긴 해도 희생은 더 컸을 것이다. 키예프를 무차별적으로 폭격하지 못했던 러시아군은, 그다음 공략 목표인 마리우폴에서도 작전 계획이 크게 달라지지 않았던 것으로 보인다.

우크라이나의 사회 기반 시설을 폭파한 것은, 오히려 우크라이나 측이었다. 러시아군의 진격을 막는다는 이유로 댐을 무너뜨려 주변 지역을 침수시키고, 크고 작은 철교와 다리를 수백 개 폭파했다. 올렉산드르 쿠브라코프 우크라이나 인프라 장관은 개전 첫해(2022년) 4월 27일 우크라이나군이 약 300개의 철도 연결 부위를 파괴했다고 확인했다.

우크라이나 측의 기반 시설 폭파는, 한국전쟁 당시 북한군의 남하를 막기 위해 한강 인도교와 철교를 폭파한 방어작전과 다를 바 없다고 치자. 하지만 댐 폭파로 키예프 인근의 한 마을이 완전히 물에 잠겼는데도, "우리가 (러시아군의 진격을 막아) 키예프를 구했다"는 식의 '영웅 만들기' 보도(미국 《뉴욕 타임스》)는 저널리즘 상식에 어긋난다고 봐야 한다. 그렇다면 러시아군의 진격을 막는다는 명분으로 우크라이나가 도대체 하지 않은 게 뭘까? 라는 의문을 남길 수밖에 없다.

러시아가 큰 병력 손실을 본 곳으로 서방 외신에 의해 자주 거론된 곳은 바흐무트 전투다. 바흐무트는 2023년 6월 러시아 군사기업 바그너 그룹에 의해 러시아군의 손으로 들어왔는데, 그 과정에서 죄수(수감

자) 출신 용병들이 마치 고기 분쇄기에 들어가는 고깃덩어리처럼 죽어 나갔다고 했다.

이 주장은 어느 정도 사실일까?

바흐무트 점령 뒤 10개월여가 지난 2024년 4월 5일, "죄수 출신 러시아 용병 1만 5,000명이 고향행 티켓을 따냈다"고 미 《뉴욕 타임스(NYT)》가 보도했다. 전장에서 6개월을 버텨낸 결과 얻어낸 '핏빛 훈장'이다.[44]

NYT에 따르면 미군 당국은 바그너 그룹이 2023년 1월 우크라이나 전쟁에 용병 약 5만 명을 동원했으며, 이중 4만 명은 죄수 출신으로 파악했다. 이중 1만 5,000명이 자유의 몸으로 고향으로 돌아갔으니, 죄수 2만 5,000명은 전투 현장에서 사망 혹은 중상, 탈영한 것으로 추정된다. 두 달 뒤(6월 10일) 러시아 반정부 성향의 매체 미디아조나와 BBC(러시아어판)는 바그너 그룹에 소속된 죄수 출신 사망자가 1만 7,000명이 넘는다고 보도했다. NYT 보도와 비슷하다.

미디아조나에 따르면 바그너 그룹이 러시아 죄수들을 끌어들인 첫 번째 계약은 2022년 7월 1일, 마지막 계약은 2023년 2월 7일 체결됐다. 전선에 투입된 죄수 출신 용병들의 희생은 바흐무트에서 접근전이 시작된 2022년 9월 12일 이후 급증했다. 주간 손실이 400명 이하로 떨어지지 않았고, 하루에 200명씩 죽기도 했다. 총 327일간 지속된 바흐무트 전투에서 바그너 그룹은 최소 1만 9,547명의 용병을 잃었는데, 이중 약 88%인 1만 7,175명이 죄수 용병이라는 게 미디아조나

44 연합뉴스, 2024년 4월 8일

의 분석이다.[45]

반면, 바그너 그룹의 수장 프리고진은 비행기 사고로 죽기 전, 약 5만 명의 교도소 수감자(죄수)를 용병으로 데려왔으며, 바흐무트 전투에서 사망한 약 2만 명중 수감자 출신이 절반이라고 털어놓은 바 있다. 미디아조나의 추산과 프리고진 주장 간의 차이는 희생된 용병들 중 죄수가 차지하는 비율 때문이다. 즉, 미디아조나는 88%, 프리고진은 50%로 계산했다.

바그너 그룹이 바흐무트를 함락시켰을 때, 일부 외신은 러시아군이 비록 승리했지만 그 과정에서 10만~20만 명의 병력 손실(실제로는 너무 과장됐다)을 입어 '피로스의 승리(너무 큰 희생을 치르고 얻은 승리)'를 거뒀을 뿐이라고 평가절하했다. 작은 요새 한 곳을 함락시키기 위해 너무 큰 대가를 치른 탓에 앞으로는 전략적으로 패배할 가능성이 커졌다는 것이다.

바그너 그룹이 바흐무트 전투에서 벌떼 작전을 쓴 것은 분명하다. 한국전쟁 당시 죽여도 죽여도 밀려오는 중공군을 두고 '인해전술'이라고 불렀지만, 서방 외신은 바흐무트 전투에서 '고기 분쇄기'라는 표현을 처음 사용했다. 수많은 목숨을 바흐무트 전투에 갈아 넣었다는 뜻이다. 러시아에게는 치욕스런 이미지나 다름없다.

45 스트라나.ua, 2024년 6월 10일

## 미사일 오폭 보도 뒤의 진실?

아무리 정교한 미사일이라도 목표물을 100% 정확하게 맞출 수는 없다. 서방 외신은 개전 초기에 노후화한 러시아(소련) 미사일의 오폭이나 오작동을 자주 지면에 올렸다. 대부분 우크라이나 측의 발표가 근거였다.

대표적인 게 러시아 미사일이 부메랑처럼 러시아 진영으로 되돌아왔다는 기사다. 공중으로 치솟아 곡예를 부리듯 몇 바퀴 돌더니 다시 발사 지점으로 떨어지는 짧은 영상은 러시아 매체 아비아 프로(https://avia.pro) 등 몇몇 언론 매체에서도 소개됐다.

문제의 영상은 두 가지인데, 국내 언론이 인용한 서방 외신 기사를 먼저 보자.

영국 텔레그래프 등은 2022년 6월 우크라이나 루간스크주(州) 세베로도네츠크에서 남쪽으로 약 89㎞ 떨어진 알체우스크 마을 인근에서 친러 루간스크인민공화국(LPR) 군(민병대)이 발사한 러시아제 미사일 4발 가운데 1발이 발사 직후 갑자기 방향을 바꿔 발사 지역에 떨어졌다고 보도했다. 외신은 사건이 발생한 날짜를 특정하지는 않았으나 미사일 전자장치의 오작동으로 인한 오폭 사건으로 규정했다.

이 영상은 11만여 명의 구독자를 지닌 텔레그램 채널 페이스 오브 워(https://t.me/faceofwar, 러시아어로는 Лик Войны)를 통해 처음 공유되기 시작했다. 영상을 보면 문제의 미사일 발사 직전, 이미 3발이 발사된 듯한 비행운 자국(그래서 4발이다)이 보인다. 마지막 한 발이 하늘로 솟구치다 공중에서 방향을 180도 틀어 부메랑처럼 발사 지점으로 돌아와 폭발했다. 폭발로 인한 화염이 사방으로 퍼졌다.

아비아 프로 등 러시아 언론은 이 부메랑 미사일 영상에 하나를 더해 두 개의 영상을 6월 25일 공개했다. 다른 하나는 특정 공중 목표물(러시아군의 미사일)을 격추하기 위해 발사된 우크라이나의 지대공 미사일이 수직으로 치솟으며 공중에서 몇 바퀴 회전한 뒤 (엔진이 꺼져) 발사 위치로 떨어지는 영상이다.

영상을 보면, 지상에서 미사일 2발이 거의 동시에 발사됐다. 첫 번째 미사일은 정상적으로 비행하지만, 두 번째 미사일은 발사 직후 순간적으로 궤적을 바꿔 수직으로 치솟으며 공중회전을 한 뒤 (엔진이 꺼지고) 지

▲ **급발진 미사일** 출처: 아비아 프로 영상 캡처

▲ **부메랑 미사일** 출처: 텔레그램 @faceofwar 영상 캡처

상으로 떨어진다. 자동차 급발진을 연상시킨다. 다행히 지상으로 떨어진 미사일은 폭발하지 않았다. 아비아 프로는 "문제의 미사일은 우크라이나 부크 대공미사일"이라며 "우크라이나의 방공 시스템이 불안정하고, 극도로 위험하다는 현실을 보여준다"고 지적했다.

부메랑 미사일은 루간스크주 알체우스크 마을 인근에서 발사됐다. 그 지역에 주둔한 군대는 우크라이나군이었을까? 친러 LPR민병대였을까?

개인적인 판단으로는 러시아든 우크라이나든, 개전 초기에는 소련제 구식 미사일을 많이 사용했다. 그 미사일을 더 많이 사용한 측(러시아)에서 오작동이 더 잦았을 게 분명하다. 러시아는 개전 초기에 소련제 구식 미사일을 거의 대부분 소비한 뒤, 개량된 미사일을 사용하기 시작했다.

우크라이나군 총참모부는 2022년 3월 말 "러시아가 개전 이후 약 한 달간 1,200여 개의 순항미사일을 발사했으나, 그중 약 59%가 불발, 또는 격추되거나 목표를 놓쳤다"고 주장했다. 물론, 미국이 제공한 미사일도 엉뚱한 민간인 목표물을 때리기도 했다. 부메랑 미사일 공방이 벌어진 지 5개월쯤 뒤(2022년 11월 24일) 미 《뉴욕 타임스(NYT)》는 그해 9월에 벌어진 미국의 공대지 미사일 함(HARM)의 오폭을 처음으로 폭로했다. 함(HARM)이 우크라이나 정부가 통제 중인 도네츠크주 크라마토르스크의 5층짜리 아파트를 때렸다는 것이다. 아파트는 당시 미사일 공격을 받아 민간인 3명이 다쳤다. 우크라이나 측이 '민간인을 대상으로 한 러시아군의 전쟁범죄'라며 길길이 뛰었던 그 사건이었다.

NYT는 오폭 현장에서 미사일 잔해를 수거해 분석한 결과, 우크라이나군이 쏜 함 미사일 두 발이 표적을 벗어나 한발은 조각공원에, 다른 한발은 아파트를 강타했다고 밝혔다. 그 이유로 오래 묵힌 재고에서 나온 함 AGM-88B 미사일이라는 점을 들었다. 레이더 사냥꾼으로 불리는 AGM-88 HARM은 방공망 체계의 레이더를 파괴하는 데 특화된 공대지 미사일이다.

스트라나.ua는 NYT의 보도 내용을 요약하면서 "NYT가 11월 15일의 폴란드 미사일 오폭 사건에 이어 크라마토르스크 오폭 사건의 진실을 알린 것은 매우 주목할 만하다"고 썼다.

폴란드 오폭 사건은 나토가 헌장 제5조에 의해 전쟁 개입을 검토할 정도로 심각한 사건이었다. 대낮에 우크라이나 접경 폴란드 프셰보도프 마을의 농경지에 미사일 1기가 떨어졌으니, 당시 인도네시아 발리에서 열린 G20 정상회의에 참석한 서방 정상들도 큰 충격을 받았다고 한다.

당초에는 '러시아가 나토 회원국인 폴란드를 미사일 공격한 게 아니냐'는 서방 언론의 호들갑에 키예프는 나토가 러시아를 공격하도록 부추길 호재를 만난 듯했다. 젤렌스키 대통령은 즉각 "나토 영토에 미사일을 발사하는 것은 (나토에 대한) 중대한 도전"이라며 "이제는 (나토가) 행동에 나설 때"라고 강조했다. 미하일 포돌랴크 우크라이나 대통령 고문은 "이제는 진짜 우크라이나 상공에 비행금지 구역을 설정할 때"라고 펄펄 뛰었다.

그러나 이튿날(16일) 아침(모스크바 시간) 바이든 미 대통령이 우크라이나 방공 시스템의 오작동을 거론했고, 뒤이어 피해 당사자인 안제이 두다 폴란드 대통령이 "미사일은 우크라이나 방공군이 쏘았을 가능성이 높다"고 밝혔다. 또 "나토 조약 4조(회원국 영토 공격 시 협의 조항)를 적용할 필요가 없는 우발적 사고"라고 마무리했다. 젤렌스키 대통령은 "나는 그것이 우리(우크라이나) 로켓이 아니라는 데 의심의 여지가 없다"고 끝까지 우겼으나 무시됐다.

그런데, 폴란드의 영공을 보호하는 나토의 방공 시스템은 왜 작동하지 않았을까? 스톨텐베르크 나토 사무총장은 "이번 사건은 공격 성향을 보이지 않았다"면서 "우리의 방공망이 작동하지 않았다고 섣불리 단정하면 안 된다. 우리 방공망은 이런 유의 사건에 예민하게 반응해 곧바로 작동하지 않는다"고 답변했다. '미사일이 날아오는 것을 감지하고도 대응하지 않았다'는 주장인데, 일단 믿어보자.

스트라나.ua에 따르면 우크라이나 총참모부는 당시 "러시아군이 15일 X-101[이때 X는 러시아 철자로, 영어의 '엑스'가 아니라 '하'로 발음한다. 영어로는 Kh로 쓴다]과 칼리브르 미사일 90기 이상, 드론 10대 이상을 동원해 우크라이나 전역을 타격했다"며 "우리 방공망에 의해 순항미사일 77기, 이란의 샤헤드-136 공격용 드론 10대, 오리온 드론 1대가 격추됐다"고 발표했다. 동시에, 모나스티르스키 우크라이나 내무장관은 러시아 미사일이 우크라이나 기반 시설 30곳을 손상시켰다고 밝혔다.

스트라나.ua는 "(총참모부의 공식 발표에 따르면) 방공망에 의해 격추되지 않은 13개의 러시아 미사일이 (내부장관이 발표한) 30곳을 타격했다는 뜻"이라면서 "당국은 이러한 불일치(13개 미사일에 의한 피해 30곳)를 제대로 설명하지 않았다"고 꼬집었다. 우크라이나 총참모부(혹은 공군)는 러시아군의 공습이 있을 때마다 상당수의 미사일과 드론을 격추했다고 주장했는데, 우크라이나 언론마저 이를 곧이곧대로 믿지 않는다는 증거다.

우크라이나 최고라다(의회) 군사위원회 부위원장인 마리아나 베주글라야 의원은 2024년 7월 11일 공군의 러시아 미사일 격추 발표를 아예 믿을 수 없다고 직격했다. 그녀는 "공군이 군에 대한 국민의 믿음을 유지하기 위해 러시아군의 미사일 공격 및 격추에 대한 자료를 조작하고 있다"며 6월 8일과 7월 8일의 키예프 공습을 예로 들었다.

"공군은 6월 8일 키예프가 아니라 키예프 외곽에서 러시아군 미사일을 격추했다고 발표했는데, 그곳에 진짜 방공망 시스템이 구축돼 있느냐? 7월 8일에는 러시아 X(Kh)-101 미사일 여러 기를 요격할 수 없었다고 했는데, 이전에 요격 가능했던 미사일을 이제 와서 왜 격추할 수 없다고 말을 바꾸느냐?"

미사일의 오폭은, 포로교환 장소로 가기 위해 우크라이군 포로들이 탑승한 러시아 수송기를 우크라이나가 미사일로 격추한 사건으로 정점을 찍는다.

러-우크라 양측은 2024년 1월 24일 벨고로드주(州) 콜로틸로프카 국경 검문소에서 포로들을 서로 192명씩(192 대 192) 교환하기로 합의했다. 교환 당일 오전 11시쯤, 벨고로드 상공을 날던 러시아 일류신(IL)-76 군용 수송기가 미사일에 맞았다. 타고 있던 승무원 6명과 탑승자 68명 등 74명이 모두 사망했다. 러시아군 수송기가 우크라이나 국경 근처를 날고 있었으니, 우크라이나 측에 의해 격추되는 것은 어쩌면 당연할지도 몰랐다.

문제는 그 수송기에 집으로 돌아가는 꿈에 부푼 우크라이나군 포로 65명과 이들의 호송 책임을 맡은 러시아 군인 3명이 타고 있었다는 사실이다. 러시아 국방부는 즉각 포로 이송용 수송기가 우크라이나 측의 테러 공격으로 격추돼 탑승한 우크라이나군 포로 선원이 사망했다고 발표했다. 러시아 외무부는 "수송기에 대한 공격은 고의적이고 의도적인 행동이었다"고 규탄하며 즉각 유엔 안보리의 소집을 요구했다.

우크라이나 측도 사건 발생 7시간 뒤 미사일 공격을 사실상 인정했다.

▲ 격추된 러시아군 수송기 잔해. 출처: 러시아 국방부

러시아 국방부는 탑승한 포로들이 이날 오후 콜로틸로프카 국경 검문소에서 교환될 192명 속에 포함된 군인들이라고 밝혔다. 우크라이나 포로 80명을 태운 또 다른 수송기는 앞선 수송기의 격추에 급히 항로를 변경한 것으로 전해졌다.

포로 교환 계획과 이를 위한 포로들의 이송, 그리고 탑승한 IL-76 수송기의 격추 등 기본적인 팩트(사실)는 러-우크라 양측에 의해 확인됐다. 남은 의문은 누가 왜 격추시켰느냐다.

우크라이나 매체 스트라나.ua와 코메르산트 등 러시아 언론에 따르면 러시아군 수송기 격추는 키예프 시간으로 이날 오전 11시(모스크바 시간으로는 12시)쯤 글라드코프 벨고로드 주지사에 의해 처음 알려졌다. 뒤이어 사고기의 추락 및 폭발 영상이 인터넷에 등장했다. 이 영상은 수송기가 추락한 벨고로드주 야블로노보 마을 주민이 찍은 것으로 보인다.

격추 소식은 우크라이나 측에서 먼저 나왔다. 우크라이나 매체인 우크라인스카야 프라우다와 RBC-우크라이나는 러시아의 격추 발표가 나오기도 전에, 군사 소식통들을 인용해 우크라이나군이 러시아 군수송기를 격추했다고 보도했다. 수송기에는 하르코프 공격용 러시아제 S-300 미사일이 실려 있었다고 설명했다.

스트라나.ua는 "사건을 첫 보도한 우크라이나 매체들이 자력으로 큰 특종을 건졌을 가능성은 제로(0)에 가깝다"며 "우크라이나군이나 정보기관이 비공식적으로 이 같은 뉴스거리를 언론에 던져주는 게 관행"이라고 밝혔다. 러시아 군용기의 격추 사실을 널리 알려 우크라이나인의 사기를 높이기 위해서였다.

이 매체는 "우크라이나 공군이 열흘 전인 15일 러시아의 장거리 레이더 탐지기(공중 정찰기) A-50과 항공 통제설비가 탑재된 특수 목적기(항공 통제기) 일류신(IL)-22M를 아조프해 연안 상공에서 격추했다는 사실을 발표했다"며 "수송기 격추도 뒤이은 큰 전과의 하나로 생각했을 것"이라고 전했다.

러시아군 수송기 격추를 첫 보도한 우크라이나의 두 매체는 황급히 관련 뉴스를 인터넷판에서 지웠다. 동시에 하르코프 지역 방위군 사령관인 세르게이 멜니크 장군은 "수송기에는 S-300 미사일이 실렸다"며

"푸틴 테러리스트들의 선전을 믿지 말라. 그들은 당신을 위해 어떤 소설이라도 만들 것"이라고 주장했지만, 이미 설득력을 잃은 상태였다.

수송기 추락 현장에서 시신이 5구밖에 안 보인다는 주장이 일각에서 제기되자, 수송기가 공중에서 폭파되면서 시신이 반경 1~2km 내에 흩어져 있다고 러시아 측이 반박했다. 또 "신원 확인을 위해 시신을 번호가 매겨진 가방에 넣어뒀으며, 키예프로부터 DNA(유전자) 샘플을 받을 때까지 특수 냉장 시설에 보관할 것"이라고 덧붙였다.

러시아 투데이(RT)의 편집장 마르가리타 시모냔은 SNS를 통해 피격 수송기에 탑승한 우크라이나군 포로 65명의 이름을 공개하고, 군 장성 출신의 카르타폴로프 러시아 국가두마(하원) 군사위원회 위원장은 "수송기가 패트리어트 또는 이리스(Iris)-T 방공 미사일 3발에 의해 격추됐다"며 우크라이나 측을 압박했다.

우크라이나군 정보총국(GUR)은 "최전방 30km 이내에서 수송기를 착륙시키는 것은 절대로 안전할 수 없다"며 "우크라이나에 대한 국제적 지원을 약화시키려는 목적으로 격추를 유도하는 덫을 러시아 측이 놓은 것"이라고 반박했다. GUR은 "우크라이나에는 포로 수송 방법과 차량 수, 경로 및 포로 인도에 대한 러시아 측 정보가 없었다"고 강변했지만, 이미 여러 차례 포로교환이 이뤄진 터라 달라질 건 없었다.

푸틴 대통령은 이틀 뒤인 26일 한 행사에서 "고의든 실수든 이번 일(수송기 격추)은 범죄"라며 러시아의 자작극 주장에 대해 "우리의 방공 시스템은 시스템상 자국 항공기를 공격할 수 없다"고 선을 그었다. 또 "블랙박스를 회수했으며, 그곳에서 실제로 무슨 일이 일어났는지 우크라이나 사람들도 알 수 있게 하겠다"고 자신감을 보였다.

우크라이나 전쟁포로 관리 본부도 이날 러시아 측이 공개한 자국군 포로 65명은 24일로 예정됐던 포로교환 대상자가 맞다고 확인했다. 우크라이나 일부 언론과 드미트리 루비네츠 우크라이나 옴부즈맨(인권 담당 책임자)은 포로 명단이 시모냔 RT 편집장에 의해 공개된 직후, "그중 일부는 이미 교환된 사람들"이라고 주장했으나, 머쓱해지고 말았다.

중대사건을 수사하는 러시아 연방 수사위원회는 이후 IL-76 수송기 추락 현장에서 촬영된 것으로 추정되는 영상을 공개했다. 영상에는 우크라이나 포로 여러 명의 신원을 알려주는 신분증들이 담겼다. 1969년 출생한 예브게니 갈체프의 임시 신분증, 키예프 출신 이반 로이의 여권, 훼손되었지만 드미트리 블라디미로비치 크라치코로 식별되는 우크라이나 신분증 등이다. 이들은 시모냔 RT 편집장이 공개한 탑승자 명단에 들어 있었다.

# 설익은 우크라이나 반격설

현시점에서 되돌아보면 어이없는 언론 보도 중 하나가 '우크라이나가 승기를 잡았다'는 분석 혹은 전망이다. 개전 6개월째를 맞은 2022년 8월께다. 우크라이나의 반격설이 나오면서 필자의 주변 사람들도 '러시아가 패하고 우크라이나가 이길 것'으로 믿었다. "(나토가 지상군을 투입하지 않는 한) 우크라이나가 무슨 수로 러시아를 이길 수 있느냐?"고 반박하는 필자에게 '무식한 러시아 전문가' 혹은 '러시아에 편향된 사람'으로 취급하기 일쑤였다.

일부 서방 언론의 튀는(?) 보도가 주요 원인이었다.

미국 《월스트리트저널(WSJ)》은 그해 7월 말 미국 당국자와 영국 국방부 정보당국 등의 분석을 근거로, "우크라이나 전쟁은 이제 3단계로 넘어가고 있다"며 그 증거로 우크라이나군의 반격 작전을 들었다. 러시아군은 2022년 2월 전격적으로 수도 키예프 점령을 노리다가 실패한 뒤, 돈바스 지역으로 화력을 돌리는 2단계 군사작전에서도 완전히 승기를 잡지 못하는 바람에 우크라이나군의 반격을 허용하는 3단계로 접어들었다는 것이다.

엘리엇 코언 미 국제전략문제연구소(CSIS) 연구원은 WSJ에 "우크라이나군이 반격을 통해 헤르손을 되찾는 것은 즈메이니(뱀)섬 탈환이나 흑해함대 기함인 모스크바함 격침보다 더 의미가 크다"며 "서방의 꾸준한 군사·경제적 지원 덕분에 판세가 서서히 우크라이나 쪽으로 기우는 것으로 보인다"고 주장했다.

그러나 WSJ과 함께 세계 최고의 경제 전문지로 꼽히는 영국 《파이낸셜 타임스(FT)》는 나흘 뒤인 8월 4일, 익명의 우크라이나 고위 관리를 인용해 "우크라이나가 이달 중으로 예고했던 남부 헤르손주에 대한 대대적인 반격 작전을 사실상 철회했다"고 전했다. 이 고위 관리는 "우크라이나군이 아직도 필요한 무기의 30%도 확보하지 못해 반격 시점은 내년 초가 유력하다"며 "헤르손주 탈환을 위해 서방에서 받은 무기를 100% 사용할 수 있지만, 그럴 경우 무기가 완전히 바닥날 것"이라고 우려했다. 섣불리 반격 작전에 나섰다가 실패할 경우, 완전히 주저앉을 수 있다는 뜻이다. 그는 "우크라이나에는 방어용 무기도 아직 부족하다"고 말했다.

안타깝게도 국내에서는 WSJ지 보도는 눈에 크게 띄었고, 뒤이은 FT 보도는 거의 보이지 않았다. 국내 독자들에게 '우크라이나군이 이길 것'이라는 이미지를 은연중에 심어준 전쟁 저널리즘의 한 예다.

WSJ가 헤르손주(州)를 유력한 반격 지점으로 본 것은, 그 지역이 갖는 지정학적 중요성 때문이다. 헤르손주는 크림반도와 러시아 본토를 잇는 우크라이나 남부의 전략적 요충지대다. 러시아는 군사작전 시작 이틀 만에 헤르손주의 주도(州都)인 헤르손시(市)를 비롯해 흑해·아조프해 연안 일대를 장악한 뒤, 군민(軍民)합동 정부를 세워 실효지배 체제를 구축해 가고 있었다. 또 점령지 어느 곳보다 빨리 헤르손주 군민합동 정부가 러시아와의 병합을 위한 주민투표 실시를 주장했다.

또 160일 이상 근근이 버텨온 우크라이나군이 서방 측이 제공한 무기를 앞세워 전세를 뒤집는 모습을 보여줘야 할 때가 가까워지고 있었다. 승전보를 울리지 못할 경우, 서방 측의 군사·경제적 지원을 기대하기가 앞으로 점점 어려워질 수도 있었다. 가장 든든한 우방인 유럽연합(EU) 회원국들도 찬바람이 불기 시작하면, 에너지와 식량, 물가 등 자국의 민생 문제를 최우선적으로 고민할 수밖에 없기 때문이다. 젤렌스키 대통령은 이즈음 기회가 있을 때마다 "추운 겨울이 오기 전에 전쟁을 끝내야 한다"고 강조하곤 했다.

반격 작전은 보기 좋게 러시아군의 허를 찔렀다. 또 기습적이었다. 그것도 모두의 관심이 쏠린 헤르손 지역이 아니라 (하르코프주) 발랄클레야와 이쥼, 쿠퍈스크 전선에서 벌어졌다. '동쪽에서 소리를 내고 서쪽을 친다'는 성동격서(聲東擊西) 작전을 원용한 성남격북(聲南擊北) 작전이었다. 상대적으로 적은 병력으로 북서부 깊숙이 전진한 러시아군을 1차 공격 대상으로 삼았고, 러시아군은 작전상 후퇴를 할 수밖에 없었다. 2022년 9월에 일어난 일이다.

북서부 지역을 탈환한 우크라이나군은 헤르손 전선으로 빠르게 눈을 돌렸다. 드네프르강을 건너야 하는 물류 공급망이 위협받는 러시아군은 고민에 빠졌다. 북서부 이쥼-쿠퍈스크 전선에서 후퇴한 상태에서 헤르손시까지 적에게 넘겨줄 경우, 닥쳐올 군의 사기 저하와 안팎의 비난 등 후폭풍이 가장 우려됐다.

이때 구세주로 등장한 사람이 특수 군사작전 사령관으로 임명된 수로비킨 장군이다. 그는 임명장을 받자마자 바로 헤르손시 철군을 결정했다. 여론의 거센 비판을 막기 위해 러시아군 최고 지휘관으로서는 드물게 언론과의 만남도 자청했다. 그리고 전세를 구체적으로 설명한 뒤 드네프르강 동쪽에 견고한 방어라인을 구축할 것이라고 밝혔다. 우크라이나군의 2023년 여름 반격 작전을 무산시킨 러시아군의 3중, 4중 방어망은 그렇게 탄생했다. 이 방어망을 '수로비킨 방어라인'으로 일컫는 이유다. 수로비킨 사령관은 헤르손 지역의 친러 주민들을 먼저 드네프르강 동쪽으로 이주시킨 뒤, 어느 날 야음을 틈타 주둔군을 전격적으로 드네프르 동안(東岸)으로 옮겼다. 2022년 11월 초였다. 그렇게 WSJ지의 전망은 현실화했고, 우크라이나 승전 이미지는 더욱 굳어졌다.

반면, 러시아군은 2개월 사이에 이쥼-쿠퍈스크-크라스니 리만을 잇는 북서부 전선과 헤르손 전선에서 스스로 군대를 물림으로써 대규모 군사적 충돌과 손실을 피했다. 어쩌면[집필 현재 시점에서만 보면] 전력 손실을 최소화한 상태에서 물러나 향후 전략적으로 방어에 유리한 고지를 선점할 수 있었다.

그러나 그것은 러시아군의 잇단 패주(敗走)였고, 패전의 멍에도 피해갈 수 없었다. 체첸 전사를 이끄는 체첸 자치공 수장 람잔 카디로프와 바그너 그룹의 수장 프리고진은 군 지휘부의 작전 실패를 거론하며 독설을 퍼부었다. 필요하다면, 자위권 차원에서 핵무기를 사용하라고 요구했다. 전시 중 군부 내의 불협화음은 패전을 당할 때 불쑥 나타나는 법. 러시아도 예외는 아니었고, 이듬해 6월 바그너 그룹의 군사반란은 이때 싹을 틔우기 시작했다고 할 수 있다.

# 러-우크라 동원령의 역설

푸틴 대통령은 2022년 9월 부분동원령을 발령했다. 이후 러시아에서 벌어진 젊은 남성 중심의 엑소더스(대탈주)는 더 이상 설명이 필요하지 않다.

그 여파는 우리나라까지 미쳤다. 러시아를 탈출한 ㄱ씨가 2024년 5월 처음으로 서울행정법원에서 난민으로 인정받았다. 그는 "우크라이나 사람들을 학살하고 납치하는 범죄행위에 직접 참여할 수가 없어 (부분동원령을 피해) 탈출했다"고 주장했고, 재판 과정에서 이를 입증하는 데 성공한 것이다.

그 과정은 그야말로 눈물겨웠다. ㄱ씨는 다른 러시아인 4명과 함께 인천국제공항에서 수개월간 노숙자 생활을 하던 중 시민단체 난민인권네트워크의 도움을 받아 법적투쟁에 들어갔다. 그리고 2023년 2월 법무부의 난민 심사 불회부 결정을 취소해 달라고 낸 소송에서 승소했다. 그는 동료 1명과 함께 G1 비자를 받고 공항 노숙자 생활에서 벗어날 수 있었다. 이후 진행된 난민 지위 소송에서 이겨 난민 자격을 얻었다. 그러나 동료는 안타깝게도 (소송에서) 기각돼 같이 웃지 못했다.

우리나라와 달리 프랑스에서는 부분동원령을 거부한 10여 명의 러시아인들이 망명 허가를 받았다. 프랑스 일간지 《르몽드》는 2024년 3월 22일 "프랑스 망명법원이 2023년 7월 부분동원령을 거부하고 자국으로 도피한 러시아인에게 난민 지위를 부여하기로 한 뒤, 2024년 1월부터 3월 중순까지 총 19건의 망명을 허용했다"고 보도했다. 난민인권센터가 법무부로부터 제출받은 자료(2023년 12월 기준)에 의하면 우크라이나인의 난민 신청은 203명이나 된다. 러시아인은 무려 1만 3,711명. 우크라이나인들은 독일과 폴란드 등 인접국으로 나가기만 하면 기본적으로 난민 대우를 받을 수 있다. 문제는 동원 대상 연령의 남성들이다. 이들은 현재 체류 중인 유럽의 일부 국가가 자신들을 우크라이나로 되돌려 보내려는 움직임에 불안감을 느끼고, 보다 안전한 곳으로 다시 달아날 작정이라고 한다.

문제가 되는 것은 여권의 갱신이다. 해외에 나와 있더라도 우크라이나 남성들에게는 군 동원 면제 서류가 필요하다. 우크라이나의 동원 강화 조치에 따라 면제 서류를 떼려면 귀국해야 한다. 귀국하면 다시 해외로 나오기는 하늘의 별따기다. 그렇다고 여권 갱신을 포기하면? 신분증명서가 없는 무국적자가 되는데, 유럽 국가 체류에도 커다란 불편함이 따른다. 그들이 어떤 대안을 찾아낼까, 벌써부터 궁금해진다.

다행히 우크라이나 고려인의 경우, 전쟁 초기부터 광주 ㈔고려인마을의 도움을 많이 받았다. 독일 등 유럽에서 피란민 생활을 하는 것보다는 모국이 더 편안할 것으로 판단한 게 컸다. 국내로 오는 항공권 확보 등 입국 과정에서는 국내 고려인 지원 단체가 깊숙이 간여했다.

그러나 시간이 흐르면서 이들에 대한 동포 차원의 도움은 지양해야 한다는 주장도 나오고 있다. ㈔고려인마을이 2023년 11월 홈페이지에 공개한 고가영 서울대 아시아연구소 교수의 〈우크라이나 전쟁 난민

유입과 광주고려인마을 공동체의 확장〉 논문을 보면, 한국 사회는 우크라이나 고려인들을 보편적 인권문제로 접근하기보다는, '불쌍한 동포 돕기'라는 민족주의적 시각으로 접근하는 한계를 지닌 것으로 분석됐다. 국내 체류 자격이 난민도 아니고, 난민과 동포 사이의 어중간한 위치라는 것이다.

유럽으로 탈출한 우크라이나 피란민들과 달리, 국내에 들어온 고려인들은 난민이 아닌 동포 자격으로 체류하다 보니, 유럽과 달리 기초생활보장 등 정부 지원을 제대로 받지 못하고 있다. 고려인마을 등 한국 사회도 이들을 '전쟁 난민'이 아닌 '우크라이나 탈출 고려인'으로 부른다.

고려인마을 등 광주시민사회의 항공권 지원으로 2023년 11월까지 900명이 한국행 비행기를 타는 등 모두 1,200명이 전쟁을 피해 국내에 입국한 것으로 집계됐는데, 이들의 향후 법적 지위에 대한 고민은 빠르면 빠를수록 좋아 보인다. 우크라이나 출신의 난민 신청자 203명이 이들 속에 포함돼 있는지 여부는 불명확하다.

서방 외신이 러시아의 부분동원 문제를 본격적으로 거론한 것은 2022년 10월이다. 미국의 워싱턴 포스트(WP)와 뉴욕 타임스(NYT)는 10월 16일 약속이나 한 듯, 러시아 부분동원령의 실행 과정에서 드러난 공권력의 각종 무리수와 동원된 병력의 무모한 죽음을 각각 폭로하는 기사를 실었다. WP는 길거리에서 동원 대상자로 보이는 예비역 남성들을 무조건 잡아가고 있으며, NYT는 그들이 제대로 훈련도 받지 못한 채 최전선으로 끌려가 목숨을 잃고 있다고 주장했다.

보도 타이밍도 절묘하다. 푸틴 대통령이 이틀 전인 14일 기자회견에서 "앞으로 2주 내에 부분동원이 완료될 수 있다"며 깔끔한(?) 마무리를 예고한 뒤, WP와 NYT가 문제점을 지적하는 기사를 냈다. 특히 '훈련도 제대로 받지 못한다'는 NYT 기사는 "계획된 30만 명 중 22만 2,000명은 이미 동원됐으며, 3만 3,000명은 부대에 배속됐고, 1만 6,000명은 전투 임무를 수행하고 있다"는 푸틴 대통령의 발언이 얼마나 무모한 것인지를 보여주는 듯하다.

두 매체의 보도가 틀린 것은 아니다. 정치권(의회)에서 논쟁을 벌일 만큼, 러시아 언론들도 많이 다룬 사안이기 때문이다.

푸틴 대통령도 부분동원령이 지닌 사회적 폭발력이나 실행 과정의 혼란상을 모르는 바 아닐 것이다. 그래서 동원령을 내릴 수밖에 없는 상황을 "무려 1,100km에 이르는 (우크라이나군과의) 접촉선을 정규군인들이 담당하기에는 너무 벅차다"는 말로 이해를 구했다. 우크라이나 전선은 남북한이 대치한 휴전선 155마일(249㎞)의 4배가 넘는다니, 한마디로 놀랍다.

러시아는 현재 우크라이나 4개 주(州)의 상당 부분을 장악했다. 러시아 연방 편입도 선언했다. 한국 면적의 90%나 되는 점령 영토를 방어, 혹은 실효지배하기 위해서는 1,000km가 넘는 전선에 군 병력을 배치하고 무기와 탄약, 보급품 등을 제공해야 한다. 또 점령지역 내에서 암약하는 반러 무장 세력[러시아 쪽에서는 게릴라, 사보타주 부대]의 공격에 대비하고, 주민들의 안전과 사회 질서도 유지해야 한다. 훈련된 전투 병력은 아닐지라도, 일단 머릿수는 채워야 하는 게 현실이다.

제2차 세계대전 이후 처음으로 내려진 동원령이 그 넓은 러시아 땅에서 시행착오 없이, 큰 혼란 없이 질서 정연하게 이뤄지리라고는 처

▲ 훈련소에 입소한 동원 예비역들의 전차 조종 훈련. 출처: 러시아 국방부 영상 캡처

음부터 기대할 수가 없다. 또 전쟁터에 나간 군인은, 잘 훈련된 전투병이든, 훈련이 덜 된 신병이든 똑같이 죽음 앞 벼랑 끝에 선다는 건 엄연한 현실이다.

필자는 가끔 이런 상상을 해보곤 했다. 만약에, 진짜 만약에, 북한군이 부분적으로 한국을 침공할 경우, 우리 정부가 곧바로 예비군 동원 명령을 내릴 텐데, 그때 우리 동원예비군들이 얼마나 자진해서 동원에 응할까, 하고.

러시아의 경우, 푸틴 대통령이 부분동원령을 내린 것은 9월 21일이다. 22만 2,000명이 징집됐다고 말한 게 10월 14일이니, 3주일여 만에 동원 목표의 75%를 달성한 셈이다. 성과가 굳이 나쁘다고는 할 수 없을 것 같다.

하지만 그 부작용도 만만치 않았다. 러시아 사회여론재단의 조사에 따르면, 부분동원령으로 '주변에서 불안하게 생각한다'고 응답한 사람은 67%에 달했다. 결코 적지 않은 수치다. 러시아 매체 로스발트(rosbalt.ru)는 이 같은 사회적 불안이 부분동원령과 그에 따른 당국의 무리한 동원 집행, (엑소더스와 같은) 사회적 혼란 등과 직결돼 있다고 분석했다. 경찰력을 동원한 '길거리 징병'에 대한 불만의 소리가 특히 거셌다.

모스크바 한 시의원은 그의 아들도 지하철역 입구에서 동원 명령장을 받았다고 분노했다. 모스크바의 몇몇 지하철역 주변에서 동원 연령대 남성들이 소환장을 받고 끌려가는 영상이 인터넷에, SNS에 올라왔다. 러시아 집권여당인 통합러시아당의 안드레이 클리샤스 상원의원도 "길거리에서 무차별적으로 동원 연령대 남성들을 붙잡은 뒤, 그가 동원 기준에 맞는지를 따져보는 것은 불법적인 행동"이라며 "경찰은 동원 담당 부서로부터 먼저 서면 요청을 받고, 동원 대상자를 식별한 뒤 소집 장소로 데리고 가야 한다"고 절차적 정당성을 강조했다.

동원된 병력이 훈련소에서 자살하거나 지병으로 사망했다는 속보가 한동안 현지 언론을 장식하더니, 2022년 말에는 전장에서 전사한 동원병들의 부음이 전해지기 시작했다. 첼랴빈스크 주지사가 "지역 출신 동원병 5명이 우크라이나 전쟁에서 사망했다"고 발표한 것을 시작으로 크라스노야르스크 등 시베리아 출신 주지사들의 전사자 발표가 잇따랐다. 또 가족과 친지 등 주변 인물의 SNS를 통해서도 변호사나 고위급 공무원 등 지역 유명인사들의 전사 소식이 전해졌다.

푸틴 대통령은 "동원 예비역에 대한 1차 훈련은 5~10일, 2차 훈련은 소속 부대에서 5~15일, 혹은 더 추가될 수도 있다"고 설명했지만, SNS에 올라온 전사자들의 친인척들은 "5~10일 정도 짧은 기초훈련을 받은 뒤, 소속 부대에서 2차 훈련도 받지 않고 바로 전투에 투입됐다가 목숨을 잃었다"고 불만을 터뜨렸다. 동원 분위기가 좋을 리 없었다.

크고 작은 문제들이 터졌지만, 러시아의 예비역 동원은 조금씩 자리를 잡아갔다. 다음은 우크라이나 차례였다. 러시아의 부분동원령이 발령된 지 6개월쯤 지난 2023년 3월 14일, 미 《워싱턴 포스트(WP)》는 "그간의 전투로 경험 많고 훈련된 우크라이나 군인들이 사망하거나 부상을 당해 예고한 반격 작전(2023년 6월)에 투입할 병력이 부족할 수 있다"고 우려하는 기사를 내보냈다.

작전 수행에 충분한 병력의 기준은 그야말로 상대적이다. 공격의 경우, 적 방어 병력이 100이라면, 100~120으로는 부족하다. 최소한 150, 200은 넘어야 한다. 그래야 손실을 무릅쓰고 적 진지 점령에 나설 수 있다.

그 당시, 미국과 유럽연합(EU) 측에 따르면 우크라이나는 이미 12만 명의 사상자(러시아는 20만 명)를 냈다. WP는 "그 손실이 예비군과 신병들로 보충됐지만, 예전 우크라이나군의 모습은 아니다"며 "설사 서방의 현대 무기·장비를 제공받았다고 하더라도, 러시아가 구축한 견고한 방어선을 뚫기에는 힘에 부칠 것"이라고 우려했다.

게다가 후방에서는 동원 및 징병 과정이 점차 힘들어지고 있었다. 우크라이나가 2022년 가을, 기습적인 반격으로 러시아군을 하르코프주(州)와 헤르손시(市)에서 몰아내고 상당한 영토를 수복했지만, 우크라이나 사회는 조금씩 전쟁 피로에 시달리고 있었다. 개전 초기에 보여준 애국심에 불타는 사회 분위기는 사라졌다. 목숨을 걸고 조국을 지키기 위해 전선으로 달려가는 게 아니라, 찾아오는 동원 징병관을 피해 멀찌감치 달아나기 시작했다.

그 와중에 터진 군 관련 각종 비리사건들은 우크라이나의 민심을 더욱 흔들어 대고 있었다. 누군가는 "터질 것이 터졌다"고 했다. 군인들이 최전선에서 죽어가는 사이, 전쟁을 틈타 은밀히 배를 불려온 일부 기득권 세력들 간의 이익 다툼이 결국 폭로전으로 이어지면서, 대중들에게 그 실체가 드러났다는 분석도 제기됐다.

시작은 군납 비리였다. 우크라이나 시사 주간지 《제르칼로 네델리(Зеркало недели)》가 2023년 초 우크라이나 국방부의 군납 담당 부서가 특정 업체와 짜고 시장 가격보다 몇 배나 높은 가격으로 식자재 납품 계약을 체결했다고 폭로했다. 국방부가 새해(2023년) 키예프와 폴타바, 수미, 지토미르, 체르니고프 등에 주둔하는 군부대에 제공될 131억 6,000만 흐리브냐 규모의 식자재 구매 계약을 얼마 전(2022년 12월 23일)에 모업체와 체결했는데, 일부 식자재의 경우 시중가보다 무려 2~3배 높은 가격이었다는 것이다. 예를 들면, 키예프 슈퍼마켓에서 개당 약 7흐리브냐에 팔리는 계란을 17흐리브냐에, kg당 8~9흐리브냐에 불과한 감자는 무려 22흐리브냐에 계약했다는 폭로였다.[46]

우크라이나 국방부는 "군납 식자재 구매 내용에 관한 정보가 고의적으로 조작되고 왜곡된 상태로 유포되고 있다"며 모든 혐의를 부인했다. 올렉시 레즈니코프 국방장관도 의회에 사실 확인을 위한 공청회 개최를 요청했다.

하지만, 바실리 로진스키 우크라이나 인프라부 차관이 업체로부터 40만 달러 상당의 돈을 받고 인프라 재건 사업에 투입될 장비와 기계를 시장가격보다 훨씬 비싼 값에 도입할 수 있도록 눈감아준 혐의로

46 스트라나.ua, 2023년 1월 22일

체포된 뒤여서 국방부 측의 해명은 씨알이 먹히지 않았다. 정부 고위 관리들의 각종 부정 부패 및 비리 구조에 익숙한 우크라이나인들은 목숨을 걸고 싸우는 군인들 뒤에서 제 잇속을 챙긴 군납 비리를 용납하지 않을 태세였다.

우크라이나의 구조적인 부패를 폭로해 온 시민단체[NGO, 주로 해외로부터 자금 지원을 받아 활동하는 단체, 러시아식으로는 외국 에이전트]들은 국방부가 이번 군납사건에서 스스로 결백을 입증하지 못할 경우, 레즈니코프 국방장관이 사임할 것을 요구했다. 서방 주요국의 고위 인사들과 군사 지원 문제를 직접 협상해 온 친서방 성향의 레즈니코프 장관을 향해 대놓고 사임하라고 압박한 것은 상당히 이례적이었다.

레즈니코프 장관은 이후 군납 비리 사슬 구조의 최정점에 서 있다는 의혹에서 벗어나지 못한 채 경질설에 시달리더니, 그해 9월 우크라이나군 지휘 계통의 최고위급 인사로서는 처음으로 옷을 벗었다.

군 납품 비리는 곧바로 예비역 동원 비리로 옮아갔다. 암암리에 징집 관련 책임자에게 뒷돈을 주고 동원 대상에서 빠졌다는 구체적인 사례들이, 이미 길거리 강제동원을 비판하는 영상들과 함께 인터넷에 돌고 있었다. 우크라이나의 부대 동원 및 징병 담당 부서인 군사위원회(우리의 병무청)가 무리할 정도로 길거리에서 동원에 나선 것은, 은밀하게 뇌물을 챙기기 위한 활동이라는 세간의 의혹이 사실로 밝혀지는 데는 그리 오랜 시간이 걸리지 않았다.

그해 4월 남부 오데사 지역의 군사위원회 최고 책임자인 예브게니 보리소프 위원이 스페인 유명 휴양지 마르베야(안달루시아 자치 지역의 말라가주)에서 고급 빌라를 사고, 외제 자동차를 여러 대 굴리고 있다는 의

혹이 처음으로 제기됐다. 395만 유로(약 55억 원)짜리 빌라의 사진도 인터넷에 올라왔다. 유독 오데사 지역에서 무리한 강제동원이 이뤄지고 있다는 정황 증거도 제시됐다.

▲ 오데사 군사위원의 가족이 사들였다는 스페인의 고급 빌라. 출처: 스트라나.ua

보리소프 군사위원이 길거리에서 징병관에게 붙잡히더라도 벗어날 수 있는 서류, 즉 군동원 면제 서류(통칭 화이트 티켓)를 불법으로 판매하고 챙긴 '검은 돈'으로 스페인 빌라를 샀다는 의혹은 거의 확신으로 변해갔다. 그는 연일 "스페인에 아무 것도 갖고 있지 않다"며 억울함을 호소했다.

하지만, 언론은 현지 취재를 통해 스페인 빌라의 등기부 등본을 공개했다. 그제야 그는 "아내가 스페인에서 비즈니스를 하고 있다"면서도 "나는 모르는 일"이라고 잡아뗐다. 빌라 계약 시기에 출국한 것도 합법적이라고 강변했다.

분노한 여론을 잠재우기에는 역부족이었다. 두 달 뒤인 6월 23일 젤렌스키 대통령이 보리소프 군사위원의 해임을 잘루즈니 총참모장에게 지시했다. 현지 매체 스트라나.ua는 이를 두고 "각 지역 군사위원의 임면권은 알렉산드르 시르스키 지상군 사령관에게 있는데, 대통령이 총참모장에게 이를 지시한 것도 (군 조직 내 파워게임 양상을 보여주는 것 같아) 흥미롭다"고 썼다. 현지 언론들은 보리소프 위원의 경질을 계기로 동원의 비리 구조가 '돈을 빨아들이는 거대한 진공청소기였다'는 등 그 검은 내막을 샅샅이 까발렸다.

겉보기에도 멀쩡한 남성이 전쟁터로 끌려가지 않는 유일한 방법은, 뒷돈을 주고 화이트 티켓(белый билет)을 사는 일이었다. "화이트 티켓의 뒷돈 가격이 원래 2,500~3,500 달러였는데, 전쟁이 길어지면서 5,000~6,500 달러로 치솟았다"고 현지 언론은 전했다. 오데사 지역에서 유독 심했던 것은, 전쟁 발발 후 배를 탈 수 없었던 건장한 선원들이 가장 먼저 징집 대상이 됐기 때문이다. 선원들은 5,000~6,000 달러를 주고, 화이트 티켓을 구한 다음 해외로 돈을 벌러(배를 타러) 나갔다. 2022년 말에는 티켓 가격이 최대 7,000~8,000 달러에 이르렀다.[47]

화이트 티켓의 뇌물 고리는 관련자 모두가 동원 기피 희망자를 뜯어먹는 방식으로 작동한다. 먼저, 수만 달러(2023년 6월 기준 최대 20만 달러)를 주고 한 지역의 군사위원이 된다. 위원이 되더라도, 만약을 대비해 월 2만~5만 달러를 지역 사법기관에 상납해야 한다. 이 돈을 벌충하기 위해 인구 100만 명이 넘는 오데사와 같은 대도시에서는 매일 한두 사

47 스트라나.ua, 2023년 6월 27일

람에게 1만~1만 5,000 달러를 받고 화이트 티켓을 팔아야 하고, 그렇게 월 30만~36만 달러를 챙겨 절반은 군사위원회 책임자(오데사의 경우 보리소프 위원)가, 4분의 1은 군의관이, 500~1,000 달러는 중간 소개인이 나눠 갖는다고 했다.

젤렌스키 대통령은 각 지역 군사위원회의 이 같은 비리 구조를 전수 조사한 뒤 지역 군사위원 전원을 해고하는 강수를 뒀다. 하지만 이 조치는 나중에 동원을 더욱 지지부진하게 만드는 원인을 제공했다는 비판을 받았다.

우크라이나의 부정부패가 어제오늘의 이야기는 아니다. 국제투명성기구는 2022년 부패 순위에서 우크라이나를 조사 대상 180개국 중 116위로 꼽았고, 유럽연합(EU) 가입을 위한 우크라이나의 선제 해결 조건 중 하나도 부정부패 척결이었다. 2023년 5월에는 사법부의 수장인 대법원장마저 뇌물수수혐의로 체포되는 전무후무한 일도 벌어졌다.

일상화한 부패 구조에서 우크라이나의 (예비군) 동원이 공정하게 진행되었을 것으로 믿는 것은 순진하다. 개전 초기에 너도나도 전선으로 뛰어간 우크라이나인의 높은 애국심을 강조한 보도도 그 한순간뿐이었다는 생각이다. 그것보다는 눈에 보이지 않는 부패 구조가 화이트 티켓 발급 과정에서 수없이 작동했다고 보는 게 맞다. 전장에서 죽거나 다친 사람들 이야기가 주변에서 자주 들릴수록, 동원 기피 심리도 덩달아 커졌기 때문이다.

키예프 국제사회문제연구소 조사(опрос Киевского международного инст-итута социологии)에 따르면 2023년 5월 말 기준, 우크라이나인의 10명 중 적어도 7명은 전쟁 중 부상하거나 사망한 가까운 친인척이나 친구,

지인이 있는 것으로 나타났다. 이 연구소가 5월 26일~6월 5일 진행한 여론조사에서 응답자들의 78%가 다치거나 사망한 가까운 사람이 있다고 대답했다. 죽은 친구나 친인척이 있다는 응답도 63%에 이르렀다. 전쟁은 본래 이런 것이다.

러-우크라는 사실 약간의 시차를 두고 앞서거니 뒤서거니 동원령 강화에 나섰다. 역풍도 똑같이 심하게 불었다. '동원 전쟁'이라고 부를 만했다. 국내 언론은 그러나 우크라이나의 강제동원에 따른 후유증에는 거의 관심을 기울이지 않았다. 주로 러시아의 부분동원령과 그에 따른 사회적 혼란에만 비판적으로 접근했을 뿐이다.

당연하지만, 매를 먼저 맞은 러시아는 강제동원의 부작용을 치유할 대안을 일찍 찾아냈다. 2023년 5월쯤부터다. 전체 남성들을 대상으로 한 강제동원 대신에 큰돈을 받고 전쟁터에 나갈 계약 군인들의 모집에 집중했다. 특히 일자리가 부족한 지방에서는 많은 남성들이 가족을 부양하기 위해 스스로 지원병 계약 사무소의 문을 두드렸다.

동시에, 그해 4월 푸틴 대통령은 병역 대상자에게 인터넷으로 군입대 명령을 내리는 전자 입영 소환장(통지서)에 관한 법안에 서명했다. 기존의 군 등록 및 징병사무소에서 당사자에게 일일이 입영 통지서를 직접 전달해야 하는 불편함을 해소하고, 대상자가 통지서 수령을 거부할 수 있는 명분을 제거하기 위해서였다. 새 법안에 따르면, 전자 소환장을 받고도 입영(혹은 동원)을 기피할 경우, 부동산 거래 등 일상생활에서 각종 불편을 감수해야 한다.

영국 정보국은 이 법안이 발효하자 "러시아는 계약군인 모집을 우선시하고 있으나, 분쟁이 장기화할 경우, 이 제도가 병력 보충 문제를 해결하는 대안이 될 수 있다"고 내다봤다.

반격을 준비 중인 우크라이나도 병력의 보충이 전쟁의 승패에 결정적인 영향을 미친다고 보고 예비역 동원에 사활을 걸고 있었다. 영국의 《데일리 텔레그래프》는 5월 말 "키예프는 임박한 반격 작전에 대비하고 전장에서 희생되는 병력을 보충하기 위해 예비군 동원에 필사적"이라며 우크라이나에서 벌어지는 강제 징집의 모습을 가감 없이 전했다.

현지 매체 스트라나.ua도 5월 28일 "날씨가 따뜻해지고 야외생활이 활기를 띠면서 군사위원회의 징병 활동이 더욱 활발해지고 있다"며 "군사위원들은 이제 젊은이들이 즐겨 찾는 키예프시 덴스냔스키 삼림공원의 캠핑장까지 찾아가고 있다"고 보도했다. 지난 겨울에는 스키장을 찾아가 동원 대상자를 찾아내고 동원 통지서를 전달했던 군사위원들이었다. 군사위원의 대형 비리 사건이 터졌던 오데사에서는 아예 신체검사 장비를 갖춘 버스를 세워놓고, 대상자들을 즉석에서 검사대에 올리는 일이 벌어지기도 했다.

수만 명의 사상자를 낸 전선의 공백을 메우고, 반격을 위한 신규 병력 확보가 절실한 상황에서 우크라이나 군사위원회의 이 같은 무리수를 이해 못 할 바는 아니다. 다만, 현지에서는 군사위원들의 과도한 동원 대상자 색출에 국민들의 불안과 불만이 점차 높아지고 있었다.

동원 대상자를 일일이 찾아다니는 불편을 해소하기 위한 '전자 소환장 제도'는 러시아보다 무려 1년이나 늦은 2024년 5월에야 우크라이나에 도입됐다. 전자 소환제 운영에 필요한 인프라 구축이 러시아보다 한참 늦어진 데다, 정치권이 여론의 눈치를 살피다 보니, 관련 법안의 입법이 우왕좌왕한 결과였다.

우크라이나의 18~60세 남성들은 새로운 동원법 개정안에 따라 2024년 7월 16일까지 군사위원회에 병역 사항을 다시 신고하고, 군사 수첩(병역 수첩)을 새로 발부받아야 한다. 이 수첩이 없으면 해외여행은 물론이고, 일상생활에서 자동차 운전이 금지되는 등 상당한 불편을 감수해야 한다.

동원 기피를 막기 위한 우크라이나의 새 동원법은 '계속 여기 있다가는 전쟁터로 끌려가 죽겠구나'라는 공포감을 남성들에게 심어줬다. 1년 7, 8개월 전 러시아 젊은이들이 해외로 도망가면서 느꼈던 바로 그 절박함이었다. 더욱 촘촘하고 가혹해진 동원 그물망을 피해 우크라이나 동원 대상자들도 본격적으로 국경을 넘기 시작했다. 불행하게도 우크라이나는 전쟁 발발 직후 총동원령이 내려진 상태여서 남성들이 해외로 도피하려면 목숨을 걸어야 할 만큼 위험했다.

우크라이나 동원 대상 남성들의 '죽음을 각오한 탈출'에 처음 주목한 외신은 미국 《뉴욕 타임스(NYT)》다. NYT는 2024년 4월 13일 "수천 명의 우크라이나 남성들이 루마니아와의 국경 지대를 흐르는 티사(Tisa) 강을 건너 국외로 탈출하려다 그곳에서 죽어가고 있다"고 보도했다. 그 이유를 "동원은 최전선으로 가는 편도 티켓을 받는 것이기 때문"이라고 설명했다.

루마니아는 전쟁 발발 이후 우크라이나 남성 6,000명 이상이 티사 강을 통해 입국했다고 밝혔다. 그러나 "최근에는 그 과정에서 성공하기보다는 죽을 확률이 더 높아 티사는 '죽음의 강'이라는 별명을 얻었다"고 NYT는 전했다.

▲ 티사강에서 발견된 익사체. 출처: 우크라 국경수비대

우크라이나 징병 기피자들은 또 카르파티아 산맥[우크라이나와 루마니아, 폴란드, 체코, 슬로바키아, 헝가리에 걸쳐 있는 산맥]을 넘어 '전화(戰禍)가 없는 곳'으로 길을 떠났다. 그 길은 원래 담배 밀수업자들이 애용하던 비밀 통로였다. 밀수업자들은 1인당 1만 달러를 받고 해외도피를 원하는 남성들을 국경 밖으로 빼돌렸다. 하지만 거기에도 '죽음의 그림자'는 짙게 깔려 있었다. 국경수비대 요원들이 해외 도피 남성을 향해 조준 사격을 시작했고, 총상을 입은 시신들이 여럿 발견됐다.

이들이 티사강 도강(渡江)에, 또 카르파티아 산맥 횡단에 목숨을 거는 이유는 분명하다. 일단 건너가기만 하면, 불법 월경(越境)으로 루마니아 국경수비대에 체포되더라도 우크라이나로 되돌려 보내지는 않기 때문이다.

목숨을 바치는 수준은 아니더라도 '웃픈' 탈출극은 우크라이나에서 거의 매일 일어나고 있다. 여성으로 변장한 뒤 여동생의 여권을 국경

검문소에 내민 44세 남성이 체포됐는가 하면, 불법 도망자를 잡아야 하는 국경수비대 요원이 근무 중 동료가 잠들자, 사복으로 갈아입은 뒤 군복과 총기를 버려두고 국경을 넘어가기도 했다.

우크라이나의 뒤늦은 죄수 동원 정책도 호된 비판을 받았다. 우크라이나와 서방 외신은 러시아의 용병 기업 바그너 그룹이 사면을 미끼로 복역 중인 중범죄자들을 대거 용병으로 데려온 뒤 2023년 봄 격전지 바흐무트 전선에 투입하자, 죄수들을 '고기 분쇄기'로 집어넣었다고 거세게 비판했다. 그러나 서방 외신들은 우크라이나가 1년 몇 개월 뒤에 똑같은 정책을 도입할 줄 상상이나 했을까?

우크라이나의 수감자(죄수) 동원법(2024년 5월 채택)은 러시아와는 조금 다르긴 하다. 잔여형기 3년 미만인 복역수(服役囚)를 대상으로 하되, 살인이나 성폭행범, 소아성애자, 마약사범, 음주 교통사고 등 강력범이나 부패 공직자, 안보 관련 범죄자 등은 그 대상에서 제외했다. 중범죄를 저질렀든, 형기가 많이 남아있든 상관없이 원하는 죄수들을 모두 받아줬던 러시아와는 차별화한 것이다.

우크라이나 집권 여당인 인민의 종의 다비드 아라하미아 대표는 법안이 채택된 뒤 "동원 가능한 수감자 규모는 약 1만 5,000~2만 명"이라면서 "그러나 동원은 당사자의 동의가 필요하기 때문에 실제로 몇 명이나 이에 응할지 알 수 없다"고 말했다. 실제로 6월 중순까지 징병에 응한 수감자들의 수는 수천 명에 지나지 않았다.

러-우크라 동원에는 결정적인 차이가 하나 있다. 바로 처우다. 러시아는 2022년 9월 부분동원령을 발령한 뒤, 추가적인 병력 보충은 계약군인으로 충당하고 있다. 푸틴 대통령은 2023년 12월 국민과의 대화에서 "현재 61만 7천 명의 러시아군 병력이 2,000㎞가 넘는 전선에 배치돼 있다"며 "자원입대 캠페인(계약군인 모집)을 시작한 결과, 어제(12월 13일) 기준으로 48만 6,000명이 응했다"고 말했다. "캠페인과는 별도로 온 자원입대자까지 합치면 약 50만 명"이라고 했다.

말이 계약병이고 자원입대자이지, 결국은 돈을 주고 사는 용병이나 별반 다르지 않다. 그만큼 후한 처우를 약속하니 지방에 있는 남성들이 '돈을 보고' 응하는 것이다. 일부 지방에서는 아내들이 빈둥거리는 남편에게 "자원입대한 ○○ 아빠는 한 달에 수십만 루블이 통장에 꼬박꼬박 꽂힌다는데, 당신은 지금 뭐하느냐"며 등을 떠밀기도 한다.

전쟁은 어차피 돈 싸움이다. 장기전으로 갈수록 전쟁 비용은 기하급수적으로 늘어난다. 국력이, 경제력이 전쟁의 승패를 좌우한다고 보는 이유다. 전쟁을 치르는 데 가장 기본적인 요소는 사람과 무기(군사장비)다. 모두 돈이 없으면 구할 수 없는 요소다.

우크라이나는 전쟁 발발과 동시에 계엄령과 총동원령을 내리고 전쟁을 치를 인력을 구했다. 대신 무기와 군사장비는 서방 측에 대부분 의존하고 있다. 전쟁이 장기화하면서 러시아와 우크라이나는 전쟁 자금을 끌어모으고 쓰는 방식이 달라졌다. 러시아는 국방예산을 크게 늘려 군수산업을 일으키고, 돈으로 계약병 모집에 나섰다. 손실된 병력과 무기를 그런 식으로 보충하니 상식적으로도 어마어마한 돈이 들어갈 수밖에 없다.

러시아의 2024년 예산에서 국방비가 차지하는 비율은 전년 대비 10%포인트(P)가 늘어난 29.5%로, 10조 7,750억 루블(약 1,200억 달러)이다. 러시아 GDP의 6%. 소련 이후 국방비가 전체 예산의 3분의 1 가까이 점하는 것은 처음이다. 전쟁에 돈을 쏟아붓는다고 할 만하다. 예상치 못한 러시아의 높은 경제성장과 러시아 중앙은행이 우려하는 호황(고인플레이션)은 모두 전시 경제의 허상(虛像)으로 볼 수도 있다. 그 결과는 시간이 말해 줄 것이다.

경제 펀더멘털(기반)이 약한 우크라이나는 전체 예산의 절반인 1조 6,900억 흐리브냐(약 470억 달러)를 국방비로 편성했지만, 러시아 전비(戰費)의 3분의 1 정도에 그친다. 그럼에도 GDP의 약 22%에 해당한다니, 단순 계산으로도 러시아와는 게임이 안 된다. 서방이 그동안 우크라이나에 수백억 달러어치의 군수 물자를 지원해 왔기 때문에 지금까지는 버텨왔다고 봐야 한다.

러시아 국영 타스 통신의 집계에 따르면 서방 측이 개전 후 1년간 우크라이나에 제공한 지원 규모는 1,508억 달러에 이른다. 이중 직접적인 군수물자 지원만도 수백억 달러다. 우크라이나가 2024년 들어 최전선에서 무기와 탄약 부족에 시달린 것도, 개전 초반에 비해 크게 줄어든 서방 측의 군수물자 지원 탓이다.

특히 최전선에서 적의 총구 앞에 서 있는 군인들에게 돈은 사기 진작의 원천이다.

로시스카야 가제타(RGRU) 등 러시아 언론에 따르면 푸틴 대통령은 2024년 3월 11일 특수 군사작전 지역에서 사망한 군무원과 경찰 등 법 집행기관 직원들에게도 500만 루블(약 7,000만 원)의 보상금을 지급하도록 했다. 부상 시에는 300만 루블을 위로금으로 제공된다. 이 지시가 주목을 받은 것은, 최전선 군인들에게 제공되는 보상 체계를 군무원 등 지원 인력에도 확대 적용함으로써 노리는 사기 진작 효과다. 목숨을 걸고 전쟁에 참여하는 모든 이들에게 국가는 반드시 '목숨 값'을 보상하겠다는 의지를 보여준 것이다.

러시아의 지원입대 계약 조건에 따르면, 2024년 9월 기준 1인당 최소 월 20만 루블(소총수)에서 24만 루블(분대장급)을 받는다. 2022년 9월에 이미 동원된 예비군들은 월 3,500 루블의 장기근무 수당이 추가되고, 새로 입대하는 계약병(최소 1년)에게는 계약과 동시에 20만 루블 정도가 예금 통장에 꼽힌다.

모스크바시는 2024년 7월 23일 더욱 파격적인 조건을 자체적으로 내걸었다. 국방부와 계약한 시민에게는 일시불로 190만 루블을 지불한다는 것인데, 모스크바 시민이 우크라이나 전선으로 나갈 경우, 복무 첫해에만 정부와 시 지원금, 수당 등을 모두 합쳐 520만 루블(당시 환율로 약 7,800만 원)을 받게 된다.

아주 위험한 공격작전에 투입될 경우에는 별도의 생명 수당과 다양한 보상금이 기다린다. 미국산 다연장로켓발사대(하이마스, Himars)를 파괴하면, 100만 루블을 성과금으로 챙길 수 있다. 미 F-16 전투기 격추시 성과금은 1,500만 루블(약 1억 7,000만 달러)로 훌쩍 뛴다. 보상금은 승리에 목마른 프로 스포츠 구단이 막판에 승리를 추가할 때마다 지급하는 보상금 체계와 얼추 비슷하다.[48]

군사작전 수행 중 전사할 경우에는 500만 루블이, 부상시에는 300만 루블이 유족에게 전달된다. 유족은 또 민간 보험사로부터 사망보험금으로 300만 루블 가까이를, 부상병은 부상 정도에 따라 7만 4,000 루블~30만 루블을 받을 수 있다. 더욱이 가장이 전쟁터로 나가고 남은 가족들에게는 공공주택 및 주택 모기지 우선 배정이나 임대

48 스트라나.ua, 2024년 7월 16일

료 보상 등 주거 부담을 없애주는 각종 지원 조치가 제공된다. 러시아는 이같이 돈을 쏟아붓는 바람에 50만 명을 비교적 손쉽게 전선으로 동원하고 있다고 보면 된다.

우크라이나 전쟁에서 전사한 러시아 군인의 유족과 부상자에게 지급되는 보상금이 2024년 예산 36조 6,000억 루블의 약 6%인 2조 3,000억 루블에 달한다는 추산[국방예산의 약 21%에 해당]이 서방 측에서 나오기도 했다. 미 존스홉킨스대 국제관계대학원 토머스 라탄지오 연구원과 워싱턴 싱크탱크 국익연구소(CFTNI)의 해리 스티븐슨 연구원이 2024년 7월 9일 안보전문 사이트 '워 온 더 록스'에서 러시아 정부가 약속한 전쟁 보상금과 러시아군 사상자 수를 바탕으로 전체 보상금 규모를 추정해본 수치가 그 정도다.[49]

하지만, 서방 측에 손을 벌려야 하는 우크라이나는 그만한 돈을 장병들에게 줄 여력이 없다. 개전 초기에는 계엄령과 총동원령으로 병력을 손쉽게 동원할 수 있었다. 러시아의 공격에 분노한 국민들이 입대하기 위해 줄을 서기도 했다. 하지만, 이제는 다 옛날이야기다. 동원 대상자들을 전쟁터로 보내기 위해 국가는 폭력도 불사한다. 폭력적인 강제동원을 폭로하는 영상들이 인터넷에 차고 넘친다.

젤렌스키 대통령과의 불화로 2023년 2월 경질된 잘루즈니 우크라이나군 총참모장의 뒤를 이은 알렉산드르 시르스키 신임 총참모장도 병사들의 사기 진작을 위한 대책을 제시했는데, 바로 돈이다.

그는 2024년 3월 10일 젤렌스키 대통령에게 군의 사기진작을 위해

49 《서울신문》, 2024년 7월 12일

전투 비용[월급과 보너스 등 병사들을 위해 쓰는 돈]을 10만 흐리브냐(약 340만 원)에서 20만 흐리브냐로 늘려줄 것을 요청했다. 수도 키예프 시민이 동원령에 따라 입영할 경우, 3만 흐리브냐(약 100만 원)를, 남부 오데사 시민은 2만 흐리브냐(약 68만 원)를 받는데, 러시아 계약병과 비교하면 턱없이 적다.[50]

또 최전선 군인들에게 지급되는 전투수당이 있지만, 그것만으로도 부족하다는 시르스키 총참모장이다.

50 스트라나.ua, 2024년 3월 10일

## 벗겨진 국제여단의 허상

여권법 위반 등으로 실형을 선고받은 이근 대위 사건을 계기로 주목받은 우크라이나 국제여단도 개전 1년을 넘기면서 그 허상이 많이 벗겨졌다. 미 《뉴욕 타임스(NYT)》가 2023년 3월 28일 국제여단의 조직상 허점과 부대원들의 구성, 스캔들을 소상히 폭로한 게 계기가 됐다.

NYT는 "국제여단 병력은 전쟁 초기에 발표된 것보다 그 수가 훨씬 적다"며 "당초에는 우크라이나 측이 2만 명에 이른다고 주장했으나, 실제로는 약 1,500명의 전사만 남아있을 뿐"이라고 보도했다. 크게 두 개의 편대로 이뤄진 국제여단은 우크라이나 육군과 군정보총국(GUR)이 각각 한 파트씩 맡고 있는 것으로 전해졌다. 외국인 용병 중 일부는 GUR이 보기에도 경험이 풍부한 전투병 출신이었지만, 많은 부대원들은 쓸데없이 스캔들만 일으켰다고 NYT는 전했다.[51]

전투에 직접 참가한 국제여단 부대원들이 전쟁범죄를 저지르고 있다는 내부 폭로도 나왔다. NYT는 2024년 7월 6일 "우크라이나군 소속 무장군인은 도움을 요청한 러시아군 부상병을 고의로 사살했다"

51 스트라나.ua, 2023년 3월 25일

며 “이런 사건에 대한 제보는 이번 한 번만이 아니었다”고 강조했다. 국제여단 소속으로 우크라이나군 제59여단에 배속된 ‘선택된 중대(Chosen Company)’는 2023년 8월 23일 도네츠크주 아브데예프카 근처 페르보마이스코예 마을 남쪽의 러시아군 참호를 습격했다. 이 전투는 퇴역한 미군 장교인 라이언 올리어리(Ryan O’Leary)가 이끌었다. 독일인 의사 카스파 그로세(Kaspar Grosse)는 중대원 약 60명을 돌보는 군의관으로 참전했다.

공격은 우크라이나군의 승리로 끝났다. 문제는 그다음이다. 러시아군은 참호 방어 과정에서 일부가 사망하고 일부는 도망갔다. 마지막까지 참호에 남은 러시아 군인은 2명이었다.

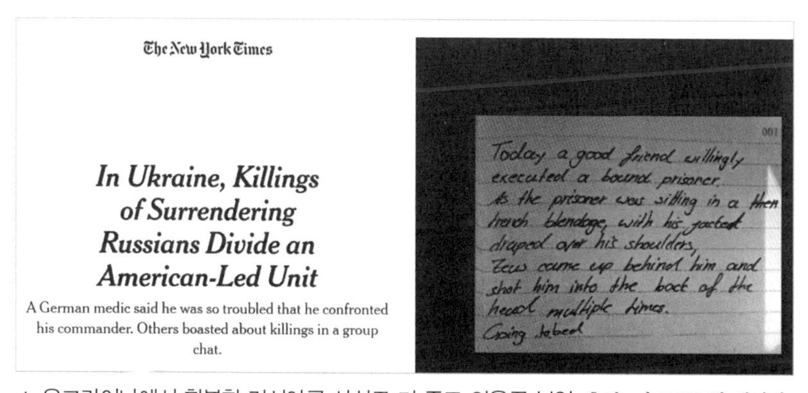
The New York Times

**In Ukraine, Killings of Surrendering Russians Divide an American-Led Unit**

A German medic said he was so troubled that he confronted his commander. Others boasted about killings in a group chat.



▲ 우크라이나에서 항복한 러시아군 사살로 미 주도 의용군 분열. 출처: 미 NYT 웹 페이지

그로세가 제공한 영상을 보면, 러시아 군인 한 명이 손을 들고 항복하겠다는 의사를 표명했다. 부상한 한 명은 항복을 거부했다. 우크라이나군 드론 운영자는 러시아 군인이 참호에서 항복 표시를 하고 있다고 전달했다. 그러나 그리스 출신 군인(호출명 제우스)은 드론으로 참호에

수류탄을 떨어뜨렸다.

그날 저녁 무렵, 부상한 러시아 군인은 참호를 기어다니며 살려달라고 했다. 러시아어를 조금 아는 한 미국인(호출명 코사크)이 그와 대화를 시도했다. 부상병은 서투른 영어와 러시아어를 섞어 가며 응급 처치를 요청했다. 코사크가 군의관을 찾고 있었을 때, 제우스는 부상병 가슴에 총을 쐈다. 숨을 헐떡거리며 그가 고통스러워하자 이번에는 코사크가 그의 머리에 총을 쐈다.

NYT는 "(군의관 그로세를 찾았던) 코사크는 군의관의 의견을 듣고 그를 안락사하기 위해 총을 쐈다"고 적었다. 또 "전쟁터에서 부당한 살인이 계속되자, 그로세가 언론에 제보하기로 결정했다"고 덧붙였다.

더욱 기가 막히는 것은 우크라이나군이 공개한 전투 영상이다. NYT는 "우크라이나군은 (악마의 편집을 통해) 러시아 군인의 사살이 전투가 끝난 무렵이 아니라, 전투가 한창일 때 벌어진 듯한 인상을 안겨주었다"고 비판했다. 영상에는 또 러시아 군인의 항복 장면이 (편집 과정에서) 잘려 나간 것으로 확인됐다.[52]

안타깝게도 국내 언론에는 러시아 군인들만 전쟁범죄를 저지르거나 잔혹한 군대 문화 속에 빠져 있다는 점이 부각되고, NYT와 같은 세계적인 신문이 보도한 우크라이나군, 국제여단의 전쟁범죄는 찾아보기가 힘들다. 전쟁 저널리즘의 기본을 다시 생각하게 된다.

52 스트라나.ua, 2024년 7월 6일

## 서방의 대러 경제봉쇄령

러시아의 특수 군사작전 개시 이후 미국과 EU 등 서방이 러시아를 향해 전방위로 제재 조치를 취하자, 러시아는 곧 손을 들 수밖에 없을 것이라는 전망이 주를 이뤘다. 서방의 제재 조치에 러시아 전체가 생활의 불편함과 경제적 빈곤 상태에 빠져 내부적으로 대규모 반푸틴 시위가 벌어질 것이라는 예측도 없지 않았다. 서방의 대러 경제제재는 1806년 프랑스 나폴레옹 1세가 유럽 대륙을 평정한 뒤, 영국을 경제적으로 봉쇄하기 위해 반포(頒布)한 '대륙봉쇄칙령'을 연상시킨다고도 했다.

2년 6개월이 지났지만, 러시아가 손을 들거나, 큰 사회혼란이 빚어질 조짐은 거의 없다. 전시 경제에 돈을 쏟아부은 결과, 지방에서는 돈이 넘친다는 전언이 현지에서 들려온다. 나폴레옹의 대륙봉쇄령이 실패한 것처럼, 서방의 대러 경제제재도 그렇게 끝나는 것일까?

수십 년간 모스크바에서 자영업을 해온 한 지인은 2024년 7월 초 "모스크바는 전쟁을 하고 있는지 전혀 느낌이 없다"며 "지방에서는 전쟁에 지원하는 사람들이 몰리면서 돈이 넘쳐난다"고 말했다.

"부인들이 남편에게 해외에 나가 돈을 벌어오듯이 군에 가라고 한다. 월 22만 루블의 급여에 부상하면 300만 루블을 받고 고향에서 다 나을 때까지 급여를 받고 쉰다니 상상이 돼? 여기 모스크바는 온통 공사판이고, 옛날에 사회문제가 됐던 스킨헤드도 사라졌으니 우린 편해졌고…."

그는 국내 언론의 전쟁 보도에 대해 "한국에서는 러시아가 언제 망할지 모른다고 떠들고 있는데, 모스크바는 전쟁 3년 차에 부동산과 부동산 임대료가 작년에 비해 40% 이상 올랐다"며 "물가상승(인플레이션)을 감안해도 이렇게 오르니, 정말 희한한 나라, 이해 안 되는 나라"라고 말했다. 이때 즐겨 쓰는 러시아 관용구가 '에타 러시아(Это Россия, 이게 러시아)'다.

러시아 전시 경제의 호황이 어떻게 끝날는지는 아무도 모른다. 1991년 소련이 붕괴한 뒤 옐친 전 대통령의 과감한 시장경제체제 도입으로 대혼란에 빠진 러시아가 2~3년 잠깐 시장경제의 호황을 누리더니, 1998년 8월 끝내 모라토리엄(지불 유예)을 선언한 25년 전의 기억이 떠오른다.

그러나 러시아 경제 상황에 대한 서방 언론의 평가도 이제는 대체로 우호적이다. 영국의 《파이낸셜 타임스(FT)》는 2024년 4월 29일 "서방의 경제제재에도 불구하고 러시아에서 영업 중인 RBI(오스트리아), ING(네덜란드), 도이체방크, 코메르츠방크 등 7개 유럽 은행이 지난해 러시아에 낸 세금은 약 7억 8,000만 유로로, 전쟁 전 2021년의 약 1억 9,000만 유로에 비해 4배 가까이 급증했다"고 보도했다. 이들 은행의 이익은 지난해 30억 유로 이상으로, 2년 전의 3배에 달했다.

씨티(은행)그룹은 러시아에서 기업 및 개인 대상 영업을 중단했는데도 1억 5,000만 달러의 이익을 거둬들였다. 서방 은행 중 4번째로 세금을 많이 냈다. FT는 "외국 기업들이 제재를 당하는 러시아의 경제 안정에 어떻게 기여하는지 보여준다"고 지적했다.

아이러니하게도, 서방 은행의 수익은 국제사회의 대(對)러 제재와 이에 따른 고금리(2024년 9월 현재 연 19%) 덕분에 크게 늘어났다. 돈방석에 앉은 외국 은행들이 러시아를 쉬 떠날 수 있을까?[53]

어떤 정책이든 시간이 지나면 그 효과가 떨어지기 마련이다. 기존의 효과를 계속 유지하려면 더 강한 정책을 계속 내놔야 한다는 게 경험칙(經驗則)이다. 대러 경제제재도 길어질수록 허점이 드러났고, 러시아는 제재를 피하는 길을 찾아냈다.

영국 재무부의 해리엇 볼드윈 대러 제재 특별위원회 위원장은 개전 2주년을 맞아 FT와 가진 인터뷰에서 "2022년 초 도입된 러시아에 대한 첫 번째 제재 조치는 이미 2년이 넘었다"며 "제재가 길어질수록 러시아는 이를 우회하는 길을 찾아내고 있으니 더 엄격한 조치가 필요하다"고 주장했다. EU가 2024년 들어 구멍이 숭숭 뚫린 기존의 제재 조치를 보완하기 위해 13차, 14차 제재안을 잇달아 내놓은 것도 같은 맥락이다.

가장 강력한 대러 제재 중 하나로 평가됐던 러시아산 원유의 가격 상한제(이하 가격 상한제)는 이미 유명무실해졌다. FT는 "가격 상한제는 그림자 선단[은밀히 움직이는 원유 운송 선박]으로 무너졌다"며 "크렘린은 제

53 스트라나.ua, 2024년 4월 29일

재에 적응하고 위험에 대비하는 방법을 배웠다"고 지적했다. 2024년 4월 기준, 러시아산 우랄 원유는 배럴당 75달러에 판매되는 것으로 전해졌다(FT 보도). 가격 상한선인 배럴당 60달러보다 25%나 비싸다.

해상 보험의 근간을 이루는 P&I보험[선박 운항 중 선박 소유자의 과실로 인해 발생한 인적·물적 손해를 보상하는 보험]의 큰손 국제P&I클럽(12개 대형 보험사 체인)도 영국 의회의 한 청문회에서 "유가 상한제로 800여 척의 유조선이 보험 계약에서 떨어져 나갔다"며 "유가 상한제는 더 이상 시행할 수 없게 됐다"고 현실을 인정했다.[54]

하지만, 가격 상한제를 밀어붙인 미국은 여전히 효과가 있다고 반박했다. 미국의 에너지 자원 담당 차관 제프리 파이어트는 "원래 이 조치는 석유 및 가스 수출로 인한 러시아 수입을 줄이면서 세계 에너지 시장의 불안정을 초래하지 않도록 하기 위한 것"이라고 말했다. 제재가 서로 다른 두 가지 목표를 제시했으니, 어느 하나만 이뤄져도 성공했다는 주장인데, '귀에 걸면 귀걸이, 코에 걸면 코걸이'식의 제재라는 말로도 들린다. 국제통화기금(IMF)은 러시아가 서방의 제재에도 불구하고 2024년 연말까지 가장 강력한 경제권 중 하나로 자리매김할 것으로 예상했다.[55]

(코로나19 사태 이후) 러시아 경기 회복의 1등 공신은, 역설적이게도 서방의 대러 제재다. 서방 측이 러시아의 국가 수입을 막기 위해 석유와 가스 등 에너지 분야를 제재했는데, 오히려 에너지 가격이 폭등하

54 스트라나.ua, 2024년 4월 30일
55 스트라나.ua, 2024년 4월 29일

면서 러시아에 더 많은 수익을 안겨준 것이다. 이 시기에 러시아의 일부 산업이 바닥으로 내려앉았다는 점도 부인할 수 없다. 2022년 5월 외국 자동차 기업들이 러시아를 떠나면서 러시아의 자동차 생산량은 무려 97%나 줄어들었다. 그러나 러시아 경제의 펀더멘털이 흔들린다는 보고서를 최근에(2024년 8월~9월) 본 기억이 없다.

러시아의 대처가 가장 돋보인 부분은 역시 루블화 환율 관리다. 프랑스 일간지 《르 피가로》는 개전 첫해 7월 초 "연초와 비교하면, 러시아 루블화는 달러와 유로화에 대해 45~50% 강세를 보인다"며 그해 가장 성공한 통화로 꼽았다. 코로나19와 우크라이나 전쟁 등으로 인한 글로벌 경제의 침체 국면에서도 달러화의 강세에 맞선 거의 유일한 통화가 루블화라는 지적도 나왔다. 그즈음 일본 엔화는 거의 폭락 장세에 들어섰고, 유로화의 가치마저 달러와 거의 1 대 1로 떨어졌다. 그 같은 상황에서 루블화의 강세는 이례적이었다.

루블화 강세에는 과거 경험에서 배운 엘비라 나비울리나 러시아 중앙은행 총재의 '촉'과 추진력, 크렘린의 무한 신뢰 등이 깔려 있었다. 나비울리나 총재가 지난 2014년 러시아의 크림반도 병합 당시, 서방의 대러 제재와 그에 따른 루블화 위기를 직접 관리한 '학습 효과'의 덕을 많이 보았다는 평가가 가장 적절해 보인다.

서방 전문가들은 우크라이나 전쟁 와중에 벌어진 러시아와 유럽 간의 경제전쟁(통화전쟁)은 러시아가 1차전에서 승리한 것으로 봤다. 루블화의 강세와 유로화 하락이 실물경제에 몰고 온 영향이 무엇보다 컸다. 유로화 가치가 1% 하락하면, 그에 따른 수입품의 가격 상승이 유럽의 소비자 물가지수를 연 0.3%나 올려놓았기 때문이다.

한두 달 전만 해도 이 같은 결과는 상상조차 못 했다. 블룸버그 통신은 2022년 5월 19일 경제전문가들을 인용, "러시아 경제가 겉으로는 환율 등 많은 분야에서 안정적인 것처럼 보이지만, 속으로 중병을 키우고 있다"고 직격했다. 러시아 정부가 루블화 안정과 무역흑자 증가 등을 이유로 서방의 경제제재를 이겨내고 있다고 공식 발표한 데 크게 반발하는 논조였다.

그 당시, 서방 전문가들은 △기준금리를 연 20%로 급격하게 인상하고 △에너지 등 수출대금의 80%를 의무적으로 루블화로 환전하며 △외화 송금을 사실상 금지하는 등의 비상조치로 급한 불을 껐지만, 실제로는 경제의 속병을 키우고 있다고 진단했다. 특히 러시아 주요 은행들을 국제달러결제망인 스위프트(SWIFT)에서 퇴출하고 러시아에 핵심 기술 및 부품 공급을 차단한 것 등이 러시아 경제를 나락으로 떨어뜨릴 것이라고 주장했다.

그러나 이 통신은 한 달 보름 뒤인 7월 6일 미국 최대 투자은행 JP모건(JPmorgan Chase & Co)의 분석을 인용, "러시아는 서방 분석가와 경제학자들이 예측한 최악의 경기 침체 시나리오를 피했다"고 인정했다. 한두 달 전의 예측이 틀렸다는 자기반성으로도 해석 가능하다. 이후 이 기조에서 벗어난 적이 거의 없다.

러시아 재무부와 중앙은행이 지난 2년 몇 개월간 경기의 부침에 따라 재빠르게 대응한 자세도 돋보였다. 개전 직후 금리를 연 9.5%에서 한꺼번에 20%로 올린 러시아 통화당국은 이후 금리를 단계적으로 인하해 2023년 6월에는 전쟁 이전 상태로 되돌렸고, 그해 9월에는 7.5%까지 떨어뜨렸다. 또 수출대금의 루블화 의무 환전과 외화 송금 제한 조치도 대폭 완화했다. 전시 경제가 본격 호황세로 접어들면서 물가가 천정부지로 치솟자, 러시아는 2023년 7월 기준금리를 10개월 만에 연 8.5%로, 1%포인트(P) 인상하는 것을 시작으로 2%P, 1%P씩 단계적으로 높여왔다. 2024년 9월 현재 러시아의 기준금리는 연 19%다.

러시아는 또 2022년 6월까지만 해도, 볼셰비키 혁명 이후 104년 만에 국가 디폴트(채무불이행)에 빠졌다고 (서방 외신이) 난리를 치기도 했지만, 이제는 조용해졌다. 디폴트 소동은 서방 측의 과장된 제스추어였다. 그 당시 러시아는 변제 시기가 돌아온 유로본드 2건의 이자 1억 달러를 돈(외화)이 없어서 못 갚은 게 아니었다. 반강제적으로 러시아를 디폴트로 몰아넣기 위해 미국과 EU가 자국 금융권에 들어있는 러시아의 외화자금으로 이자를 지불하는 것을 막았다. 그렇다면, 러시아는 전시 상태이니 달러가 아닌 루블화로 갚겠다고 맞섰다.

서방 측은 달러(혹은 유로)로 지불하기로 한 이자를 루블화로 지불하는 것은 무효이며, 지불 못 한 것으로 본다고 해석했다. 전쟁 통에 러시아의 외화자금 인출을 막은 것도, 루블화 이자 지급을 인정하지 않겠다는 것도 서방 측이었다. 전쟁은 많은 민간 계약에서 '불가항력(不可抗力, Vis major)적인 상황'에 해당한다. 계약 조건에 따라 면책 상황이 될 수도 있다.

서방 외신의 예측 보도대로, 그때 러시아가 디폴트에 빠졌으면, 국제 금융시장에서 폭발음(?)이 들려야 하는데, 의외로 조용했다. 국제 금융시장은 그 전후 사정을, 어쩌면 면책조항까지도 잘 알고 있었는지 모르겠다.

상대(유럽)는 어땠을까?

영국의 《데일리 익스프레스》는 7월 4일 킬리비즈니스스쿨(경영대학원)

시미르 다니 부학장을 인용, "유럽은 캐치(Catch)-22의 함정에 빠졌다"고 분석했다. 미국 작가 조지프 헬러의 소설 제목인 캐치-22는 경제적으로 진퇴양난의 상황을 가리키는 용어다. 유럽이 러시아 경제를 옥죄기 위해 석유 금수조치까지 취했는데, 거꾸로 에너지 가격의 폭등을 불러와 에너지난 해소를 위해 화석 연료 사용을 재개해야 하는 난감한 처지에 빠졌다는 뜻이다.

경제제재의 부메랑 효과를 애써 무시한 서방의 대러 제재는 어차피 시간의 싸움으로 끝이 날 텐데, 2년 6개월이 지난 2024년 8월까지도 러시아는 전시 호황을 누리고 있다.

## 미국과 서방의 대리전 논쟁

개전 후 서방의 대(對)우크라 군사지원이 확대되면서 러시아 측에서는 본격적으로 나토의 대리전 주장이 나오기 시작했다. 모든 군사작전이 나토 측에서 수립돼 우크라이나 측에 하달된다는 극단적인 의견까지 나왔다.

미국 등 나토 측은 우크라이나의 주권과 영토 방어를 위해 필요한 지원을 할 뿐, 전쟁에는 일체 간여하지 않고 있다고 반박했다. 전쟁을 하든 평화협상을 하든 오로지 우크라이나의 선택이라고 강조했다.

그러나 이제는 나토의 대리전을 부인하는 사람은 그리 많지 않다. 젤렌스키 대통령은 아예기회가 있을 때마다 "우크라이나가 유럽을 위해 대신 싸워준다" "우크라이나는 민주주의를 지키기 위한 보루" 등 우크라이나 전쟁을 유럽의 대리전으로 규정하곤 했다.

개전 초기부터 서방 측이 우크라이나 전쟁에 직접 참전(대리전)하고 있다는 사실은 어쩌면 공개된 비밀이었는지 모른다. 마리우폴 격전이 끝난 뒤 현지에서는 민족주의 성향의 아조프 연대 등 우크라이나 저항군을 배후 조종한 서방 측 군사 고문(특수부대 장교)이 곧바로 드러날 것이라는 소문이 돌았다. 아조프스탈(제철) 공장에서 항복한 마리우폴 저항군 병사들이 초췌한 모습으로 머리에 손을 얹고 나타나자, 일부 러시아 매체는 서방 측 군사 고문으로 유력한 인사를 지목하기도 했다. 그러나 사실 여부는 묻혔고, 그후 잊혔다.

옛소련식 무기 체계와 전혀 다른 서방의 첨단 무기 및 군사 장비들이 우크라이나에 속속 도착하자, 그 무기의 운영을 도울(초기에는 직접 운영할) 나토의 핵심 요원들도 함께 들어왔다는 소문이 무성했다. 상식적인 추론이었다. 우크라이나군을 유럽으로 데려가 일정 기간 무기 및 장비에 대해 교육하고 실전 훈련을 거쳤다고 해도, 서방 무기들을 능숙하게 다루는 데는 분명히 한계가 있었다. 옆에서 도와줄 전문 요원들이 필요했다. 하지만, 이에 대해 서방 외신들은 거의 입을 닫았다.

그 금기가 깨진 건 전쟁 발발 2년이 지나서였다. 마크롱 프랑스 대통령이 개전 2주년을 맞아 유럽의 주요 정상급 인사들을 초청해 2월 26일 파리에서 연 국제회의에서 우크라이나 파병론을 제기한 게 '공공연한 비밀'을 폭로하는 신호탄이 됐다. 파리 회의에서는 독일 등 유럽 국가들이 마크롱 대통령의 파병론에 반대했다. 특히 2차 세계대전 원죄에 시달리는 독일의 올라프 숄츠 총리는 완강하게 손을 내저었다.

파병론이 프랑스와 유럽 주요 국가들 간에 논쟁 이슈로 등장하자, 언론들은 우크라이나에서 비밀리에 활약하는 나토 지원 병력에 대해 관심을 쏟았고, 급기야는 공공연한 비밀을 폭로하기에 이르렀다.

영국《파이낸셜 타임스(FT)》는 2024년 2월 28일 유럽의 한 고위 군 관계자의 입을 빌어 "서방 여러 나라의 특수부대가 오랫동안 우크라이나에서 활약하고 있다"며 "이를 모두가 알고 있지만, 공식적으로 말하지는 않는다"고 보도했다. 독일 일간지《빌트》도 소식통을 인용해 "서방 국가의 군사 전문가들이 우크라이나에서 대공 방어 시스템과 순항 미사일과 같은 서방의 첨단 무기 프로그래밍에 대한 지원을 제공한다"고 전했다.

더 놀라운 일이 그 후 벌어졌다. 영국과 프랑스가 스톰 섀도 장거리 미사일의 운영을 돕기 위해 지원 부대를 우크라이나에 주둔시키고 있다는 언론 보도를 숄츠 독일 총리가 직접 확인한 것이다. 그는 독일산 타우러스 장거리 미사일의 우크라이나 제공이 현실적으로 불가능하다는 이유를 설명하는 차원에서 뱉은 말이었지만, '천기'를 누설한 셈이었다. 타우러스 미사일의 우크라이나 제공 → 독일의 미사일 운영(발사) 지원 부대 파견 → 우크라이나전 참전으로 확대되는 상황을 어떻게든 피하겠다는 게 그의 발언 취지였다.

영국의 정보컨설팅업체 시빌라인의 저스틴 크럼프 CEO는 즉각 "이전에는 공개되지 않았던 영국의 우크라이나군 지원에 관한 비밀 정보가 노출됐다"고 숄츠 총리를 비난했다. 독일 안보전문가이자 런던정치경제대학의 막시밀리안 테르할레 교수도 "숄츠 총리가 가장 가까운 동맹국의 정보를 유출한 것은 심각한 실수"라며 "우크라이나와의 (군사) 협력을 위태롭게 만들었다"고 가세했다.

숄츠 총리는 그러나 타우러스 장거리 미사일을 제공할 수 없다는 태도를 굽히지 않았다. "타우러스 미사일의 사거리가 500㎞이고, 자칫하면 모스크바 어딘가의 목표물을 타격할 수 있다. 그 같은 돌발 사고를 막으려면 독일군 병력을 우크라이나로 파견해 타우러스 운영을 통제할 수밖에 없다"는 이유를 댔다.

러시아도 이 논쟁에 참전하는가 싶더니 거의 '원폭'급 폭로전으로 몰고 갔다. 친푸틴 러시아 유명 언론인인 마르가리타 시모냔 러시아투데이(RT) 편집장이 공군 참모총장 등 독일 연방군 고위 군인사들 간에 이뤄진 '타우러스 미사일의 우크라이나 제공 및 활용'에 관한 비밀 통화 내용을 까발린 것이다. 숄츠 총리가 거듭 '제공 불가'를 외치지만, 군부 내에서는 '제공 가능성도 있다'고 보고, 주요 인사들이 그 실천 계획을 논의하고 있다는 불편한 진실이 폭로된 것이다. 독일은 발칵 뒤집혔다.

숄츠 총리는 즉각 "매우 심각한 사건"이라며 신속한 조사를 명령했다.

▲ 독일 타우러스 장거리 미사일. 출처: Armyinform.com.ua

시모냔 편집장은 3월 1일 텔레그램을 통해 "제복을 입은 동지들[러시아 군·정보기관 요원을 지칭]은 독일군 고위 장교들이 (러시아에 대한) 공격 방법을 논의하는 녹음 파일을 건네줬다"며 "40분짜리 이 녹음 파일에는 독일이 직접 개입하지 않고 (러시아 본토와 크림반도를 잇는) 크림대교를 파괴하는 방법을 찾는 독일 연방군 고위 장교들의 대화가 들어 있다"고 주장했다.

공교롭게도 이날은 숄츠 총리가 "독일이 우크라이나 분쟁에 참여하지 않으며, 앞으로도 참여하지 않을 것"이라고 강조한 날이었다. 시모냔 편집장은 이를 빗대 "우리는 (숄츠 총리의 발언을) 어떻게 이해해야 하는가"라고 반문하며 "크림대교 폭파 시도가 지난번(2022년 10월과 2023년 7월)에 어떻게 실행되고 끝났는지, 독일에 적극적으로 상기시켜야 할 때가 아닌가"라고 자문(自問)했다.

그녀가 공개한 녹취록은 2월 19일 독일 연방 공군 참모총장 잉고 게르하르츠와 작전·훈련 책임자인 프랑크 그래페 장군, 독일군 우주사령부 작전본부의 펜스케, 프로스테트 요원(장교급) 등 4명이 화상회의 플랫폼 웹엑스에서 나눈 대화다. 그래페 장군은 당시 싱가포르에서 열린 에어쇼에 참가하고 있었다. 독일 측의 1차 조사 결과, 그래페 장군은 싱가포르에서 암호화되지 않은 휴대폰으로 비밀 대화에 참여한 것으로 밝혀졌다. 적어도 러시아 정보기관이 그래페 장군의 동향을 계속 추적하고 있었으며, 그의 휴대폰을 도청해 대화를 엿들었다는 추정이 가능하다.

우크라이나 매체 스트라나.ua와 rbc 등 러시아 언론이 소개한 녹취록의 주요 내용은 이렇다.

게르하르츠 독일 공군 참모총장:

"피스토리우스 국방장관이 우크라이나에 타우러스 미사일을 제공하는 문제를 신중하게 검토할 계획이라고 말했다. 총리가 나에게 '정보를 얻고 싶다. 내일 아침에 결정을 내릴 것'이라고 말한 것과는 다르다. 총리는 왜 (우크라이나에 타우러스 미사일) 제공을 막고 있는지 아무도 모른다. -중략- 현재 말도 안 되는 이야기들이 확산되고 있으니 이 문제를 함께 논의하고 싶다. 무엇보다 뷔헬(Büchel)의 F-35 인프라 [독일군 내부 보안 통신망] 전환 비용이 늘어나면 (의회) 예산위원회의 청문회에 불려 갈 수도 있다. 우리가 우크라이나 분쟁에 직접 개입하는 것으로 정치인들이 의심할 수 있기 때문이다. (우리 군과 상관없는) 제조업체를 통해 정보를 교환하고, 전문가 한두 명을 슈로벤하우젠으로 보내야 한다. 눈가림이지만, 정치적인 관점에서는 보면 다르게 보일 수도 있다."

참여 장교:

"중요한 정보는 (자동차로 갈 수 있는) 폴란드의 특정 지점으로 직접 가져갈 수도 있다. 정보가 전달된 후 기껏해야 6시간 정도면 비행기가 명령을 수행[전투기가 타우러스 미사일 탑재 후 이륙]할 수 있을 것이다."

게르하르츠 참모총장:

"그곳에는 민간인 옷을 입고 미국식 억양으로 말하는 사람들[독일어를 구사하는 미군 비밀요원들을 말하는 듯]이 많기 때문에 우크라이나가 공급된 무기(타우러스 미사일)를 스스로 사용할 수 있을 것이다. 미사일은 8개월 안에 사용 준비가 된다. 한 번에 5개씩 옮겨도 되니, 굳이 20개가 될 때까지 기다리지 말라."

프로스테트 요원:

"그곳에는 동쪽의 다리(크림대교)와 더 높은 곳에 있는 탄약고 등 목표물 2개가 있다. 다리는 멀고, 상당히 작은 표적이지만 타우러스로 (공격이) 가능하고, 탄약고도 타격할 수 있다. 어느 것에 집중해야 할지 고민된다."

펜스케 요원:

"검토 결과, 이 다리는 크기로 봐서 비행기 활주로와 유사하다는 결론에 도달했다. 10~20개의 미사일이 필요하지 않을 수도 있다."

게르하르츠 참모총장:

"다리 공격은 프랑스의 라팔 전투기로도 가능하다."

펜스케 요원:

"전투기로는 다리에 구멍을 내는 정도가 될 것이다. 미사일이 어린이집에 떨어져 어린이 등 민간인 사상자가 발생할 수 있다."

그래페 장군:

"독일에서 우크라이나 군인들을 훈련시킬 수 있다. 최소한의 훈련 프로그램이라도 그들에게는 무기고 파괴 등을 준비하는 데 도움이 될 것이다."

독일 측은 조사 하루 만에 도청당한 사실이 확인됐다고 밝혔다.

## 미 CIA의 우크라 전쟁 개입은 어디까지?

무엇보다 관심을 끄는 것은, 전쟁의 배후에서 비밀리에 활약하는 외국 정보기관들이다. 특히 미 CIA와 영국의 Mi-6다. 미국 뉴욕 타임스(NYT)지는 2024년 2월 25일, 워싱턴 포스트(WP)지는 그 전해(2023년) 10월 23일 미 CIA가 지난 10년간 우크라이나에서 펼친 비밀 작전을 세세히 분석하고 평가하는 장문의 기사를 실었다.

두 매체에 따르면 미 CIA가 우크라이나에 발판을 구축한 것은 10년 전인 2014년 유로마이단[친러시아 정권을 전복시킨 반정부 시위] 사건 직후다. 새로 우크라이나 보안국(SBU. 러시아어로는 Служба безопасности Украины, СБУ) 수장으로 임명된 발렌틴 날리바이첸코는 취임 첫날 미 CIA와 영국 Mi-6에 전화를 걸어 '3자 파트너십'을 제안했다.

미국은 매우 조심스러웠다. 오렌지혁명[2004년 대선 부정사건 규탄 대규모 시위]을 계기로 정권을 잡은 친서방 성향의 빅토르 유셴코 대통령(재임: 2005년 1월~2010년 2월) 시절, 우크라이나 정보기관과 협력했으나, 이후 친러시아 성향의 야누코비치 정권이 들어서면서 바로 망가진 경험을 갖고 있었기 때문이다.

고민 끝에 존 브레넌(John Brennan) 미 CIA 국장은 직접 키예프를 찾아가 날리바이첸코 SBU 국장을 만났다. CIA는 우크라이나 국방부 산하 정보총국(GUR. 통칭 군정보총국. 러시아어로는 Главное управление разведки Министерства обороны Украины, ГУР)을 이끌던 발레리 콘드라추크 국장과도 접촉했다. 요원 수가 5,000명 미만인 작은 조직이고, 러시아 정보기관의 침투가 SBU보다는 적은 곳이어서, 조직 쇄신이 쉽다는 판단에서다.

우크라이나에서 근무한 전 미국 정보 관리는 "GUR은 우리가 더 많은 영향력을 확보할 수 있는, 작고 유연한 조직이라고 판단했다"며 "그들에게 새로운 장비를 제공하고, 교육하면서 조직을 바꾸고 키웠다"고 귀띔했다. GUR 장교들은 대체로 젊은 요원들이었는데 반해, 소련 KGB에 물든 SBU는 뜯어고치기에도 너무 큰 조직이었다는 게 그의 회고다.

몇 년간에 걸친 GUR 쇄신 프로젝트를 설계한 CIA 인사 중 한 명은, 키예프 주재 CIA 조직 책임자를 맡았다가 지금은 CIA 본부에서 우크라이나 태스크포스팀을 이끌고 있다고 한다. CIA가 최우선 순위를 둔 것은, 러시아 접경지대에 12개 '스파이 기지'를 만들고 최첨단 감시 및 전자 도청 시스템을 설치한 일이었다. 또 2014년 분쟁 이후 우크라이나 동부 친러시아 분리주의 지역(돈바스)을 방문하는 국내외 고위 인사들의 휴대전화를 해킹할 수 있는 첨단 설비도 제공했다. 이 설비는 GUR 장교들에 의해 운영됐지만, 수집된 정보는 곧바로 미국 측에 전달됐다.

전직 GUR 고위 관계자는 "우리는 하루에 러시아군과 러시아 연방보안국(FSB) 산하 특수부대에서 보내는 메시지 25만~30만 개를 가로

챘다"며 "분량이 너무 많아 CIA 관할의 특수시설을 통해 워싱턴으로 전송되었고, 미국에서 이를 분석했다"고 말했다.

또 하나, CIA가 심혈을 기울인 것은 우크라이나 정보요원 훈련이다. 2015년에는 키예프 외곽에 훈련 기지를 설치해 정보기관 산하 특수요원들에 대한 훈련을 시작했다. 소위 '금붕어 작전'이다. 한 우크라이나 관리는 "전쟁이 발발할 경우, 후방으로 침투해 사보타주(비밀 파괴 공작)할 수 있는 특수부대를 만드는 게 목표였다"고 털어놨다.

현재 GUR을 책임지고 있는 키릴 부다노프 국장도 CIA로부터 훈련받은 정예 특공부대(Отряд 2245/2245 특수부대) 장교 중 한 명이었다. 그는 2245 특수부대에서 떠오르는 스타였으며, 적진의 배후에서 대담한 작전을 펼칠 수 있는 몇 안 되는 지휘관인 것으로 전해졌다. 실제로 그는 러시아군으로 변장한 뒤 야밤에 보트를 타고 크림반도에 침투해 배치 중인 러시아 공격용 헬기 폭파 작전에 나서기도 했다. 그러나 작전은 실패했고, 이 사실을 안 바이든 당시 부통령이 포로셴코 우크라이나 대통령에게 전화를 걸어 "러시아를 더 이상 자극하지 말라"고 요구한 것으로 알려져 있다.

이 같은 사실은 지난 2020년 안드리 데르카치 우크라이나 전 의원이 포로셴코-바이든 전화 내용을 폭로하면서 드러났다. 포로셴코-바이든 대화 내용은 2020년 미 대선 초기에 (바이든 대통령의 차남인) '헌터 스캔들'의 스모킹건으로 작용하기도 했다.

2245 특수부대는 또 돈바스 지역의 독립 투쟁을 지원한 러시아 측 책임자 아르센 파블로프와 현지 무장세력 지도자[우크라이나에게는 반군 사령관] 예브게니 질린과 미하일 톨스티흐(암호명 기비)를 제거했다. 질린은 2016년 모스크바의 한 레스토랑에서 총을 맞았고, 기비는 1년 뒤

도네츠크에서 한 여성이 설치한 폭탄에 당했다. 대략 3년 사이에 러시아 측 인사와 반군 사령관, 친러 고위급 협력자 최소 6명이 GUR 작전의 희생양이 됐다. 러시아 측도 2245 특수부대의 부대장인 막심 샤포발의 자동차에 폭탄을 심는 방식으로 보복했다. 그는 키예프에서 CIA 장교들을 만나러 가던 중 폭사했다.

우크라이나 정보기관 SBU는 CIA의 지원을 받아 2014년부터 두 개의 부서(제5국, 제6국)를 새로 창설했다. 제5국은 미 CIA가, 제6국은 영국 Mi-6이 감독했다. 기존의 SBU 간부들이 영향력을 미치지 못하는 별도 조직을 만든 것이다. 그럼에도, 젤렌스키 대통령은 러시아 특수 군사작전 개시 몇 달 만에(2022년 7월) SBU가 여전히 러시아 정보기관과 유착돼 있다는 이유로 SBU 물갈이에 나선 바 있다.

미국이 러시아와의 스파이 전쟁에서 이기기 위해 SBU와 GUR 등 우크라이나 정보기관 혁신에 쏟아부은 돈은 수천만 달러에 이른다. 그렇게 CIA와 협력 관계를 구축한 우크라이나 정보요원들은 러시아를 상대로 '그림자 전쟁'을 효율적으로 벌이고 있다는 게 WP의 결론이다.

CIA는 개전 8일째인 2022년 3월 3일 향후 2주간의 러시아군 진격 예상로 및 작전 계획은 물론, 우크라이나 6개 도시에 대한 폭격 계획과 젤렌스키 대통령을 비롯한 우크라이나 고위 관료들에 대한 암살 음모 등을 우크라이나 측에 제공[그래서 CIA와 접촉 창구였던 러시아 FSB의 제5국이 숙청당했다는 주장도 있다]했다. 그해 7월에는 우크라이나 첩보원들로부터 러시아군이 남부 헤르손주(州)에서 드네프르강을 건널 준비를 하고 있다는 보고가 올라오자, CIA가 Mi-6과 함께 첩보를 검증한 뒤 우크라이나군에게 알려 러시아군을 공격하도록 했다.

러시아에 대한 주요 정보 제공은 CIA가 러시아와 접경 지역에 12개의 스파이 기지를 설치하고 러시아의 통신을 도·감청했기에 가능했다. CIA 요원들이 스파이 기지에서 확보한 관련 첩보를 미국 정보기관이 가진 정보들과 대조해 진위를 가렸다고 한다.

우크라이나군의 정보 담당 세르게이 드보레츠키 장군은 NYT와 인터뷰에서 스파이 기지의 역할에 대해 "러시아 위성들을 해킹해 비밀 대화를 해독하는 것"이라며 "(친러시아 성향의) 중국과 벨라루스 위성도 해킹하고 있다"고 말했다.

전쟁 발발 후 우크라이나 정보기관들과 미 CIA 간의 협력은 더욱 확대됐다. SBU는 러시아의 주요 인물에 대한 정보를 확보해 CIA와 협의한 뒤 암살 작전에 나서고, 러시아 본토의 주요 시설을 파괴하는 사보타주 공격에도 초점을 맞췄다.

대표적인 작전이 러시아 본토와 크림반도를 연결하는 크림대교 폭파사건이다. SBU는 2022년 10월 화물차량을 폭파시키는 방법으로, 또 2023년 7월 수상 드론으로 두 차례 크림대교를 공격했다. 처음에는 크림대교 폭파에 관여하지 않았다고 주장했으나, 나중에는 산업용 셀로판 롤을 운반하는 화물 트럭에 강력한 폭발물을 설치했다는 사실을 인정했다. SBU는 이 작전으로 "일곱 개의 지옥(희생자)을 만들었고, 수많은 사람들을 어둠 속에 가두었다"고 자찬했다.

러시아군의 주요 지휘관 암살은 GUR의 작품이다. 2023년 7월, 러시아 잠수함 함장 출신인 스타니슬라프 르지츠키는 크라스노다르에서 가슴에 4발의 총격을 받고 사망했다. 그는 피트니스 앱 스트라바(Strava)에 조깅 경로를 기록해 둔 게 평생의 실수였다. 그의 조깅 위치가 GUR에 포착된 것이다.

GUR은 공식적으로 르지츠키 암살을 부인하는 성명을 발표했다. 그러나 키예프 관리들은 GUR의 작전이었음을 확인했다고 WP는 전했다. WP는 또 주요 작전들이 젤렌스키 대통령의 허가 혹은 묵인하에 이뤄진다는 주장에 대해 대통령실이 논평을 거부했다고도 했다.

우크라이나 정보기관들이 아직까지 연루 사실을 부인하는 것은, 2022년 9월 폭파된 발트해 해저의 독-러 노드 스트림 가스관 사보타주 작전이다. 이 사건을 수사 중인 독일은 우크라이나가 이 사건과 관련이 있다는 결론에 도달했으나, 미 CIA는 아직 입을 다물고 있다.

명분이 부족한 우크라이나 정보기관의 민간인 테러 공격에는 CIA가 고개를 내젓고 있다. 푸틴 대통령에게 우크라이나 공격을 부추긴 것으로 알려진 러시아 유명 극우 철학자 알렉산드르 두긴의 딸 다리야 두기나를 겨냥한 '차량 폭탄' 테러(?)가 대표적이다. 러시아의 연방보안국(FSB)은 42세 여성 나탈리아 보브크를 주요 용의자로 지목하고 수배를 건 상태다.

사건 발생 직후, 포돌랴크 우크라이나 대통령 고문은 "우크라이나가 러시아와 같은 범죄 국가도, 테러 국가도 아니기 때문에 이 사건과 전혀 관련이 없다"고 주장했다. 하지만, SBU는 어느 정도 시간이 지난 뒤 직접 작전을 짜고 실행했음을 확인했다.

SBU 측이 비교적 구체적으로 설명한 작전 개요는 이렇다.

엄마(보브크)와 12세 딸을 태운 차량(미니 쿠페)은 러시아 국경 검문소로 들어왔다. 그러나 러시아 국경 경비대의 주의를 끌 만한 것은 거의 없었다. 차량에 실린 애완용 고양이의 캐리어도 별다른 주목을 받지 않았다. 그러나 그게 바로 정교하고 치명적인 작전의 핵심이었다. 그 캐리어에는 숨겨진 칸막이가 있었고, 그 속에 폭발물 제조 부품들이 들어 있었다.

국경 검문소를 통과한 지 4주 후, 그 부품들로 조립된 폭발물은 '우크라이나인들을 죽이고, 죽이고, 죽여라'고 촉구했던 두긴의 딸 다리야가 운전한 SUV 차량에 부착됐고, 모스크바로 돌아오는 길에서 폭발했다.

WP는 다리야의 차량 폭파 사건은 '나는 건드릴 수 없겠지'라고 생각하는 러시아인들에게 '당신도 죽일 수 있다'는 것을 보여준 사례라고 짚었다.

개전 후 20개월 동안 SBU와 GUR은 러시아 점령지역에서 러시아 출신 관리, 우크라이나 협력자, 최전선 지원 부대 장교, 러시아의 유명한 전쟁 지지자들을 겨냥해 수십 건의 암살 사건을 벌였다. 상트페테르부르크의 한 카페에서 폭사한 러시아 강경 군사 전문 블로거 타타르스키도 희생자 목록에 올랐다.

전직 CIA 고위 관계자는 우크라이나 정보기관의 암살 테러 사건에 대해 "1970년대 이스라엘 비밀 정보기관 모사드와 같은 조직의 출현을 보고 있다"고 우려했다.

Chapter 4

# 전쟁 저널리즘을 위한 제언

# 전쟁이 바꾸는 전쟁 저널리즘

중앙일간지 6개사(한국일보·조선일보·서울신문, 한국경제는 조간, 동아일보·중앙일보·경향신문·매일경제는 석간)가 1980년 언론통폐합 이후 유지해 오던 조석간 체제가 무너진 것은 1995년이다. 한국일보가 조·석간 동시 발행을 2년간(1991년 12월~1993년 12월)의 실험 끝에 그만둔 뒤, 동아일보와 중앙일보가 석간 발행을 접고 조간신문으로 체제를 전환했다.

그전까지 각 언론사 편집국에는 점심시간에 동아일보와 중앙일보, 경향신문의 첫판[가장 먼저 찍어낸 신문. 이후 마감 시간에 쫓겨 허겁지겁 마감한 기사를 수정 보완하고, 신문 편집 자체도 손을 봐 2판, 3판을 찍는다]이 배달된다. 느긋하게(?) 점심시간을 즐긴 조간신문 편집국은 배달된 석간신문을 쓱 훑어본 뒤 내일자 신문 제작에 들어간다. 오랜 기간 조·석간 체제에 적응해 온 조간신문 편집국의 풍경이었다.

1990년 8월 2일 조간신문의 편집국 분위기는 여느 때와는 좀 달랐다. 그날 10시쯤 이라크군이 쿠웨이트 국경을 넘었다는 소식이 전해졌기 때문이다. 기록을 보면 현지시간으로 새벽 2시였다. 시차를 감안하면 서울시간으로는 오전 8시다. 하지만 그 사건(?)이 외신을 통해 전 세계에 전해지기까지는 또 시차가 있었다. 직접 확인이 필요한 사안이기도 했다.

재미있는 것은, 국내 석간신문들의 대응이다. 결정적으로 마감 시간의 영향을 받았겠지만, (언론사에 배달된 초판 기준으로) 석간신문 한 곳은 1면 톱으로, 다른 곳은 1면에 조그맣게 다뤘다. 제목도 서로 달랐다. 톱으로 처리한 곳은 '이라크의 쿠웨이트 침공'으로, 다른 곳은 '국경을 넘었다'는 사실 그 자체를 제목으로 뽑았던 것으로 기억한다. 당시 국제부 기자로 근무하던 필자의 기억이다. 물론, 사건 자체가 이라크의 침공으로 확인되면서 석간은 2판부터, 조간은 첫판부터 1면 톱에 관련 기사를 몇 개 페이지에 걸쳐 실었다.

이라크군은 그날 야심한 밤에 기습적으로 쿠웨이트 침공을 단행했다. 전략적으로도 전술적으로도 완벽한 기습이었다. 그동안 이라크와의 갈등을 주변국과의 흔한 분쟁 정도로 생각하고 있었던 쿠웨이트도, 전 세계 주요 언론도 발발 초기엔 사태 파악이 제대로 되지 않았던 것으로 추정된다. 야전부대와의 통신도 요즘 같지 않았던 시절이었다.

기습 공격한 이라크군은 헬리콥터 공중강습 부대를 투입해 쿠웨이트의 주요 공항을 재빨리 점거하고, 사우디아라비아와의 국경을 차단했으며, 해상봉쇄까지 단시간에 해치웠다. 그리고 쿠웨이트의 수도 쿠웨이트시티로 진격했다.

이라크는 며칠 만에 쿠웨이트 전역을 거의 점령한 뒤, 8월 8일 쿠웨이트를 합병해 이라크의 19번째 주로 편입한다고 선포했다. 쿠웨이트인들은 이라크 점령군에 대항해 대규모 시위와 폭동을 일으켰으나, 이라크 정부의 무자비한 진압에 상당한 인명피해가 났다.

이때까지는 전쟁이라고 할 것도 없었다. 일방적인 게임이었다.

그러나 미국이 주도하는 다국적군이 소위 '사막의 폭풍 작전(Operation Desert Storm)'을 펼치면서 사막에 피바람이 불기 시작됐다. 미국이 이라크에 제시한 철군 시한은 1991년 1월 15일. 이라크가 이를 무시하자, 이틀 뒤인 17일 미국의 토마호크 순항미사일이 수도 바그다드 등 이라크의 주요 도시로 날아갔다. 베트남 전쟁 이후 미국이 참전하는 대규모 전쟁, 즉 걸프 전쟁은 그렇게 막이 올랐다.

순항미사일이 이라크의 주요 군사 목표물을 초토화하는 사이, F-117, B-52 등 다국적군의 폭격기들이 굉음을 내며 하늘로 날아올랐다. AH-64 아파치 헬기도 이라크의 레이더 기지를 파괴했다. 이라크 폭격은 거의 40일 가까이 계속됐다. 이라크의 하늘은 24시간 화염으로 가득찼다.[56]

걸프 전쟁은 언론에게 위기이자 기회였다. ABC와 NBC, CBS 등 기존의 미국 3대 방송사와 워싱턴 포스트(WP), 뉴욕 타임스(NYT) 등 유력 매체들은 걸프 전쟁 보도에서 전쟁 저널리즘을 내세우기가 민망할 만큼 국익(전쟁 승리)을 앞세웠다는 평가가 나온다. 전시에 평소처럼 언론의 자유를 한껏 보장하면, 어떤 결과가 나오는지 베트남 전쟁에서 처절하게(?) 깨달은 미군 당국도 '사막의 폭풍 작전'을 개시하면서 언론의 눈과 귀부터 막고자 했다. 가능한 한 자신들에게 유리하고 필요한 정보만 제공하고, 또 촬영하고 보도하도록 했다. 24시간 뉴스 채널 CNN은 다국적군의 이라크 폭격과 공습을, 또 이라크 현지 상황을 생중계하듯 보도했다. 언론사 국제부에서 CNN을 지

56 나무위키 '걸프 전쟁' 참고

켜보는 느낌은, 훗날의 컴퓨터 배틀 게임을 보는 듯했다. 24시간 새로운 영상을 내보낼 수 있도록 미군 당국이 CNN에게 이라크 폭격 및 공습, 다국적군 작전 등에 관한 정보를 (미리) 제공한 것으로 보인다.

TV를 켜기만 하면 전쟁 영화를 보듯, 늘 새로운 군사 작전 장면이 나오고 스릴 넘치는 전쟁 이야기에 빠질 수 있으니, 시청자들은 CNN 채널만 찾았다. 정규 뉴스 시간대와 특별 편성시간대에 군사작전 상황을 집중 보도하는 3대 방송사의 뉴스는 구문(舊聞)이자 (CNN을 통해) 이미 본 영상들이었다.

미 CNN은 그렇게 전쟁 보도에 관한 전쟁 저널리즘의 새 지평을 열었다. 9·11 뉴욕 테러 등 전쟁에 필적(匹敵)하는 대형 사건이 터질 때마다, CNN은 24시간 현장에서 뉴스를 진행하는 새로운 미디어의 모습을 보여줬다. 신생 뉴스 전문 채널인 CNN이 오늘날의 미디어 제국으로 자리잡는 데 걸프 전쟁은 결정적인 계기를 제공했다. CNN을 본뜬 24시간 뉴스 채널이 각국에서 속속 등장한 것은 자연스런 흐름이었다.

하지만, 걸프 전쟁은 언론이 군사작전에 이용된 전쟁으로도 기록돼 있다. 예컨대 미군 당국은 뭔가 새로운 것을 알려주는 것처럼 종군 기자들을 상륙 작전 훈련장으로 데려갔다. 훈련을 지켜본 기자들은 다국적군이 이라크를 초토화하는 공습에 이어 당연히(?) 상륙작전을 펼 것으로 여기고, 또 보도했다. 하지만 아니었다. 지상작전을 총괄하는 미군은 언론을 통해 이라크군 주력부대를 상륙작전이 유력시되는 쿠웨이트 해안가로 몰아넣은 다음, 사막을 가로지르는 기갑부대의 '우회기동'으로 이라크군의 본진을 때렸다.

40일간의 공습 뒤 시작된 다국적군의 지상작전이 겨우 100시간 만에 상황을 종료한 것은 언론이 자신도 모르게(?) 준 도움이 없었다면 불가능했을지도 모른다. 30여년 전에 전쟁의 한쪽 당사자인 다국적군 측 서방 언론으로서는 어쩔 수 없는 선택일 수 있지만, 순수한 저널리즘 입장에서만 보면 낯부끄러운 일이다. 그때 서방의 전쟁 저널리즘도 수많은 이라크군 병사들과 함께 불타는 사막 한가운데에 묻혔다고 해야 하지 않을까?

전쟁터에서만도 아니었다. 사막의 폭풍 작전을 시작하기 전에도 언론은 미국 정부에 이용당하곤 했다. 어떤 전쟁이든 발발 전후에는 반전 여론이 생기기 마련이다. 베트남 전쟁 이후, 미군의 가장 큰 적은 반전 여론이라는 말이 나올 정도로 미국의 주요 언론 매체들은 전쟁에 반대했다. 걸프 전쟁도 마찬가지였다.

당시 미국의 여론(언론)은 이라크의 쿠웨이트 침공에 분노했지만, 그렇다고 미국의 개입을 지지하는 분위기는 아니었다. 조지 부시 미 행정부는 그해 11월 중간선거를 앞두고, 대(對)이라크 군사 개입에 대한 반대 여론을 극복할 방안을 찾아내야 했다. 미 국민들의 가슴에 전의(戰意)를 불태울 강력한 메신저가 필요했다.

미국이 내세운(?) 이는 15살 쿠웨이트 소녀 나이라 알 사바라였다. 이 앳된 소녀는 그해 10월 10일 미 의회에서 눈물을 흘리며 이라크의 악행을 고발했다.

"저의 이름은 나이라이고, 이제 막 쿠웨이트로부터 빠져나왔다"로 시작된 그녀의 호소는 "8월 2일 쿠웨이트에서 평화로운 여름을 보내고 있었으며, 또 임신한 언니와 집에서 계속 시간을 보내고 싶었다"로

이어졌다.

"그러나 (이라크 침공은) 저의 인생, 모든 쿠웨이트의 어른, 어린이, 노인들의 인생을 영원히 바꾸어 버렸다. 전쟁 발발 2주 후 저는 알다르 병원에서 자원봉사를 시작했는데, 무장한 이라크 병사들이 병원에 난입해 인큐베이터에 든 아기들을 꺼내 차가운 바닥에 내던졌다."

"이라크인들은 쿠웨이트의 모든 것을 파괴했다. 이웃의 22세 오빠는 물고문에 전기 고문까지 이라크군에게 모진 학대를 당했다. 죽지 않은 게 행운이었다. 이라크군 병사가 주검으로 발견되면 그 마을 전부를 불태웠다."

"이라크군은 부시 대통령을 조롱하고, 쿠웨이트인들을 괴롭혔다. 도저히 견딜 수 없어 탈출했다. 저는 쿠웨이트가 저희의 어머니이며 아버지라는 점을 강조하고 싶다. 이라크군이 총으로 쏠 때까지 나는 이 말을 계속 외칠 것이다. 다행히 저는 15살이고, 쿠웨이트가 사담 후세인에게 파괴당하기 이전을 기억할 수 있으며, 다시 재건에 나설 수 있을 만큼 어린 것이 자랑스럽다."

어린 소녀의 핏빛 절규는 언론을 통해 미 국민의 가슴을 뒤흔들었다. ABC 방송의 〈나이트라인(nightline)〉과 NBC 방송의 〈나이틀리 뉴스(Nightly News)〉를 통해 3,500만~5,300만 명이 그녀의 호소를 시청한 것으로 추정됐다. 부시 미 대통령은 그녀의 발언을 무려 10번이나 인용하면서 이라크에 대한 군사 개입의 정당성을 설파했다.

극적 반전은 1992년 걸프 전쟁 종료 이후 일어났다. 15세 소녀 나이라는 쿠웨이트의 왕족이자 주미 쿠웨이트 대사의 딸이었다는 사실이 밝혀진 것이다. 더욱이 그녀는 이라크 침공 기간에 쿠웨이트에 살지도 않았다. 미국 의회와 국민을 속인 것이다. 미국의 쟁쟁한 언론들이 진정 이를 몰랐을까? 그녀의 신분과 증언을 확인하고 검증하는 최소한의 노력은 기울였을까? 걸프 전쟁에서 드러난, 당시 미국 언론의 전쟁 저널리즘 수준도 국익 앞에서는 낙제점이 아니었을까?

그로부터 30년이 흘렀다. 미국 주요 언론들은 우크라이나 전쟁에서도 같은 잘못을 반복하고 있지는 않을까? 러시아군의 오판을 이끌어내기 위해 쿠웨이트 상륙작전 훈련과 같은 홍보전에 동원되고 있는 건 아닌지, '제2의 나이라'를 내세워 국제 여론을 둔갑시키고 있지는 않은지, 냉정하게 돌아볼 일이다.

걸프 전쟁이 CNN 방송의 독무대였다면, 우크라이나 전쟁은 전쟁 전문 '1인 미디어' 시대를 열었다. 수백만 가입자를 가진 텔레그램 인플루언스 채널들은 무려 1,000㎞에 달하는 긴 전선 곳곳에서 전쟁 소식을 전하기 시작했다. 전 세계의 주요 언론사(신문, 방송, 뉴스통신 매체)들이 전투 현장으로 기자들을 보내 취재와 보도를 하고 있지만, '1인 미디어'발(發)로 많은 자료들이 나온다고 보면 된다. 러시아와 우크라이나 개개인들이 인터넷(텔레그램)에 올린 영상들도 가장 먼저, 유력한 1인 미디어에 포착돼 전 세계로 전파된다.

1인 미디어에는 권력, 자본과 같은 통제의 손이 없을까? 안타깝지만, 있다. 미국의 거대 IT 플랫폼의 주인이 바뀌는 과정에서, 플랫폼 내에 '보이지 않는 손'이 있었다는 사실이 들통났다.

미국 로스앤젤레스에 본사를 둔 미주한국일보의 안상호 논설위원은 2024년 3월 19일 〈안상호의 사람과 사람 사이 / 새로운 '큰 형님 시대'〉라는 칼럼을 통해 "일론 머스크(테슬라 전기 자동차 CEO)가 엑스를 인수한 뒤 트윗 파일(트위트 게시물)에 관한 비밀을 밝혀냈다"며 "소셜 미디어(SNS)가 여론을 선도하고, 지배하는 우리 시대의 취약점이 폭로된 사건"이라고 지적했다.[57]

이 칼럼에 따르면 1년 반 전에 머스크가 트위트를 인수할 때 핫한 뉴스는 대량 해고와 무모한 IT센터 이전이었다. 그러나 안 위원이 주목한 것은 트윗 파일이다. 머스크는 트위트 인수 직후, 탐사보도 전문 언론인 두 팀에 트윗 파일의 처리 과정에 대한 조사를 맡겼는데, 교묘한 트윗 통제 내막이 확인된 것이다. 보수우익 성향의 트윗 파일을 적극적으로 억제한 정치적 편향성이 문제였다. 바이든 미 대통령의 차남 헌터 바이든에 대한 충격적이고 적나라한 트윗은 깔아뭉개고 코로나(COVID 19) 팬데믹 당시, 화이자와 모더나와 같은 mRNA(messenger·전령 RNA) 백신의 부작용에 관한 트윗도 기술적으로 차단됐다.

안 위원은 "머스크가 인수한 후에도 그의 사생활이나 사업상 밀접한 이해관계가 얽힌 중국 관련 트윗의 처리에는 이중 잣대가 적용되고 있다"며 "그는 엑스 계정의 폐쇄나 차단, 복원까지 원하는 건 뭐든지 할 수 있는 '큰 형님'으로 자리를 잡았다"고 우려했다. 다른 IT플랫폼이라고 다를 게 있을까?

---

57 《미주한국일보》, 2024년 3월 19일

# 미국 저널리즘의 치부? 위키리크스 사건

언론 자유에 관한 한, 우리가 부러워하는 미국에서도 '안보 성역'이 분명히 존재한다. 미국에서 안보 문제와 (넓은 개념의) 언론 자유가 충돌한 대표적인 사건이 위키리크스(WikiLeaks)의 설립자 줄리안 어산지 수배(이후 체포) 건이다. 어산지는 2024년 6월 플리바게닝[사전형량조정제도: 피고가 유죄를 인정하는 대신 형량을 낮추는 협상]을 통해 영국에서 교도소를 나와 고향(호주)으로 돌아갔다. 미국의 추적을 피해 해외를 떠돈 지 무려 14년 만이다.

그의 범죄행위(?)는 이라크 전쟁(2003년 3월~2011년 12월) 당시 미군의 바그다드 군사작전에 관한 영상과 문서, 정보를 온라인(위키리크스)에 공개한 것이다. 전쟁이 끝나기 전인 2010년 4월, 미군 정보분석병인 첼시 매닝 일병으로부터 받은 이라크·아프간전 기밀문서 수십만 건을 위키리크스에 올린 것인데, 여기에는 2007년 이라크 바그다드에서 미군 헬기가 비무장 민간인을 향해 기총소사[機銃掃射: 항공기가 저공비행을 하면서 지상 목표물을 향해 사격하는 행위]를 가해 로이터 통신 기자 2명 등 민간인 12명을 사살하는 영상도 포함돼 있었다.

어산지와 매닝 일병은 내부 고발자다. 내부 고발자도 실정법을 위반했으면 처벌을 받아야 한다. 두 사람도 뭔가 잘못(법 위반)을 한 것 같은 느낌이 든다. 하지만 언론 입장에서는 '미군 헬기의 민간인 살해' 영상을 단독으로 입수해 보도한다면, '대특종'으로 여겨질 게 틀림없다. 영상을 왜곡하거나 악마의 편집을 한 것은 더욱 아니었다. 어산지도 공개 당시 "(이 영상으로) 전쟁 전, 전쟁 중, 전쟁 후에도 계속된 '진실에 대한 공격'을 바로잡을 수 있기를 바란다"고 말했다.

▲ 위키리크스의 상징. 출처: 위키피디아

위키피디아(러시아어판)는 어산지 소개 코너에서 "2009년까지 위키리크스는 권력자들의 비리와 국가의 불법 행위 등을 폭로해 언론의 자유를 신장한다는 당초 설립 목적은 어느 정도 달성했지만, 그가 기대했던 만큼은 아니었다"고 평가했다. 소위 서방 주류 언론의 주목을 받은 것은 거의 없었기 때문이다.

그 이유는 미국 언론인들의 취재 노하우에 관한 책 《미국 기자들 이렇게 취재한다(The Reporter's Handbook)》(미국탐사기자·편집인협회 스티브 와인버그 지음, 이용식 옮김, 학민사, 2000)에서 부분적으로 확인할 수 있다.

〈국가안보라는 장애물〉 코너에서는 이런 대목이 나온다.

"기자가 정보에 접근할 때 생기는 특별한 문제는 국가안보라는 이유로 비밀로 분류된 정보와 관련된 것이다. 비밀문서의 존재 자체가 비밀로 부쳐지고 있을 때, 언론인은 어떻게 이를 요청할 것인가? 미국에서 비밀은 대통령행정명령으로 규제되는데, 이는 의회 승인을 받지 않아도 되는 일방적 조치다."

"대부분의 미국 언론인들은 비밀 해제를 요구하기 위해 어떠한 행동도 하지 않는다. 오히려 공무원 근무 시간에 납세자들의 세금을 사용해서 무제한적으로 만들어진 문서를 보관하고 있는 국방부, 법무부, 에너지부, 중앙정보국, 국가안보위원회(NSA)에 굽신거린다. 언론인들이 정보 접근을 요구할 때, 법원은 거의 항상 정부 편을 든다."

"정부의 정보보안 감독실에 따르면 최근 한 해 동안 정부기관들은 극비 1급 비밀 또는 2급 비밀로 표시해 둔 문서를 비밀에서 제외시켜 달라는 요청을 4,268건 받고, 모두 8만 1,986쪽의 문서를 비밀에서 해제했다. 14만 6,796쪽은 부분 해제했다. 1만 8,121쪽에 대해서는 해제를 거부하고 비밀로 유지했다. 아직도 위험비율이라고 할 정도로 많은 문서가 비밀로 남아 있다."

이 대목에서는 푸틴 대통령에게 정면으로 대든 대표적인 러시아 반체제 인사 고(故) 알렉세이 나발니가 생각난다. 나발니는 러시아 최고 권력층의 비리와 부패를 인터넷에 폭로하면서 대중의 지지를 얻었고, 급기야는 푸틴 대통령 주변으로 추적해 들어가다가 철퇴를 맞았다. 모스크바행 비행기 안에서 독극물 중독 증세로 쓰러진 뒤, 후송된 독일의 병원에서 거의 죽다가 깨어났는데, 이에 개의치 않고 (푸틴 대통령을 겨냥한) 〈비밀 궁전〉이라는 호화판 별장 영상을 2021년 1월 유튜브에 공개한 '간 큰' 남자였다. 결국, 이 문제로 귀국 압력을 받았고 모스크바 공항에 도착한 즉시 체포됐다.

어산지와 나발니를 굳이 비교하자면, 나발니는 서방 국가와 주요 언론으로부터 지지와 응원을 받았으나 어산지는 그 반대였다. 어산지가 분명히 미군의 전쟁범죄[민간인 학살은 전쟁범죄다]를 폭로했는데, 서방 주요 언론은 왜 적극적으로 그를 옹호하고 편들지 않는가?

물론, 어산지는 2010년 시사주간지 타임의 '올해의 인물', 프랑스 일간지 르몽드에서 독자가 선정한 '올해의 인물'로 꼽혔고, (양심적인 정보 전문가들에게 주는 미국의) 샘 애덤스 상을 수상했다. 또 2011년에는 시드니평화재단 금상, (호주의 저널리즘을 위한) 워클리상, (영국의 종군기자 이름을 딴) 마사 겔혼 저널리즘상, (국제출판협회가 제정한) 언론의 자유 부문 볼테르상을 받았다. 그뿐이었다. 그는 (또 다른 형사범죄를 저지르기도 했지만) 늘 미국 사법당국에 쫓겨 다녔다.

어산지가 풀려난 뒤, 미국 《뉴욕 타임스(NYT)》지는 6월 25일 "그가 미국 검찰과 유죄 인정(플리바게닝)에 합의함으로써 수정 헌법 1조에 보장된 언론의 자유가 위협받게 됐다"고 평가했다. 어산지 사건을 계기로 미국 당국이 기밀로 분류한 군사, 정보, 외교 사안에 대해 언론이 앞으로 더욱 자유롭게 보도할 수 없게 됐다는 따끔한 지적이다. 자칫하면, 어산지처럼 간첩 혐의로 기소될 수 있다는 뜻이기도 하다.

미국 수정 헌법 1조는 '의회는 종교를 세우거나, 자유롭게 종교 활동을 하는 행위를 금지하고, 발언의 자유를 저해하거나, 발언과 언론의 자유, 평화로운 집회를 가질 권리, 그리고 정부에 탄원할 수 있는 권리를 제한하는 어떠한 법률도 만들어서는 안 된다'고 규정하고 있다. 특히 언론의 자유와 관련해서는 '권력자(정부)가 공개를 승인한 것 이상의 정보를 밝혀내는 것도 언론 자유의 범위 안에 포함되는 것'으로 해석되고 있다.

어산지가 유죄 인정을 한 혐의는 바로 간첩법 위반 혐의다. 매닝 일병이 보안 취급 자격이 없는 어산지에게 국가안보 기밀 서류를 보내고, 어산지가 이를 '자격이 없는' 많은 사람들에게 공개한 혐의다. 만약 전시(戰時)라면, 미국 정부도 보다 폭넓은 범위의 정보를 기밀로 분류하고, 이를 공개하면 간첩 혐의(반역 혐의)로 처벌할 것이다. 전쟁 중인 러시아와 우크라이나가 불순한 언론인들을 반역 혐의로 잡아들이고 처벌하는 것과 얼마나 다를지 궁금해진다.

가장 큰 문제는 공익을 위한 언론 자유와 충돌하는 지점이다. NYT에 따르면 어산지의 유죄 인정은, 미국 정부가 비밀로 분류한 정보의 공개, 즉 언론의 취재 및 기사화가 불법적인 행위로 인정되는 미국 역사상 첫 사례가 됐다. 앞으로 국가안보 문제에 관심이 있는 언론인들의 취재 활동이 위축될 수밖에 없다. 반면, 검찰은 어산지의 유죄 판례에 따라 수정 헌법 1조의 언론 자유를 더욱 좁게 해석할 수 있다.

물론, 어산지가 언론인이냐 범죄적인 해커냐를 두고 논란의 여지는 있다. 어산지가 2016년 미 대선을 앞두고 러시아 해커로부터 입수한 힐러리 클린턴 민주당 대선 후보의 이메일을 공개해 '대선을 방해했다'는 비난을 받기도 했다. 만약, 어산지가 러시아 해커가 아니라, 민주당 내부로부터 힐러리 후보의 이메일을 받아 공개했다면? 언론의 입장에서는 또 다른 특종이 되지 않았을까?

1인 미디어가 대세를 점하는 21세기에 언론의 자유(freedom of press)를 언론인(기자)이냐 아니냐의 잣대로 따지는 것은 무의미하다. 또 기존의 유력 매체냐 신생 매체냐, 오프라인 매체냐 온라인 매체냐의 구분도 중요하지 않다. 어느 누구라도, 어떤 경로를 통하든 공공 이익을 위해 언론(저널리즘)의 기본 원칙과 윤리 등을 준수한다면, 시비를 걸 수 없다는 생각이다.

21세기 저널리즘은 이미 그 접근법에서부터 달라지는 판이다. 저널리즘에 관한 국내 논문들을 분석한 책 《저널리즘의 지형, 한국의 기자와 뉴스》(박재영 외 14명 지음, 도서출판 이채, 2016)에 따르면, 저널리즘의 원칙이 (공급자인) 기자들이 아니라 (수요자인) 독자들에게 속한다는 주장은, 향후 저널리즘 연구의 중요한 전환점이 될 전망이다. 저널리즘의 원칙은 뉴스가 무엇이고 어떠해야 하는지에 관한 한, 그 사회의 광범위한 공감대에 의해 정해져야 한다는 말이니, 30년 이상 언론인 생활을 한 필자에게도 당혹스러운 시대 변화다.

견습기자 시절부터 정치·경제·사회·문화 등 각 분야의 숱한 사건, 현상에 대해 '기사가 되고 안 된다'는 판단의 기준을 익히고, 자기 것으로 만들어온 주요 언론사의 기자들도 수요자의 욕구에 따라 그 기준을 바꿔야 한다는 말이다. 어쩌면 1인 미디어에 대한 소비자들의 선호도에 따라 그 기준이 이미 달라졌을지도 모르겠다. 지난날 한때 기자들에게 한 푼의 보도 가치가 없었던, 해외 토픽 정도로만 치부됐던 일들이 이제는 1인 미디어에 오르는 순간, 폭주하는 클릭(조회) 수에 아연할 수밖에 없다. 세상을 보는 '눈'이 시대에 따라 달라졌다고 할 것인가?

전쟁 저널리즘이라고 왜 변하지 않으랴 싶다. 온라인 게임의 '탱크 배틀'에 익숙한 세대는 전쟁을 온라인 게임처럼 생각하기 십상이다. 전쟁의 원인이나 지정학적 배경, 흐름에는 관심이 없고, 자극적인 전투의 한 장면(통칭 쇼츠)에 몰입한다. 미국이 우크라이나에 제공한 브래들리 장갑차가 마주친 러시아군의 주력 탱크인 T-90M의 포격을 피한 뒤, 25㎜ 포탄으로 T-90M의 포탑과 차체를 파괴했다는 뜻밖의 결과에 열광하는 게 현실이다.

그렇다고 해서 저널리즘 원칙인 객관성과 공정성, 사실성, 균형성 등 언론 기사가 갖추어야 할 기준에서 벗어나서는 안 될 것이다. 탱크에 비하면 화력이 한 수 아래인 브래들리 장갑차는 끝까지 무사했을까?

객관성과 공정성은 그 개념이 모호하다. 전쟁의 당사자별로, 대결의 진영별로 달라진다. 언론(인)에 요구해 온 객관성이 서방 저널리즘에서 비롯된 원칙이라면, 공정성은 한국 언론이 처한 현실과 밀접한 관련이 있다.[58]

다른 한편으론, 뉴스 소비자와 공감할 수 있는 보도를 해야 한다는 주장도 나온다. 어떤 이슈에 대해 객관적인 거리를 두는 제3자의 눈이 아니라, 이슈의 이면과 맥락을 파악하면서 공감하는 교감자 동기가 뉴스 소비에 더 큰 영향을 준다는 것이다. 특정 독자층의 확증편향성을 부추기라는 뜻이나 다름없는데, 이 주장대로라면 러시아 언론은 러시아 뉴스 소비자들에게, 우크라이나 언론은 우크라이나 소비자들에게 호응을 얻고 공감을 주는 전쟁 뉴스를 취사선택해야 한다. 지금까지

58 박재영 외 14인, 《저널리즘의 지형, 한국의 기자와 뉴스》, 도서출판 이채, 2016

걸어온 저널리즘의 길에서 벗어나는 불행한 일처럼 느껴진다. 같은 사안이 진영별로 달리 취급되는, 진영 기사 혹은 확증편향 기사들이 판을 치게 되지 않을까 두렵다.

저널리즘 원칙에 대한 연구는 뉴미디어 시대에 맞게 진행돼야 한다는 주장은 옳다. 하지만, 신문과 방송, TV와 라디오, 잡지, 인터넷과 모바일 등 매체의 특성에 따라, 또 시대에 따라 뉴스 가치가 달라지더라도, 근본적인 언론·미디어의 가치인 객관성과 공정성은 준수돼야 한다. 사람을 죽이고 영토를 빼앗는 전쟁을 보도하는 전쟁 저널리즘은 더욱 그 가치를 지켜야 한다.

# 한국의 전쟁 저널리즘이 가야 할 길은?

솔직히 말해 한국에는 아직 전쟁 저널리즘이라고 할 만큼 축적된 노하우가 없다. 전투 현장을 직접 가서 독자적으로 취재한 경험도 많지 않다. 서방의 주요 뉴스 통신사나 유력 매체가 보내온 뉴스를 번역해 보도하는 정도였다. 우크라이나 전쟁 기사에서도 거의 'ㅇㅇㅇ에 따르면'이라는 문구가 앞에 붙어 있다.

서울의 대형 서점을 뒤져보더라도, 전쟁 저널리즘에 관한 책은 보이지 않는다. 그나마 눈에 띄는 게 《저널리즘의 지형, 한국의 기자와 뉴스》에 포함된 일부 논문이다. 이 책이 인용한 한 논문[59]은 11명의 기자를 만나 한국 언론의 전쟁 취재 여건에 대해 심층 인터뷰를 진행했다. 서방 언론(사)은 철저한 사전 준비와 교육, 풍부한 경험 등을 통해 축적된 (전쟁 취재) 전문성을 갖고 있고, 취재의 어려움에 대한 책임감도 명확하게 인지하고 있으며, 전문 프리랜서 기자들도 많았다. 반면, 한국 언론은 언론사가 소속 기자를 현지로 파견하는 형태로 전쟁 취재가 이뤄지는데, 기자의 전문성이 높지 않고 신변안전 보장도 제대로 되어

59 이창호·이영미·정종석·김용갑, 〈한국 언론의 전쟁취재 여건과 문제점 및 개선방안 연구〉, 한국언론정보학회, 2007

있지 않으며, 장비도 불충분했다.

우리나라에서 전쟁 저널리즘의 연원(淵源)과 문제 해결 방안은 국제뉴스의 처리 방식에서 찾아야 한다. 책은 "국제뉴스는 서방 외신을 단순 번역하는 방식으로 이뤄진다. 독자적인 시각을 형성하지 못하고 서방 외신에 편향되기 마련이다"[60]고 따끔하게 말한다.

특히 이창호 논문[61]은 (2004년 5월 이라크에서 이슬람 극단주의 조직에 의해 피랍된) 김선일 씨 사건의 배경을 국내 언론이 제대로 전달하지 못한 이유 중 하나로 중동 지역에 대한 한국 언론의 전문성 부족을 꼽았다. 논문은 KBS, MBC, SBS의 피랍 관련 뉴스 내용을 분석했는데, 방송 3사 모두 일회성 보도를 통해 피해자와 가해자라는 이분법적 구도를 재현하고, 테러리스트의 폭력성만 부각시켰다고 지적했다. 사건의 맥락을 전달하는 뉴스는 전체의 10%에, 전문가가 주요 뉴스 정보원으로 등장한 경우는 관련 뉴스의 2.3%에 불과했다.

이런 병폐는 이미 오래된 것으로, '우루과이 라운드 협상'을 다룬 언론 보도를 분석한 김현종(1994) 논문에도 지적됐다. 한국 언론은 우루과이 라운드 협상에 대한 상황적 인식부터 결여되어 있었다.[62]

60 오대영, 〈한국신문의 아시아와 서구에 대한 보도양상의 차이와 이유 연구〉, 한국언론정보학회, 2013
이창호, 〈한국 언론의 테러보도 분석 – 김선일 씨 피랍사건을 중심으로〉, 한국언론정보학회, 2009
황인성, 〈한국 대중문화의 의식구조에 관하여: 무당 샤머니즘과 겝서의 의식구조 모델〉, 한국커뮤니케이션학회, 2004

61 이창호, 위의 논문

62 위의 책, 〈국제뉴스〉, 242P

우크라이나 전쟁이 3년 차에 접어든 지금도, 국제뉴스를 다루는 방식은 별로 달라진 것 같지 않다. 다양한 뉴스원을 통해 의제(議題, 이슈)를 선점하고, 다각도로 분석 보도하는 자세가 필요한데, 많은 매체가 여전히 연합뉴스를 그대로 받아쓰는 듯하다. 연합뉴스의 기사 생산량이 타 언론사에 비해 월등히 많으니 그럴 수도 있다고 이해는 하지만, 그대로 받아쓸 것이냐, 2% 부족한 부분을 채워 더 맛있는 기사를 만들 것이냐, 그것이 문제다.

우크라이나 전쟁의 경우, 우크라이나군의 일방적인 발표가 뉴스로 주로 등장한다는 점도 지적하지 않을 수 없다. 주력 탱크와 미사일, 전투기 등 러시아군의 값비싼 무기·장비가 값싸고 허술한 우크라이나군의 무기에 의해 파괴되는 보도(발표)들이 주를 이룬다. 에이브럼스 탱크 등 서방 장비가 폭파되는 러시아 측의 영상(발표)은 대부분 무시된다. 전쟁이 우크라이나군의 우위로 흘러가지 않는다면, 우크라이나 측 군사장비가 무력화되는 것은 상식일 텐데, 우크라이나군의 손실은 우리 언론의 관심 밖에 있는 것 같다. 러시아군의 공습으로 민간인 몇 명이 사망하고 부상했다는 피해 상황만 자주 눈에 띈다.

진영 논리 탓일 것이다. 친우크라이나 성향의 서방 외신들이 보도 범위를 정하고, 그마저도 국내 언론이 취사선택을 하다 보니 나타나는 현상이다. 언론사별로 기사 선택의 기준이 다를 수 있다. 이 점을 인정한다고 해도, 우크라이나 전쟁이 우리에게 미치는 유형·무형의 영향을 감안하면, 전쟁의 흐름 자체를 왜곡해서는 안 된다고 본다. 언론 보도와는 다른 방향으로 우크라이나 전쟁이 끝나기라도 하면 어쩔 셈인가? 불필요하게 러시아에 대한 혐오와 적대감을 부추길 뿐이다.

그 뿌리는 구한말로 거슬러 올라간다.

정종원 한양대 사학과 강사(박사)는 2024년 1월 교수신문의 특별기획 〈천하제일연구자대회〉에서 '우리는 지금 누구의 눈으로 세계를 바라보고 있을까?'라는 주제를 통해 "개화기의 대한제국에도 냉철한 눈이 있었다면"이라고 아쉬움을 나타내면서 이제라도 국제뉴스를 우리의 독자적인 시각으로 바라봐야 한다고 주장했다.[63]

그는 '1896년 2월의 아관파천부터 1904년 2월의 러일전쟁 발발까지' 만 8년 동안 언론 보도를 분석하면서,[64] 당시 우리 언론계가 구독한 로이터 통신의 문제점을 이렇게 지적했다.

"겉으로는 영국 정부와 거리를 두고 있었지만, 내적으로는 긴밀한 유착관계를 맺고 있었다. 즉 한국 언론이 로이터 통신을 통해 전달받은 국제뉴스는 애초에 영국의 이해관계에 따라 작성되었을 가능성이 높았다. 같은 시기에 일본 정부는 자국의 대외 확장을 위해 국제적인 언론공작을 적극 활용했다. –중략– 러-일 세력 균형기에 영국과 일본은 러시아에 대항하여 동맹관계를 맺고 있었으므로, 한국 언론이 접하는 국제 정보는 러시아와 대립하는 강대국이 중심이 된 구조 안에서 편집되었다."

한국의 전쟁 저널리즘은 이미 120년 전부터 그 한계를 드러냈다고 해석할 수 있는 대목이다. 지금은 그걸 극복했을까? 한국의 주요 언론

63 《교수신문》, 2024년 1월 10일

64 정종원, 〈개화기 언론의 세계관과 국제정세 인식〉, 한양대학교, 2022

사는 여전히 특파원을 매우 제한적으로 파견하고 있으며, 대부분의 국제뉴스를 영미권 혹은 일본의 뉴스 보도에 의존하고 있다.

우크라이나 전쟁 1주년을 맞아 《우크라이나 전쟁, 이렇게 봐야 한다》(뿌쉬낀하우스, 2023)는 책을 펴낸 박병환 전 주러시아 공사는 언론 기고를 통해 우크라이나 전쟁 (보도)에 대한 한국 언론의 문제점을 △러시아에 대한 이해 부족과 편견 △서방 언론에 의존하는 구조 등에서 찾았다. 구조적인 요인의 하나로 한국 언론의 모스크바 주재 특파원 수를 들었다. KBS가 2023년 말 예산 부족을 이유로 모스크바 특파원을 철수시킴으로써 모스크바에 주재하는 국내 특파원은 연합뉴스 단 1명만 남았다.[65]

그러다 보니, 네이버 검색창에 러시아를 치면 비슷비슷한 기사들이 무수히 뜬다. 시작은 연합뉴스 모스크바 특파원 발 기사다. 독자적인 해석 대목도 찾아보기 힘들다. 러시아 정세에 전문성을 갖거나 현지 매체를 참조할 수 있는 기자나 시간이 없으니 나타나는 현상이다. '연합뉴스에 따르면'이라는 뉴스 출처조차 명확하게, 제대로 밝히지 않는 게 우리 언론계의 현주소다.

한발 늦은 경쟁적 보도도 잦다. 이미 현지에서는 주야장천(晝夜長川) 다뤄진 이슈이지만, 서방의 유력 매체가 이를 보도하지 않으면 국내 언론에는 한 줄도 나오지 않는다. 어쩌다 서방 외신이 다뤘다 하면, 그게 처음 나온 큰 이슈인 양 국내 언론에는 기사가 쏟아진다.

"병력 부족에 시달리는 우크라이나가 수개월간의 진통 끝에 2024년

---

65 〈박병환의 줌인〉, 《천지일보》, 2024년 6월 2일

4월 기존의 동원 체제를 보완하고 강화하는 새 동원법을 채택했다. 새 동원법은 한 달 뒤 발효됐다. 동원 대상 우크라이나 남성들은 징집을 피하기 위해 죽음을 무릅쓰고 해외로 도피하거나, 아예 잠적을 택하고 있다. 사회적인 새 동원법 후유증이다."

우크라이나의 이 같은 현상을 다룬 기사가 국내 언론에 등장한 것은 6월 22일이다. '"참호에서 죽기 싫어"…우크라 남성 수만 명 징병 피해 잠적'이라는 제목의 기사를 연합뉴스가 내보냈다. 뉴욕 타임스(NYT)의 전날 기사를 정리한 것이다.[66] 핵심 내용은 '우크라이나 남성들이 러시아와의 전쟁에 동원되는 것을 피하기 위해 잠적하고 있다'는 것이다. 길거리에서 징병관[현지 표현으로는 군사위원]의 눈에 띄지 않기 위해 도심으로 나가는 것을 꺼리고, 꼭 필요한 경우 택시로 이동하며 피트니스 센터(헬스클럽)에서 운동하는 것조차 중단했다. 집에서 SNS 계정을 통해 징병관의 움직임을 공유하고, 배달 음식으로 끼니를 때우고, 망원경으로 바깥 상황을 염탐하는 일도 생겨났다.

러시아나 우크라이나 현지 언론을 챙겨봤다면, 이런 유의 기사는 이미 한 달 전에 나왔을 것이다. 우크라이나 매체 스트라나.ua는 한 달 전인 5월 21일 하루를 정리하는 기획기사 중 '동원법 시행 결과는' 코너에서 "우크라이나에서는 동원법이 시행된 후 거리에 다니는 사람이 줄었다"고 전했다. 고려인 주지사로 알려진 비탈리 김 니콜라예프주 주지사는 "거리를 나다니는 남성들이 줄었고, 정식 취업조차 두려워해 집안에만 처박혀 있다"고 말했다.

66 연합뉴스, 2024년 6월 22일

언론인 안나 코발추크는 SNS에 "새 동원법이 시행된 후 키예프는 텅 비었다"며 "전쟁 초기인 2022년 3월과 비교하더라도, 휴일인 어제보다도 (근무일인) 오늘 길거리에 자동차가 더 적다"고 썼다. 또 "모든 대화는 하나의 주제(동원)에서 시작하고 끝난다"고도 했다.

국경 경비대가 해외로 나가는 화물차량 운전자들의 군 등록 서류(병역 수첩)를 확인하기 시작하고, 국경검문소에서 누가 동원 대상자로 끌려갔다는 소문이 돌면서, 동원 대상 남성들은 아예 운전대를 놓기 시작했다. 국경검문소에 들어온 화물트럭은 법안 발효 사흘 뒤인 5월 21일 거의 5분의 1로 줄었다. 하루 1,000여 대가 길게 줄을 늘어섰던 폴란드 국경검문소에는 트럭이 200여 대로 줄었다. 한 화물 운송업체 대표는 "운전할 사람이 없다"고 고백했다.[67]

이와 비슷한 사례를 들자면 한도 끝도 없을 것이다. 전쟁 당사국의 언론도 제대로 활용하지 못하는 한국 언론계의 여건에서 전쟁 저널리즘을 논하는 것 자체가 아직은 시기상조이지 싶다. 그나마 보스니아(사라예보) 내전의 취재 경험을 기준으로 하면, 젊은 후배 기자들의 우크라이나 전쟁 직접 취재 의욕과 열정은 희망적이다. 그래서 앞으로 한층 더 나아지리라는 기대를 접지 않는다.

67 스트라나.ua, 2024년 5월 21일